KB103288

이야기로 읽는
확률과 통계

이야기로 읽는 확률과 통계

정완상 지음

이지북
ez-book

서문

이 책은 수리덤 왕국이라는 가상의 나라에서 마티 왕, 놀리스 교수, 마법사 헤아리스와 왕궁 기록원인 내가 우연히 주운 『확률과 통계』라는 책 속으로 빨려 들어가 여러 가지 신기한 경험을 하면서 확률에 관한 책을 쓰는 과정을 다루고 있습니다. 확률에 대한 모든 내용을 네 사람의 대화를 통해서 차근차근 정복해 나감으로써 이 책을 읽는 많은 분들이 마치 이 토론에 실제로 참여한 것 같은 착각이 들도록 하였습니다.

확률은 흔히들 도박이나 게임하고만 관련되는 것으로 알고 있습니다. 물론 확률이라는 수학이 게임에서 유래된 것은 사실입니다. 하지만 현대에 와서 확률은 미래의 경제를 예측하거나 원자 속의 전자의 움직임 혹은 분자들의 운동을 예측하는 것과 같이 다양한 영역에서 중요한 역할을 하고 있습니다.

제목만 있고 내용은 하나도 쓰여 있지 않은 책 속으로 들어가 토론을 통해 내용을 만들어 나가는 네 명의 주인공처럼, 여러분들이 확률에 대해 조금도 모르고 있었다 해도 걱정하지 않아도 됩니다. 이 책은 정말로 그런 분들을 위해서 쓰여졌으니까요. 여러분이 왕궁 기록원이 되어 이 책의 화자가 되었다고 생상해 보세요. 이 책을 다 읽을 때쯤이면 확률이 아주 쉽고 재미있게 느껴질 것입니다.

확률이라는 용어는 중학교 2학년 때 처음 등장하지만 그 기본 개념인 '경우의 수'를 헤아리는 내용은 초등학교 5, 6학년 때 나옵니다. 그래서 이 책은 초등학생도 읽을 수 있도록 모든 새로운 내용을 친절하게 소개하려고 했습니다. 새로운 공식에 대한 거부감이 생기기 않도록 상세한 예를 통해 귀납적으로 공식을 이해할 수 있도록 한 점도 이 책의 특징입니다.

확률은 고등학생들이 아주 싫어하는 단원 중 하나입니다. 상황 설정에 따라 어떤 공식을 사용하는 것이 좋을까 고민하던 고등학생들에게도 이 책은 큰 도움을 줄 수 있으리라 생각합니다. 이 책을 차근차근 읽어 나가면 대학수학능력시험에서 확률에 관한 어떤 문제가 출제되든 풀 수 있을 거라는 생각을 감히 가져 봅니다.

이 책은 자음과모음 출판사에서 번역 출간된『이야기로 배우는 미적분』이라는 책에서 모티프를 얻었습니다. 저는 그 책의 저자와는 다른 각도로 확률이라는 수학을 이야기로 풀어 보았습니다.

이런 재미난 기획을 하고 저에게 책을 쓸 기회를 주신 자음과모음의 강병철 사장님과 모든 직원들에게 감사를 표합니다. 앞으로 기회가 주어진다면 더 많은 수학 내용을 이야기로 만드는 작업에 뛰어들고 싶습니다.

진주에서 정완상

차례

등장 인물

마티 왕 수리덤 왕국의 왕, 우연히 발견한 낡은 책 속으로 탐험을 떠나 『확률과 통계』를 완성한다.

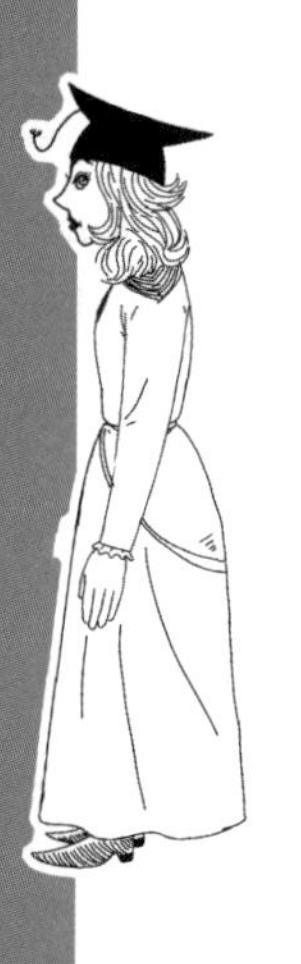

놀리스 교수 지성과 미모를 겸비한 30대 중반의 수리덤 왕국 수학자. 푸른 눈동자에 금발이 매력적인 놀리스 교수는 논리적인 사고로 위기의 순간을 모면한다.

마법사 헤아리스 마티 왕의 전속 마술사. 30대 중반의 젊은 마법사로 아직 마법이 신통치 않아 실수를 저지를 때가 종종 있다.

왕궁 기록원 파스칼로스 20대 초반의 남자. 수리덤 왕국의 기록원 시험에서 수석으로 합격해 기록원 모두의 꿈인 왕궁 기록원이 된 인물. 미션에 성공하고 법칙을 발견할 때마다 '스피드펜'으로 『확률과 통계』를 기록한다.

요정 라피 마티 왕과 그 일행이 무사히 『확률과 통계』를 완성할 수 있도록 미지의 세계로 인도하며 미션을 제시한다.

악마 바이스 『확률과 통계』가 성공적으로 완성될 때마다 등장해 마티 왕 일행을 곤경에 빠뜨린다.

1장

경우의 수

어떤 조건을 만족하는 경우의 수는 어떻게 구할까요? 경우의 수의 합의 법칙과 곱의 법칙은 무엇일까요? 주머니에 있는 동전을 모아 물건값을 지불할 수 있는 경우의 수는 모두 몇 가지일까요? 경우의 수를 구하는 방법에 대해 알아봅시다.

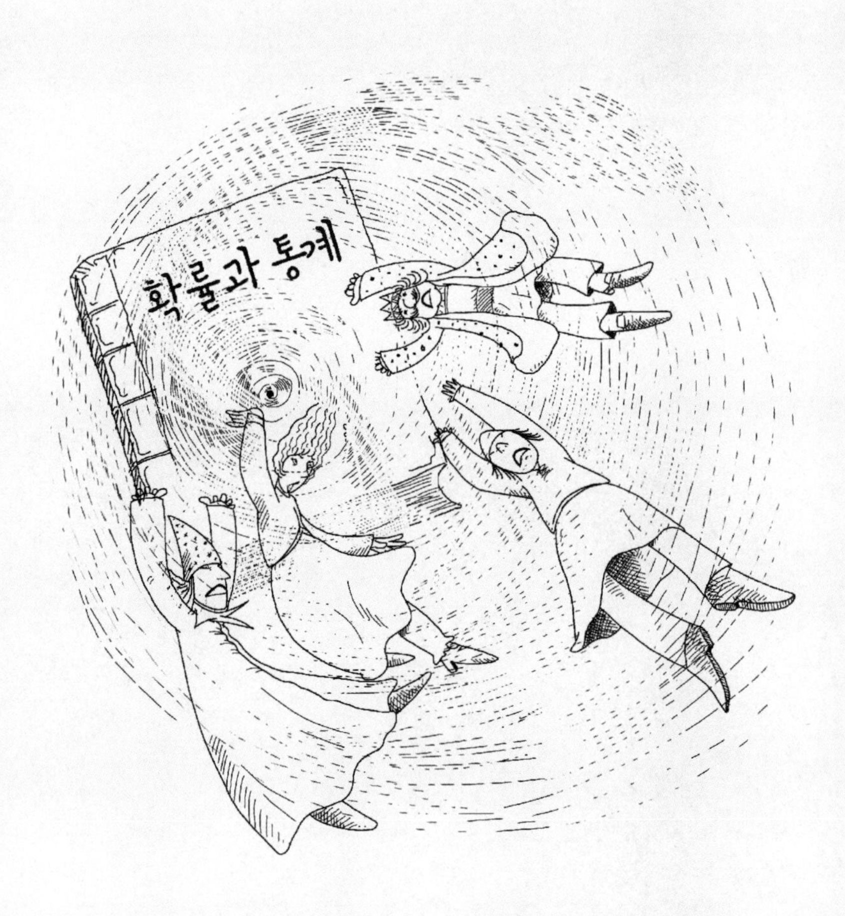

아주 오랜 옛날, 하지만 정확히 언제인지는 모르는 옛날, 지구의 어느 대륙에 수리덤 왕국이라는 작은 나라가 있었다. 이 나라는 다른 나라와 전쟁을 치러 본 적도 없고 흉년으로 고생한 적도 없이 오랫동안 태평성대를 누렸다. 백성들은 서로 사이가 좋았고, 그래서인지 이 나라에서는 오랜 세월 동안 경미한 범죄조차 일어나지 않았으며 군대나 경찰도 없었다.

수리덤 왕국의 마티 왕은 학자들을 가까이했는데 그중에서 그가 가장 아끼는 학자는 매사를 논리적으로 사고하는 놀리스 교수였다. 놀리스 교수는 30대 중반의 미모의 여성으로 긴 금발에 푸른 눈을 지니고 있었다.

왕의 곁에는 헤아리스라는 마법사가 항상 따라다녔다. 30대 중반의 남성인 헤아리스는 왕의 전속 마법사였다. 하지만 마법이 그리 신통치 않아서 실수를 저지르는 일이 많았다.

나는 왕궁 기록원으로 왕과 놀리스 교수와 헤아리스가 대화하는 내용을 모두 기록하는 일을 했다. 20대 초반의 남성으로 국가에서 치르는 기록원 시험에서 수석으로 합격하여 기록원 모두의 꿈인 왕궁 기록원이 되었다.

『확률과 통계』의 발견

그날도 왕은 궁에서 가장 넓은 정원을 놀리스 교수와 걸으면서 철학에 대한 대화를 나누고 있었다. 나는 두 사람의 대화 내용을 속기 노트에 열심히 받아 썼다. 마법사 헤아리스가 특별히 만들어 준 스피드펜 덕분에 보통 사람보다 수십 배 빠르게 기록할 수 있어서 왕과 놀리스 교수의 대화 내용을 한마디도 빼먹지 않고 기록하고 있었다. 그런데 갑자기 우리에게 신기한 일이 벌어졌다. 왕과 놀리스 교수, 헤아리스 그리고 내가 정원을 거닐다가 땅에 떨어져 있는 낡은 책 한 권을 우연히 발견한 것이다.

"저게 뭐지?"

왕이 말했다.

헤아리스가 재빨리 책을 주워 와 두 손으로 왕에게 건넸다. 책은 600쪽 정도 되는 분량으로 표지에 『확률과 통계』라는 제목이 쓰여 있었다. 하지만 책 어디를 들여다보아도 지은이가 누군지, 언제 만들어진 책인지는 나와 있지 않았다. 우리는 뜨거운 태양을 피해 나무 그늘 아래에 둥그렇게 둘러앉았다. 모두들 신기한 듯 책을 바라보았다.

"어떤 내용일까?"

왕이 말문을 열었다. 헤아리스가 조심스럽게 첫 장을 펼쳤다. 첫 장에는 '경우의 수'라는 소제목만 쓰여 있을 뿐 아무런 내용도 없었다. 헤아리스가 다음 장을 넘겨 보려 했지만 강력한 접착제로 붙어 있는 것처럼 페이지가 넘어가지 않았다. 헤아리스는 얼굴이 창백해지면서 공포에 휩싸인 표정으로 책을 바닥에 내려놓았다. 아무도 그 책을 만지려고 하지 않았다. 뭔가 불경스러운 책 같은 느낌이 들었기 때문이다. 한동안 우리는 아무 말 없이 책만 내려다보고 있었다.

"연습장 아닐까?"

모험심 강한 왕이 책 표지를 넘기며 말했다. 왕에게는 두려워하는 기색이 없었다. 그런데 왕이 '경우의 수'라는 글씨를 손으로 만지작거리자 그 순간 연기처럼 변해 책 속으로 빨려 들어갔다.

"전하!"

헤아리스가 비명을 질렀다. 놀리스 교수와 나는 놀라서 아무 말도 하지 못한 채 왕이 빨려 들어간 책장을 멍하니 바라보았다.

"왕을 구해야 해요. 나도 책 속으로 들어가야겠어요."

헤아리스가 울먹거렸다. 그는 왕이 하던 대로 글씨를 손으로 문질러 책 속으로 빨려 들어갔다. 놀리스 교수와 나는 서로의 얼굴을 바라보았다. 놀리스 교수는 결심이 선 듯 굳게 입을 다물고는 두 사람을 따라 책 속으로 들어갔다. 이 광경을 지켜보던 나도 나의 본분이 왕궁 기록원임을 깨닫고 눈을 질끈 감고는 '경우의 수'라는 글씨를 손으로 문질렀다.

라피와의 만남

사파이어처럼 푸른 태양이 대기 중의 먼지에 의해 산란되어 신비스러운 빛을 내고 있었다. 마치 깊은 바닷속을 여행하는 느낌이 들었다. 푸른 태양은 지구의 붉은 태양보다 서늘했다. 태양이 중천에 떠서 작열하는 한낮인데도 그리 덥지 않은 걸 보면.

어디선가 웅성거리는 사람 소리가 들렸다. 나는 소리가 나는 곳으로 달려갔다. 왕과 놀리스 교수와 헤아리스가 주위의 신비스러운 모습에 감탄한 듯 탄성을 지르고 있었다.

이곳이 어디인지를 아는 것은 중요하지 않았다. 아는 것은 우리가 지금 『확률과 통계』라는 책 속에 들어와 있으며 어떤 방법으로든 책 밖으로 탈출해 다시 왕국으로 돌아가야 한다는 사실이었다.

태어나서 처음 보는 신기한 나무들이 울창하게 우리를 에워싸고 있었다. 지구에서와는 달리 잎은 붉은색이고 꽃은 푸른색을 띠고 있었다. 아마도 이곳에서는 파란색이 가장 지배적인 색깔인 듯했다.

헤아리스가 간단하게 마법을 부려 원탁과 네 사람이 앉을 수 있는 의자를 마련했다. 우리는 의자에 앉아 약간은 흥분되고 약간은 두려운 모습으로 서로를 빤히 바라보았다.

"집에는 어떻게 돌아가지?"

왕이 약간 떨림이 있는 목소리로 물었다.

아무도 대답할 수 없었다. 이곳이 어디인지, 누가 사는지, 지구에서 얼마나 먼지, 아무것도 알 수 없었기 때문이다. 그때 원탁 한가운데에서 아주 작은 요정이 나타났다. 우리는 깜짝 놀라 의자에서 벌떡 일어났다. 허리를 숙여 요정을 자세히 들여다보니 키가 10센티미터쯤 되어 보이는 남자였다. 턱수염이 있는 것으로 보아 나이가 꽤 든 것 같았다.

"안녕하세요?"

요정이 아주 작은 목소리로 인사했다.

"당신은 누구지?"

왕이 물었다. 왕의 목소리가 쩌렁쩌렁하게 울렸는지, 요정은 두 손으로 귀를 막고 고통스러운 표정을 지었다. 요정은 메고 있던 자그마한 배낭에서 귀마개를 꺼내 귀에 썼다. 그렇게 하면 큰 사람의 말소리를 고통 없이 들을 수 있기 때문이다.

"내 이름은 라피에요. 이 책의 도우미를 맡고 있지요. 당신들은 『확률과 통계』라는 책 속에 들어왔어요. 이 책은 제목만 정해져 있을 뿐 내용은 아무도 몰라요. 이제 여러분이 이 책을 써야 해요. 여러분은 이 책 안에서 신비한 여러 나라를 여행하게 될 거예요. 각 나라를 통치하는 수상들은 모두 왕의 신하들이에요. 당신들은 그들을 처음 보지만, 그들은 오랫동안 당신들을 보아 온 듯 행동할 겁니다. 각 나라를 여행하는 동안 여러분이 책을 쓸 수 있도록 많은 도움을 주는 친구들이 있을 거예요. 하지만 반대로 방해하는 적들도 있다는 것을 명심하세요. 여러분이 옳게 책을 서술해서 완성하면 집으로 돌아갈 수 있지만, 틀리게 서술할 경우 이 책에서 빠져나갈 수 없을지도 몰라요."

라피가 심각한 어조로 말했다.

"확률이라는 수학은 처음 들어 보는데요?"

헤아리스가 걱정스러운 얼굴로 물었다.

"알고 있어요. 하지만 여러분 네 사람이 협력하면 이 책을 완성하는 데 큰 문제가 없을 거예요. 여러분이 책을 쓰는 데 도움이 되는 상황도 일어날 거예요. 그 상황을 통해 논리적으로 올바른 수학 이론을 만들어 나가면 돼요."

라피가 말했다.

"논리라면 자신 있는데……."

놀리스 교수가 어깨를 으쓱하며 말했다.

"그럼 다행이네요."

합의 법칙

라피는 빙긋 웃으며 우리의 눈앞에서 사라졌다. 라피가 사라진 자리에 조그만 엽서 한 장이 놓여 있었다. 엽서에는 우리가 풀어야 할 첫 번째 과제가 적혀 있었다.

1부터 38까지의 수가 쓰여 있는 카드 중에서 3의 배수 또는 5의 배수가 쓰인 카드의 개수를 구하시오.

"38까지의 수 중 3의 배수는 12개이고 5의 배수는 7개이니까 3의 배수 또는 5의 배수인 카드는 $12+7=19$장이잖아? 문제가 너무 쉽군."

왕이 으스대며 말했다.

그런데 갑자기 왕의 몸이 심하게 요동치기 시작했다. 왕의 얼굴은 유령이라도 본 듯 공포에 휩싸여 있었다.

"멈추게 해 줘."

왕이 울먹거리면서 비명을 질렀다.

"정답이 아니어서 벌칙을 받는 것 같군요."

놀리스 교수가 말했다.

"그럴 리가 없어. 내 계산은 정확하단 말이야."

왕이 반박했다. 그러자 왕의 몸이 더 빠르게 요동치기 시작했다. 왕의 비명 소리가 하이톤으로 바뀌었다.

"직접 헤아려 보는 게 좋겠어요."

헤아리스는 연습장에 38까지의 수 중 3의 배수 또는 5의 배수를 모두 썼다.

3, 5, 6, 9, 10, 12, 15, 18, 20, 21, 24, 25, 27, 30, 33, 35, 36

"뭐야? 17가지잖아? 2가지는 왜 빠뜨렸지?"

온몸이 제멋대로 요동치고 있는 왕이 헤아리스를 노려보았다.

"그럴 리가요? 저는 헤아리는 데 실수를 한 적이 없어요."

헤아리스는 당당하게 말했다.

모두들 아무 말도 하지 않았다. 그때 놀리스 교수의 눈이 숫자 15를 응시했다.

"가만…… 15는 3의 배수이면서 동시에 5의 배수이군요."

놀리스 교수가 말했다.

"30도 그래요"

헤아리스가 거들었다.

"15와 30! 그래서 개수가 2개 차이가 생긴 건가요?"

내가 고개를 갸우뚱거리며 토론에 끼어들었다. 물론 나는 마법의 스피드펜으로 대화 내용을 열심히 기록하고 있었다.

그러자 놀리스 교수가 새로운 제안을 했다.

"3의 배수와 5의 배수를 써 보기로 하죠."

놀리스 교수가 다음과 같이 썼다.

3의 배수 : 3, 6, 9, 12, **15**, 18, 21, 24, 27, **30**, 33, 36

5의 배수 : 5, 10, **15**, 20, 25, **30**, 35

"거봐, 3의 배수는 12개, 5의 배수는 7개가 맞잖아."

왕은 요동이 느려진 틈을 타서 약간 신이 난 표정으로 말했다.

"하지만 15와 30은 3의 배수에도 5의 배수에도 들어 있으니까 한 번만 헤아려야 해요. 그래야 3의 배수 또는 5의 배수가 나오는 경우의 수를 제대로 헤아릴 수 있어요."

놀리스 교수가 차분한 어조로 말했다.

"경우의 수! 우리가 책 속으로 들어올 때 손으로 문지른 소제목이 잖아요?"

헤아리스가 깜짝 놀란 눈으로 모두를 보았다.

"우리가 처음으로 책에 쓸 내용은 경우의 수를 제대로 헤아리는 방법에 대한 것인가 봐요."

놀리스 교수가 말했다.

"카드 한 장을 뽑았을 때 3의 배수가 나오는 사건을 A라고 하고 5의 배수가 나오는 사건을 B라고 부르기로 하죠."

"왜 사건이라고 부르죠?"

기록을 하던 내가 의문을 품었다.

"사고라고 부를 순 없잖아요."

놀리스 교수가 간단하게 대답했다.

우리 두 사람의 생뚱맞은 대화에 왕과 헤아리스는 무관심한 표정이었다. 결국 놀리스 교수의 제안대로 '사건'이라는 단어가 채택되었다. 그리고는 다음과 같이 정리했다.

사건 A가 일어나는 경우의 수 = 12(가지)

사건 B가 일어나는 경우의 수 = 7(가지)

사건 A와 B가 동시에 일어나는 경우의 수 = 2(가지)

"그렇다면 사건 A 또는 사건 B가 일어나는 경우의 수는 12 + 7 − 2 = 17(가지)이 되는군요."

놀리스 교수가 지금까지 논의된 내용의 결론을 말했다. 그제야 요동치던 왕의 몸이 멈추었고, 왕은 기진맥진한 표정으로 물었다.

"이 법칙을 뭐라고 부를까?"

"경우의 수에 대한 합의 법칙이라고 부르면 어떨까요?"

놀리스 교수가 제안했다.

"그건 안 돼요. 빼기도 있잖아요? 그러니 합차의 법칙이라 불러야 해요."

헤아리스가 저항했다.

하지만 헤아리스를 제외한 모든 사람들이 교수가 제안한 '합의 법칙'이라는 용어를 더 좋아했다. 제목이 길어지면 기억하기 더 어렵기 때문이었다. 이렇게 하여 우리는 첫 번째 과제를 완벽하게 해결하면서 경우의 수에 대한 합의 법칙을 만들었다. 우리는 스스로 수학의 법칙을 만들어 낸 것에 대단한 자부심을 느꼈다.

"두 사건이 동시에 일어나지 않는 경우도 있을까?"

합의 법칙을 만든 것에 기분이 한껏 들뜬 왕이 물었다.

그러자 헤아리스가 마법으로 두 개의 주사위를 만들었다. 두 개의 주사위는 크기와 모양은 같지만 색깔이 달랐다. 빨간색 바탕에 흰 점이 있는 주사위와 파란색 바탕에 흰 점이 있는 주사위였다. 주사위들은 마치 살아 있는 생물처럼 원탁 위에서 통통 튀면서 춤을 췄다. 두 개의 주사위는 공중으로 튀어 올라 여러 바퀴를 회전하더니 바닥에 떨어졌다.

"서로 다른 주사위 두 개를 동시에 던진다고 해 보죠. 이때 주사위의 눈의 합이 3이 나오는 사건을 A라고 하고 눈의 합이 6이 나오는 사건을 B라고 해요. 사건 A가 일어나는 모든 경우는 다음과 같지요."

헤아리스가 다음과 같이 그렸다.

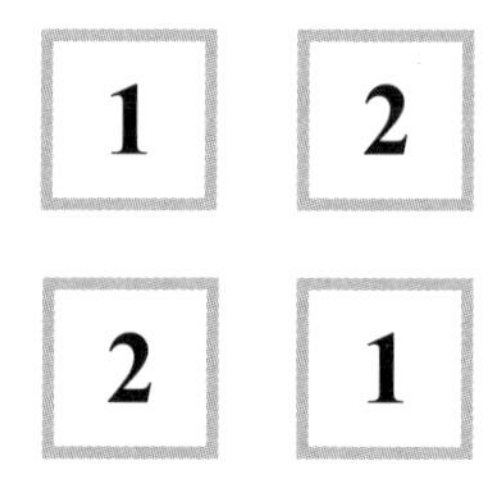

"사건 A가 일어나는 경우의 수는 2가지군!"

왕이 재빠르게 말했다.

헤아리스는 다시 두 눈의 합이 6이 되는 모든 경우를 그렸다.

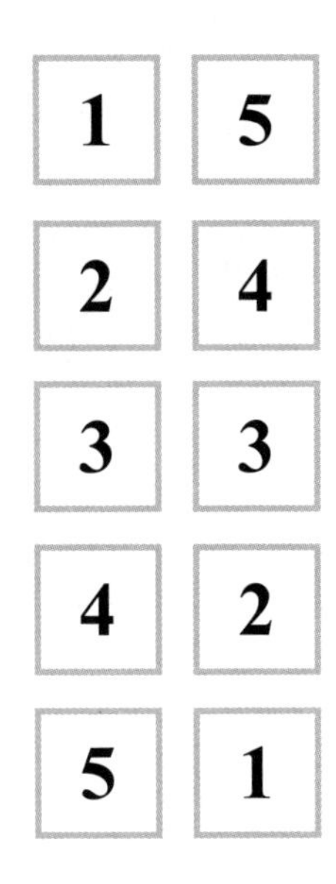

"사건 B가 일어나는 경우의 수는 5가지군!"

이번에도 왕이 제일 빠르게 말했다.

"좋아요. 이때 사건 A와 사건 B가 동시에 일어나는 경우가 있나요?"

헤아리스가 모두에게 물었다.

"주사위가 도깨비도 아니고, 어떻게 두 눈의 합이 3이면서 동시에 6이 되나요? 그런 일은 일어나지 않아요."

놀리스 교수가 논리에 어긋난 헤아리스의 질문에 약간 흥분된 어조로 말했다.

"맞아요. 그러니까 이때는 사건 A와 사건 B가 동시에 일어날 수 없죠. 사건 A와 사건 B가 동시에 일어나는 경우의 수는 0가지가 돼요. 그러니까 주사위를 두 개 동시에 던져 두 눈의 합이 3 또는 6일 경우의 수는 $2+5=7$(가지)이 되지요."

헤아리스가 논리 정연하게 설명했다.

"이번에는 빼기가 없어! 그러기에 '합의 법칙'이라는 이름을 쓰길 잘했지."

왕이 목에 힘을 주어 말했다.

잠시 후, 왕의 명령으로 나는 지금까지 우리가 알아낸 사실들을 다음과 같이 정리했다.

합의 법칙

1) 두 사건 A, B가 동시에 일어나지 않을 때 사건 A, B가 일어나는 경우의 수가 각각 m, n가지이면, A 또는 B가 일어나는 경우의 수는 $m+n$가지이다.
2) 두 사건 A, B가 동시에 일어나는 경우가 있고, 사건 A, B가 일어나는 경우의 수가 각각 m, n가지, A, B가 동시에 일어나는 경우의 수가 p가지이면 A 또는 B가 일어나는 경우의 수는 $m+n-p$가지이다.
3) 합의 법칙은 3개 이상의 사건에 대해서도 성립한다.

곱의 법칙

"음…… 배가 고프군! 수학을 연구하는 것도 좋지만 금강산도 식후경이니 뭐 좀 먹고 하지."

왕의 배에서 꼬르륵 소리가 났다. 왕은 약간 민망한 듯 눈을 다른 곳으로 돌리더니 말을 이었다.

"도대체 책 속에서는 누가 식사를 주는 거지?"

왕의 말이 끝나기 무섭게 라피가 다시 원탁 위에 나타났다.

"합의 법칙을 만드느라 고생이 많았습니다. 이제 점심 식사를 제공해야겠군요. 하지만 그냥 드릴 수는 없지요."

라피가 빙긋 웃으며 말했다.

"그냥 줄 수 없다니? 우린 돈이 없는데……."

왕이 투덜거렸다.

"우리 식단은 밥, 국과 단 한 종류의 반찬으로 이루어집니다. 밥, 국, 반찬의 종류는 다음과 같습니다."

라피가 메뉴를 보여 주었다.

밥 : 쌀밥 , 보리밥, 콩밥, 현미밥

국 : 두붓국 , 양팟국, 계란국, 된장국, 김칫국

반찬 : 소고기, 닭고기, 돼지고기, 햄, 감자볶음, 야채무침

"나는 쌀밥에 된장국과 돼지고기 반찬을 먹을 테야."

왕이 주린 배를 움켜 쥐며 말했다.

“나는 보리밥에 양팟국과 소고기를 먹겠어요.”

놀리스 교수도 재빠르게 메뉴를 결정했다.

“나는 콩밥, 양팟국, 감자볶음을 택하겠어요.”

헤아리스가 말했다.

“나는 현미밥, 김칫국, 야채무침을 고르겠어요.”

나는 웰빙 식단을 선택했다.

“여러분이 퀴즈를 맞히시면 원하는 대로 식사가 제공될 겁니다.”

라피가 부드러운 목소리로 말했다.

“어떤 문제지?”

왕이 약간 뚱한 표정으로 물었다.

밥은 4종류, 국은 5종류, 반찬은 6종류입니다. 각각에서 하나씩 택하여 한 끼의 식사를 만들 수 있는 방법의 수는 모두 몇 가지인지를 맞히면 여러분이 원하시는 식사가 나올 것입니다. 하지만 틀릴 경우에는 한 끼를 굶어야 합니다.

라피는 이렇게 말하고는 다시 사라졌다.

“새로운 경우의 수 문제군요.”

놀리스 교수가 심각한 표정으로 말했다.

“경우의 수랑 무슨 관계가 있지요?”

헤아리스가 물었다.

“우린 합의 법칙을 만들었어. 그러니까 우리가 구하는 전체 방법의 수는 $4+5+6=15$(가지)가 돼.”

왕이 목소리를 높여 말했다. 정답을 확신하는 표정이었다.

"더하는 게 아닐지 몰라요."

놀리스 교수가 턱을 손에 괸 채 깊은 사색을 하는 포즈를 취하며 말했다.

"더하지 않으면 곱하기라도 해야 한단 말인가?"

왕은 기가 차다는 표정으로 놀리스 교수를 바라보았다. 잠자코 두 사람의 대화를 듣고 있던 헤아리스가 갑자기 "어쩌면 곱하기!"라고 소리쳤다.

"곱하기! 그래요. 경우의 수를 계산할 때 합의 법칙만 있는 게 아니라 곱하는 경우도 있을지 몰라요. 이번 경우가 그런 경우일지도……."

놀리스 교수는 자신이 없는 듯 말꼬리를 흐렸다.

"왜 곱해야 하지요?"

헤아리스가 물었다.

"국과 밥만 있는 경우로 좁혀서 연구해 보죠. 밥을 두 종류라고 하고 국은 세 종류로 해서 모든 경우를 따져 보죠."

놀리스 교수는 이렇게 말하면서 다음과 같이 썼다.

밥 : 쌀밥, 콩밥

국 : 된장국, 계란국, 양팟국

그리곤 말을 이었다.

"쌀밥과 함께 내놓을 수 있는 국은 된장국, 계란국, 양팟국 중 하나이니까, 쌀밥을 택하는 경우 식사의 종류는 3가지이죠. 마찬가지로 콩밥을 택하는 경우에도 국 세 종류 중 하나가 올 수 있으니까 식사의 종류는 3가지. 그러므로 전체 식사의 종류는 3+3=6(가지)이죠."

"곱하기가 아니잖아?"

왕이 언짢은 표정으로 물었다.

"3+3=2×3이에요."

헤아리스는 놀리스 교수의 주장을 거들었다. 그리곤 다음과 같이 그렸다.

"그림이 보기 좋군!"

왕이 흐뭇해했다.

"이렇게 하면 밥을 선택하는 경우의 수인 2가지와 국을 선택하는 경우의 수인 3가지의 곱인 2×3=6(가지)이 전체 식사의 종류가 돼요."

헤아리스가 설명했다. 우리는 경우의 수를 헤아릴 때 곱해야 할 때도 있다는 것을 알게 되었다. 이 법칙은 만장일치로 '곱의 법칙'으로 부르기로 했다.

나는 재빠르게 곱의 법칙을 정리했다.

곱의 법칙

1) 사건 A가 일어나는 경우의 수가 m가지이고 그 각각에 대해 B가 일어나는 경우의 수가 n가지이면 A가 일어나고 동시에 B가 일어나는 경우의 수는 $m \times n$가지이다.

2) 곱의 법칙은 3개 이상의 사건에 대해서도 성립한다.

"다시 원래의 문제로 돌아가 보죠. 밥의 종류는 4가지, 국의 종류는 5가지, 반찬의 종류는 6가지이므로 이때 가능한 식사의 종류는 $4 \times 5 \times 6 = 120$(가지)이 되지요."

놀리스 교수가 완벽하게 결론을 지었다.

순간 우리 앞에 각자가 주문한 식사가 나타났다. 우리는 갑자기 말을 멈추고 먹는 일에 집중했다. 가장 열심히 식사에 집중한 사람은 역시 마티 왕이었다. 왕은 고개도 한번 들지 않고 식판에 있는 음식을 조금도 남기지 않고 순식간에 먹어 치웠다. 왕의 식판은 너무나 깨끗해서 마치 음식을 담기 전의 새 식판 같았다.

모두 식사를 마치자 원탁 위에 있던 식기들이 마법을 부린 것처럼 흔적도 없이 사라졌다. 그리고 원탁 한가운데에는 쪽지 한 장이 떨어져 있었다.

합의 법칙과 곱의 법칙

다음 도로망을 보세요.

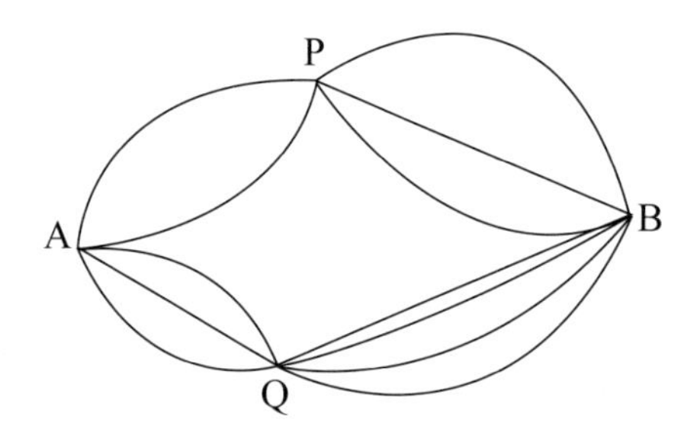

A에서 B까지 갔다가 되돌아오는데, 반드시 P를 한 번 거쳐 가는 서로 다른 길은 몇 가지인지 알아내시오.

모두들 놀란 눈으로 메시지를 찬찬히 읽었다.

"우리는 경우의 수에 대한 두 가지 법칙을 알고 있잖아. 놀리스 교수, 바로 답을 줄 수 있겠지?"

왕이 놀리스 교수의 얼굴을 빤히 보며 물었다. 놀리스 교수는 약간 자신 없어 하는 표정으로 고개를 숙였고 잠시 동안 침묵이 흘렀다. 모두들 처음 보는 문제에 난감해하는 표정이었다. 먼저 말문을 연 것은 헤아리스였다.

"일일이 헤아리면 될 것 같은데요."

"풀이 과정이 논리적이어야 해요."

놀리스 교수가 신경질적으로 말했다.

"차근차근 따져 보죠."

내가 제안했다.

"그럼 A에서 B로 갔다가 다시 A로 돌아오는 경우를 모두 따져 보면 되겠군."

왕이 끼어들었다.

갑자기 헤아리스의 손이 분주해졌다. 그리고는 다음과 같이 썼다.

1) A → P → B → P → A

2) A → P → B → Q → A

3) A → Q → B → P → A

4) A → Q → B → Q → A

"1)은 안 돼요."

교수가 단호하게 말했다.

"왜지?"

왕이 물었다.

"문제의 조건에는 P를 반드시 한 번만 지나가라고 했어요. 그런데 이 경우에는 P를 두 번 지나가잖아요."

"그렇군."

왕이 고개를 끄덕였다.

"그렇다면 4)도 안 돼요. P를 전혀 지나가지 않으니까요."

헤아리스가 말했다.

이리하여 우리는 4가지 경우 중에서 1)과 4)를 지워 버렸다. 이제 2)와 3)의 경우의 수를 헤아리는 일만 남았다.

"2)의 경우의 수와 3)의 경우의 수를 더하면 돼요."

놀리스 교수가 자신 있게 말했다.

"그건 왜지?"

왕이 다시 물었다.

"P를 한 번만 거쳐서 A와 B 사이를 왕복하려면 2) 또는 3)의 경로를 따라가야 해요. 제가 지금 '또는'이라고 말했죠? 두 사건이 '또는'으로 연결되어 있을 때는 합의 법칙을 쓰기로 했으니까 각각의 경우의 수를 더하면 되는 거죠."

놀리스 교수가 대답했다.

"이제 2)를 문장으로 풀어 써 보죠."

놀리스 교수의 제안에 헤아리스는 다음과 같이 썼다.

A에서 P로 갔다가 P에서 B로 갔다가 B에서 Q로 갔다가 Q에서 A로 갔다.

"그러면 뭐가 달라지나?"

왕이 짜증 섞인 소리로 말했다.

"접속사를 사용하는 게 좋겠군요."

A에서 P로 갔다.

그리고 P에서 B로 갔다.

그리고 B에서 Q로 갔다.

그리고 Q에서 A로 갔다.

"'그리고'는 곱의 법칙이잖아요?"

내가 놀란 눈으로 말했다.

"맞아요. A에서 P로 가는 방법은 2가지, P에서 B로 가는 방법은 3가지, B에서 Q로 가는 방법은 4가지, Q에서 A로 가는 방법은 3가지이니까 모두를 곱하면 2)의 경우의 수를 구할 수 있어요."

놀리스 교수는 이렇게 말하며 다음과 같이 썼다.

2)의 경우의 수 $= 2 \times 3 \times 4 \times 3 = 72$

"3)의 경우의 수도 곱셈만 하면 되겠군."

왕은 흡족해하는 표정으로 다음과 같이 썼다.

3)의 경우의 수 $= 3 \times 4 \times 3 \times 2 = 72$

마지막 정리는 놀리스 교수의 몫이었다.

"이제 모든 문제가 해결되었어요. 라피가 낸 문제의 답은 $72 + 72 = 144$(가지)예요."

우리는 합의 법칙과 곱의 법칙이 동시에 활용되는 문제를 처음

접했고 결국 매끄럽게 해결했다. 혹시라도 문제를 풀지 못할까 봐 긴장을 했던지 다들 입이 바짝 타는 느낌이었다.

악마 바이스

갑자기 돌풍이 몰려오면서 우리 주위를 에워싼 나무들이 심하게 흔들렸다. 나무 하나가 뿌리째 뽑혀 맹렬한 속도로 우리를 향해 날아왔다.

"피하세요."

나는 날아오는 나무로부터 왕을 지키기 위해 있는 힘껏 왕을 밀쳤다. 왕은 공포에 휩싸여 있었다. 우리는 서로 부둥켜안고 벌벌 떨었다. 그때 라피가 나타났다. 그의 두 팔은 날개로 변해 우리 앞에 떠 있었다.

"우리는 시키는 대로 문제를 풀었는데 왜 우리를 골탕 먹이는 거지?"

왕이 성난 얼굴로 라피를 노려보며 말했다.

"제가 한 일이 아니에요. 책의 나라에는 나처럼 착한 요정만 사는 것이 아니라 악마들도 살고 있어요. 이것은 악마 바이스가 한 짓이에요. 그는 이 책이 완성되는 것을 좋아하지 않아요. 일단 여러분을 안전한 곳으로 피하게 해야 할 것 같아요."

라피가 갑자기 우리를 향해 눈을 부라렸다. 그의 눈에서 신비한 광선이 쏟아져 나왔다.

우리는 광선이 너무 눈부셔서 차마 눈을 뜰 수 없었다. 잠시 후 시린 눈을 떴을 때 우리는 낯선 도시에 와 있었다. 하늘에는 푸른 태양 대신 노란 태양이 떠 있고, 거리에는 낡은 3층 석조 건물들이 있었다. 거리를 지나다니는 사람들은 우리와 모습이 흡사했지만 모두 머리카락이 없었다. 그래서 입은 옷을 보기 전에는 남자인지 여자인지 좀처럼 구분되지 않았다. 아마도 새로운 스토리가 전개되는 듯했다.

어느덧 라피는 자취를 감추고 사라졌다. 우리는 일단 낯선 거리를 따라 걷기로 했다. 대머리 인간들은 우리의 숱 많은 검은 머리를 힐긋거렸지만 아무도 우리에게 말을 걸지 않았다.

"자동판매기야!"

왕이 거리 한 귀퉁이에 있는 음료수 자동판매기를 발견하고는 반가운 듯 소리쳤다. 이곳으로 오기 전에 심하게 갈증을 느끼고 있었기 때문이다. 우리는 자동판매기 쪽으로 잰걸음으로 걸어갔다. 여러 종류의 과일 음료가 들어 있는 자동판매기였다.

"돈이 없잖아."

왕이 동전 투입구를 바라보며 아쉬운 듯 중얼거렸다.

"돈은 필요 없소. 문제를 맞히면 여러분이 원하는 음료를 드리겠소."

묵직한 기계음이 들렸다. 우리는 어디에서 소리가 나는지 주위를 두리번거렸다. 하지만 우리 주위를 지나가는 대머리 인간은 아무도 없었다.

"나는 말하는 자동판매기요."

다시 기계음이 들렸다.

우리는 놀란 눈으로 동시에 자동판매기를 보았다. 자동판매기가

좌우로 몇 센티미터 정도 요동치더니, 입처럼 보이는 기다란 직사각형 구멍을 위아래로 벌리면서 말을 했다.

1000원짜리 3장, 500원짜리 동전 3개, 100원짜리 동전 3개가 있소. 이 돈으로 거스름돈 없이 살 수 있는 물건값의 종류는 몇 종류가 되는지를 알아맞히시오.

자동판매기는 이제 움직임을 멈추었다.

"어떻게 풀어야 하지?"

왕이 근심스러운 표정으로 말했다.

"거스름돈 없이 살 수 있는 물건값이란 바꿔 말하면 지불할 수 있는 금액입니다. 이 문제에서 제일 중요한 것은 '1000원 = 500원 + 500원'이라는 것입니다. 즉 1000원을 지불해야 할 때 1000원짜리 한 장을 내도 되고 500원짜리 동전 두 개를 내도 되지요."

놀리스 교수가 말했다.

"그렇다면 1000원짜리 대신 500원짜리 두 개가 있다고 생각해도 되겠군요."

나는 놀리스 교수의 말뜻을 이해한 표정으로 말했다. 그러자 놀리스 교수는 헤아리스가 들고 있는 연습장에 다음과 같이 썼다.

500원짜리 : 9개

100원짜리 : 3개

놀리스 교수는 나에게 싱긋 웃어 보이며 말했다.

"이제 500원짜리 9개와 100원짜리 3개로 지불할 수 있는 금액이 몇 종류인지 알아내면 됩니다. 500원짜리를 낼 수 있는 방법은 0개, 1개, 2개, … , 9개의 10가지 경우가 있어요."

"그럼 100원짜리는 3개이니까 100원짜리를 낼 수 있는 방법은 0개, 1개, 2개, 3개의 4가지가 되겠네요."

헤아리스가 끼어들었다.

"그럼 모두 합쳐 $10+4=14$(가지) 인가?"

왕이 아무 생각 없이 합의 법칙을 적용했다.

"합의 법칙은 아닌 것 같은데요."

"그건 왜지? 500원짜리를 내거나 100원짜리를 낼 수 있으니까 합의 법칙이 맞잖아."

왕은 자신의 답을 확신하는 표정이었다.

"500원짜리도 내고 100원짜리도 내는 경우가 있잖아요."

헤아리스가 말했다.

"그렇군. 그럼 곱의 법칙이군. 그렇다면 $10\times4=40$(가지) 야."

왕은 곧바로 자신의 답을 고쳤다.

"한 가지는 빼야 해요."

놀리스 교수가 지적했다. 그러자 왕이 펄쩍 뛰며 큰 소리로 물었다.

"왜 빼야 하는 거야? 빼는 이유를 말해 봐."

"500원짜리를 0개 내고 100원짜리를 0개 내면 지불 금액은 0원이 되잖아요? 0원짜리 물건은 없어요. 0원을 지불했다는 것은 지불하지 않은 것을 뜻하니까 지불 금액의 종류에서 제외시켜야 해요. 그러니까 지불 금액의 종류는 $10\times4-1=39$(가지) 이지요."

놀리스 교수가 깔끔하게 마무리했다. 하지만 나는 계속 궁금한 것이 있었다. 내가 고민스런 표정으로 연습장에 적혀 있는 수식을 응시하자 놀리스 교수가 내게 물었다.

"무슨 문제가 있나요?"

"500원짜리 2개를 1000원짜리 한 장으로 바꾸어도 같은 결과가 나올까요?"

나는 머릿속을 빙빙 돌고 있던 의문을 속 시원하게 털어 놓았다.

"사실 나도 그게 궁금했어."

왕이 끼어들었다.

"결론부터 말하면 똑같아요. 500원짜리 2개를 1000원짜리로 바꾸면……."

놀리스 교수가 얘기하는 동안 헤아리스는 다음과 같이 썼다.

1000원짜리 : 4개

500원짜리 : 1개

100원짜리 : 3개

놀리스 교수는 연습장을 흘깃 보며 말을 이었다.

"1000원짜리를 지불하는 방법은 5가지, 500원짜리를 지불하는 방법은 2가지, 100원짜리를 지불하는 방법은 4가지이니까 전체 지불 금액의 종류는 $5 \times 2 \times 4 - 1 = 39$(가지)가 되지요."

"우와! 똑같은 답이 나왔어."

왕이 신기한 듯 연습장을 응시했다. 그러자 그동안 말이 없던 헤아리스가 교수에게 물었다.

"이상해요."

"뭐가?"

"그럼 모두 100원짜리로 바꾸면 1000원짜리 3장은 100원짜리 30개가 되고 500원짜리 3개는 100원짜리 15개가 되잖아요? 그럼 전체적으로 100원짜리 48개가 되니까 지불 금액의 종류는

48 + 1 = 49(가지)가 되는데…….”

갑자기 왕이 끼어들었다.

“어랏! 왜 더 많아진 거지?”

헤아리스가 제기한 문제에 우리는 잠시 동안 머리를 감싸 쥐며 고민했다. 이번에도 문제를 해결한 사람은 놀리스 교수였다.

“하지만 그렇게 바꿀 수는 없어요.”

“왜지?”

왕이 물었다.

“100원짜리 48개일 때는 900원이나 1900원을 지불할 수 있어요. 하지만 1000원짜리 3장, 500원짜리 3개, 100원짜리 3개로는 이 금액을 지불할 수 없지요.”

교수가 단호하게 말했다. 모두 교수의 말에 수긍했다. 우리들은 새로운 문제를 해결했다는 기쁨에 도취되어 서로에게 웃음을 보였다.

“축하하오.”

자동판매기의 기계음이 들렸다. 자동판매기가 다시 요란하게 좌우로 진동하더니 아래쪽에서 과일 음료 캔이 쏟아져 나오기 시작했다. 한 사람이 5개 이상 먹을 수 있을 정도의 양이었다. 우리는 정신없이 캔의 뚜껑을 따 음료수를 먹어 치웠다. 생각보다 맛있었다.

갈증이 해결되자 우리는 다시 고민에 빠졌다. 우리가 어디로 가야 하는지 알 수가 없었기 때문이었다.

플래그 국의 깃발

그때 누군가 급하게 뛰어오는 소리가 들렸다. 몇 살인지 가늠할 수 없는 대머리 남자였다.

"전하!"

대머리 남자가 왕을 불렀다.

"당신이 어떻게 나를 알지?"

왕이 어리둥절한 표정으로 물었다.

"저는 전하의 속국인 플래그 국의 수상입니다. 제발 우리나라의 문제를 해결해 주십시오."

대머리 남자가 다급한 목소리로 말했다.

그제야 우리는 책 속에 등장하는 모든 사람들이 우리의 신분을 알고 있다고 한 라피의 얘기가 떠올랐다.

"무슨 고민인가?"

왕이 근엄하게 물었다.

"플래그 국은 500개의 시로 이루어져 있습니다. 시마다 고유의 깃발을 만들기로 했는데 깃발업자가 500개의 서로 다른 깃발을 만들기 곤란하다고 합니다."

대머리 남자는 다급한 나머지 문제의 본질을 얘기하지 못했다. 잠시 후 침착을 되찾은 대머리 남자는 깃발 제조업자에게 의뢰한 요청서를 보여 주었다.

<깃발 제조 요청서>

색깔은 빨강, 노랑, 파랑, 초록, 보라 중 어느 색이든 사용할 수 있소. 그 외의 색깔은 절대 사용할 수 없다는 뜻이오. 같은 색을 몇 번 사용해도 좋지만 서로 인접한 부분은 반드시 다른 색으로 칠해야 하오. 이 방법으로 서로 다른 깃발 500개를 만들어 오시오.

– 플래그 국 롱고리 수상

대머리 남자는 롱고리 수상이었다. 그가 통치하는 플래그 국은 깃발을 만들어 수출하여 나라 경제를 살리고 있었다.

"왜 깃발이 꼭 저런 모양이어야 하지? 그냥 1부터 500까지 수를 쓰거나 500가지 색깔로 구별하면 되잖아?"

왕이 짜증 섞인 소리로 말했다.

"색의 종류가 500가지나 되나요?"

헤아리스가 머리를 긁적이며 말했다. 머릿속으로 빨강, 노랑, 파랑, 주황 등 자신이 알고 있는 색의 이름을 헤아리는 듯했다.

그러자 롱고리 수상이 끼어들었다.

"플래그 국은 전통적으로 1 : 4의 비율을 좋아합니다. 그래서 위에는 한 칸 아래는 4칸을 만든 거죠."

"왜 1 : 4이지? 1 : 2도 있고 1 : 3도 있잖아?"

왕이 되물었다.

"플래그 국 사람들은 로이통의 후손입니다. 로이통은 전설 속의 장수인데, 그 용맹함이 하늘을 찔렀지요. 로이통에게는 4명의 아내가 있었는데 이들은 서로 질투하지 않고 로이통을 도와 플래그 국의 모체인 로이통 왕국을 건설하는 데 앞장섰습니다."

"그렇다면 어쩔 수 없군. 그런데 왜 굳이 빨강, 노랑, 파랑, 초록, 보라의 다섯 색만 사용하는 거지? 주황이나 연분홍 같은 다른 색도 있잖아."

왕이 차분한 어조로 물었다.

"그건 로이통의 다섯 쌍둥이 아들 때문이에요. 로이통의 첫 번째 아내가 다섯 쌍둥이를 낳았는데 너무 똑같이 생겨서 구별을 할 수 없자, 로이통은 빨강, 노랑, 파랑, 초록, 보라의 다섯 색깔의 옷으로 아들을 구별했다는 데서 유래하지요."

롱고리 수상이 점잖게 설명했다.

"깃발 문제가 생긴 건 모두 로이통 때문이군."

왕은 콧방귀를 뀌며 못마땅한 표정을 지었다.

"이 문제를 해결해 보죠. 이 방법으로 서로 다른 깃발을 몇 종류나 만들 수 있는지 알아내면 되는 거죠?"

"아무리 봐도 500개나 나올 거 같지 않은데요."

놀리스 교수의 물음에 헤아리스가 눈을 깜박거리며 말했다.

"우리는 경우의 수를 구하는 많은 문제를 접해 보았어요. 이 문제도 해결할 수 있을 거예요. 우선 5개의 영역을 가, 나, 다, 라, 마로 구별해 보죠."

놀리스 교수는 다음과 같이 그렸다.

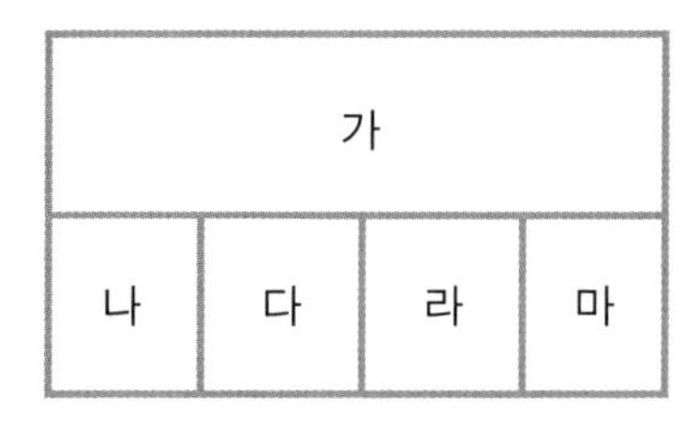

"가부터 나, 다, 라, 마의 순서로 색칠한다고 해 보죠. 그럼 가에는 빨강, 노랑, 파랑, 초록, 보라 중 아무 색이나 칠해도 되니까 가를 칠할 수 있는 방법은 5가지예요."

놀리스 교수가 말했다.

"그럼 나를 칠하는 방법도 5가지, 다, 라, 마도 각각 5가지니까 곱의 법칙을 사용하면 $5 \times 5 \times 5 \times 5 \times 5 = 3125$(가지)가 되는 건가? 뭐야? 500개를 만들고도 많이 남잖아."

왕이 자신의 답을 확신하는 듯 큰 소리로 외쳤다.

"하지만 나에 가와 같은 색을 쓸 순 없잖아요. 인접한 곳은 서로 다른 색으로 칠해야 한다고 했으니까요."

내가 지적했다. 놀리스 교수는 흐뭇한 표정으로 나를 바라보며 말했다.

"전하가 제안하신 곱의 법칙은 맞습니다. 하지만 가와 나는 서로 다른 색으로 칠해야 하므로 나에 칠할 수 있는 색의 종류는 5가지가 아니라 4가지입니다."

"그럼 $5 \times 4 \times 3 \times 2 \times 1 = 120$(가지) 인가요?"

헤아리스가 끼어들었다.

"그렇게 간단하지는 않을 거 같아요. 물론 느낌이지만……."

나는 조심스럽게 헤아리스의 주장을 반박했다. 헤아리스는 눈을 치뜨며 나를 노려보았다. 그러자 분위기를 눈치챈 놀리스 교수가 화제를 돌렸다.

"모두들 서둘지 말아요. 우리가 나까지 해결했으니 다, 라, 마의 경우를 차근차근 따져 보기로 하죠. 다는 가와 나와 인접해 있어요. 그러므로 다에는 가와도 나와도 다른 색을 칠해야 해요. 그러므로 다에 칠할 수 있는 방법은 3가지예요."

"헤아리스의 말이 맞잖아."

왕이 눈을 크게 뜨고 소리쳤다.

"나와 라는 인접해 있지 않으니까 나와 라는 같은 색으로 칠해도 돼요. 그러니까 라에는 가, 다와 겹치지 않는 색을 칠하면 되는 거죠. 따라서 라에 칠하는 방법은 3가지예요. 이제 마지막 마만 남았군요."

놀리스 교수의 말이 끝나기 무섭게 내가 말했다.

"마는 가와 라와 다른 색을 칠하면 되니까 마에 칠하는 방법은 3가지예요."

놀리스 교수는 긍정의 사인으로 고개를 끄덕였다. 그러자 헤아리스가 지금까지의 내용을 정리했다.

가를 칠하는 방법 … 5가지

나를 칠하는 방법 … 4가지

다를 칠하는 방법 … 3가지

라를 칠하는 방법 … 3가지

마를 칠하는 방법 … 3가지

"이제 곱의 법칙을 적용하면 되겠군요. 그러므로 조건에 맞게 서로 다른 깃발을 만들 수 있는 방법은 $5 \times 4 \times 3 \times 3 \times 3 = 540$(가지)예요."

놀리스 교수가 깔끔하게 결론을 내렸다.

"문제가 해결되었어. 500개의 서로 다른 깃발을 만들고도 40개나 남잖아. 롱고리 수상, 당장 이 결과를 깃발 제조업자에게 알리게."

왕은 플래그 국의 수상에게 명령했다. 왕의 말이 끝나기 무섭게 롱고리 수상은 환희에 찬 얼굴로 부리나케 어디론가 달려갔다. 우리는 모두 하루 종일 경우의 수를 헤아리느라 지쳤지만 새로운 수학의 원리를 알게 된 것에 만족한 표정들이었다.

라피는 우리를 조용한 석조 건물로 데려갔다. 숙소의 커다란 유리창 밖으로 노란 태양이 지면서 어둠이 밀려왔다. 이제 우리는 우리가 책 속에서 스토리를 쓰고 있다는 것을 서서히 실감하고 있었다. 앞으로 우리가 책 속에서 어떤 역할을 하게 될지, 또 바이스는 우리를 어떻게 괴롭힐 것인지 하는 생각이 머릿속을 맴돌았지만, 너무 피곤한 탓에 정신없이 잠에 빠져들었다.

EXERCISE 1

동전 한 개를 던졌을 때 다음을 구하라.

1) 앞면이 나오는 경우의 수

2) 뒷면이 나오는 경우의 수

동전 두 개를 동시에 던졌을 때 다음을 구하라.

3) 모두 앞면이 나오는 경우의 수

4) 모두 뒷면이 나오는 경우의 수

5) 앞면이 한 개만 나오는 경우의 수

주사위 한 개를 던졌을 때 다음을 구하라.

6) 홀수의 눈이 나오는 경우의 수

7) 짝수의 눈이 나오는 경우의 수

8) 3의 배수의 눈이 나오는 경우의 수

9) 2 또는 홀수의 눈이 나오는 경우의 수

10) 2의 배수 또는 3의 배수가 나오는 경우의 수

서로 다른 주사위 두 개를 던졌을 때 다음을 구하라.

11) 두 눈의 수의 합이 7인 경우의 수

12) 두 눈의 수의 합이 3 또는 6인 경우의 수

13) 두 눈의 수의 합이 3 또는 4인 경우의 수

14) 두 눈의 수의 합이 2인 경우의 수

15) 두 눈의 수의 합이 5의 배수가 되는 경우의 수

16) 두 눈의 수의 차가 4 이상인 경우의 수

17) 두 눈의 수의 곱이 홀수인 경우의 수

18) 서점에 갔더니 영어 참고서가 3종류, 수학 참고서가 2종류였다. 영어, 수학 참고서를 하나씩 사려고 할 때 모든 경우의 수를 구하라.

19) 서점에 갔더니 영어 참고서가 4종류, 수학 참고서가 3종류, 국어 참고서가 2종류였다. 영어, 수학, 국어 참고서를 하나씩 사려고 할 때 모든 경우의 수를 구하라.

1부터 10까지의 카드에서 한 장을 뽑을 때 다음을 구하라.

20) 짝수가 나오는 경우의 수

21) 3의 배수가 나오는 경우의 수

22) 짝수 또는 3의 배수가 나오는 경우의 수

1부터 50까지 적혀 있는 50장의 카드에서 한 장을 뽑을 때 다음을 구하라.

23) 2의 배수 또는 5의 배수가 나오는 경우의 수

24) 10의 배수 또는 13의 배수가 나오는 경우의 수

25) 50과 서로소인 수가 나오는 경우의 수

26) 서로 다른 동전 두 개와 주사위 한 개를 동시에 던질 때 나올 수 있는 모든 경우의 수를 구하라.

27) 동전 한 개와 서로 다른 주사위 두 개를 동시에 던질 때 나올 수 있는 모든 경우의 수를 구하라.

28) 540의 양의 약수의 개수를 구하라.

29) 540의 양의 약수 중 2의 배수인 것의 개수를 구하라.

30) 180의 약수 중 3의 배수인 것의 개수를 구하라.

1000원짜리 3장, 500원짜리 3개, 100원짜리 3개가 있다.

31) 지불하는 방법은 모두 몇 가지인가?(단, 0원을 지급하는 경우는 제외한다.)

32) 지불할 수 있는 금액은 몇 가지인가?(단, 0원을 지급하는 경우는 제외한다.)

1000원짜리 2장, 500원짜리 5개, 100원짜리 2개가 있다.

33) 지불하는 방법은 모두 몇 가지인가?(단, 0원을 지급하는 경우는 제외한다.)

34) 지불할 수 있는 금액은 몇 가지인가?(단, 0원을 지급하는 경우는 제외한다.)

35) $(a+b)(c+d+e)$를 전개할 때 항의 개수는 몇 개인가?

36) 주사위를 세 번 던져 나온 눈의 수로 세 자리의 자연수를 만들 때 짝수의 개수는?

37) 0, 1, 2, 3, 4가 적힌 다섯 장의 카드에서 동시에 3장을 뽑아 세 자릿수를 만들 때 짝수의 개수는?

38) 0, 1, 2, 3, 4, 5, 6이 적힌 카드에서 4장을 동시에 뽑아 만들 수 있는 네 자릿수 중 짝수의 개수를 구하라.

다음 각 경우 A에서 B로 가는 방법의 수를 구하라.

39)

40)

41)

42)

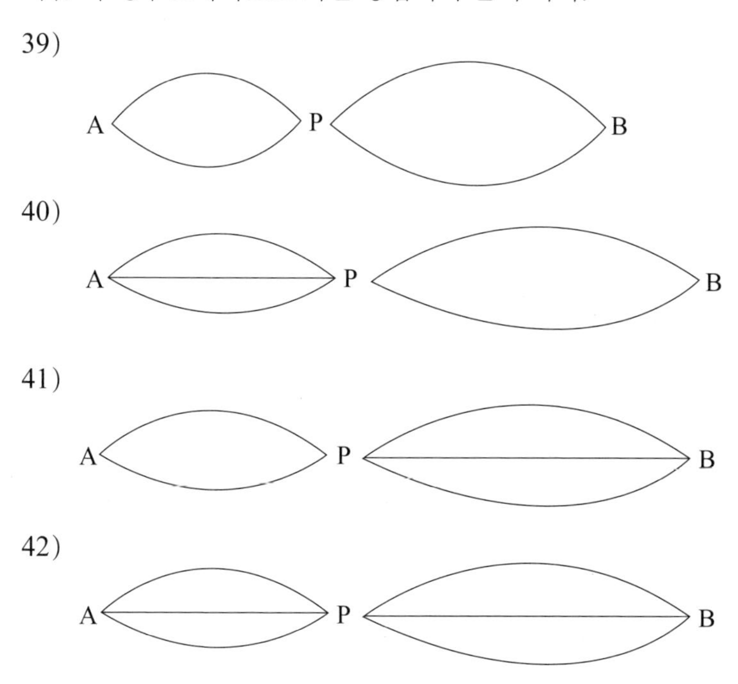

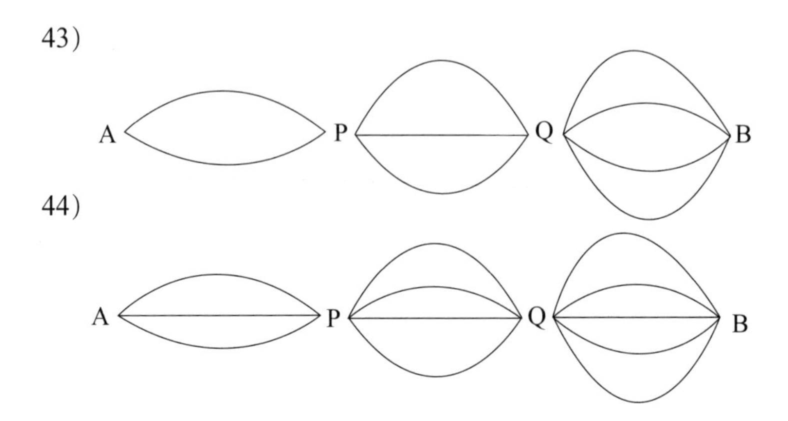

45) A에서 B까지 가는 데 있어 P 또는 Q를 거쳐 가고 각 지점들 사이의 길은 다음과 같다.

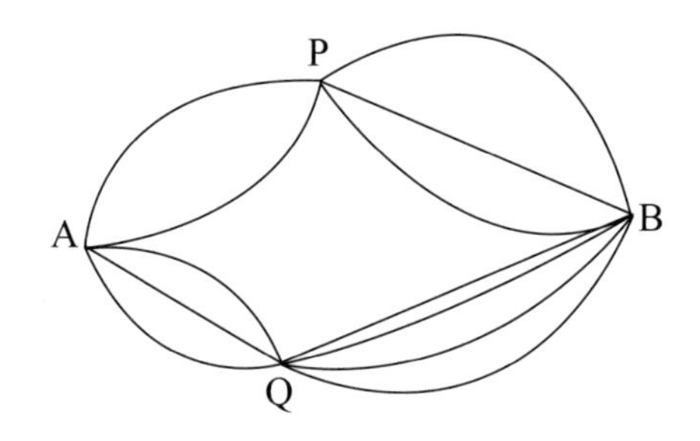

이때 A, B를 왕복하는데 P와 Q를 오직 한 번만 거쳐 가는 경우의 수는?

46) 다음 그림과 같은 길에 대해 A에서 B 또는 C를 거쳐 D까지 가는 경우의 수는?

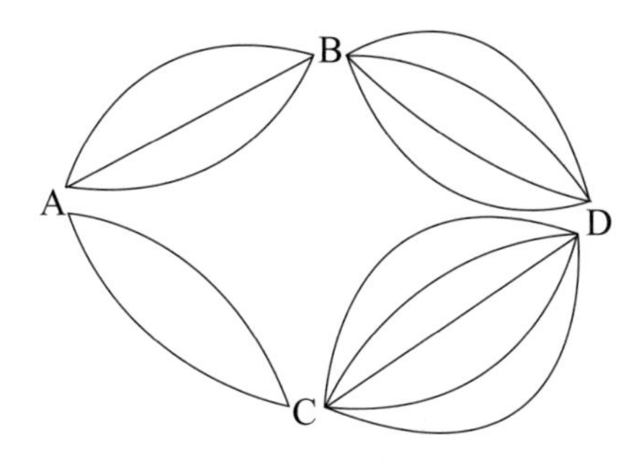

47) 서로 다른 주사위 세 개를 던질 때 나오는 눈의 합이 5가 되는 경우의 수를 구하라.

48) A, B, C, D 네 사람이 우산을 하나씩 가져왔다. 모임이 끝나고 각각 다른 사람의 우산을 가지고 가는 경우의 수를 구하라.

49) 600보다 작은 자연수 중 18의 배수의 집합을 M, 800보다 작은 자연수 중 24의 배수의 집합을 N이라 할 때 $n(M \cup N)$을 구하라.

50) 방정식 $x+2y+3z=12$를 만족하는 양의 정수 x, y, z의 쌍은 몇 개인가?

51) A, B, C, D 네 팀이 어떤 시합을 하였다. 서로 한 번씩은 반드시 싸워야 하고 어떤 팀끼리는 두 번 싸울 수도 있다. 그 결과 A는 1승 2패, B는 3승 0패, C는 4패를 하였다. D는 몇 승 몇 패를 하였는가?

2장

순열

여러 개의 수를 일렬로 배열하는 모든 경우의 수는 모두 몇 가지일까요? 순열과 팩토리얼의 뜻은 무엇일까요? 일반적인 순열의 공식을 만들어 봅시다.

팩토리얼

다음 날 아침 라피가 찾아와 곤히 자고 있는 우리를 깨웠다. 우리는 조금 더 자고 싶었지만 일정이 바쁘다는 라피의 말에 결국 자리에서 일어날 수밖에 없었다.

라피는 정신이 맑아야 오늘도 좋은 결과가 나올 거라며 가벼운 아침 식사를 제안했다. 라피가 우리에게 내놓은 아침 식사는 빵과 우유와 계란 이렇게 3가지였다. 라피는 마법으로 우리 모두에게 3가지 음식을 내놓았다.

내가 막 계란을 먹으려는데 갑자기 왕이 말했다.

"라피, 왜 사람들마다 음식의 순서가 다르지? 내 앞에는 왼쪽부터 빵, 우유, 계란의 순서로 놓여 있고, 놀리스 교수 앞에는 우유, 빵, 계란의 순서로 놓여 있잖아? 이러면 헷갈려서 식사에 집중이 안 된단 말이야."

왕은 별것도 아닌 일로 라피에게 호통쳤다.

"이것이 오늘 아침에 여러분이 연구할 과제예요. 3가지 음식을 일렬로 배열하는 방법이 모두 몇 가지인지 알아내세요."

라피가 빙긋 웃고는 사라졌다.

"3가지 아닐까요?"

헤아리스가 자신 없는 목소리로 말했다. 그러고는 곧바로 전자칠판에 다음과 같이 썼다.

빵－우유－계란

빵－계란－우유

우유－계란－빵

우유－빵－계란

계란－빵－우유

계란－우유－빵

"제가 빼놓은 것이 있었군요. 다시 헤아려 보니까 6가지예요."

헤아리스가 머리를 긁적거리며 말했다.

"음식 종류는 3가지인데 왜 6가지가 나온 거지?"

왕이 계란을 입안에 넣으며 말했다.

"이 문제는 지난번 깃발 문제처럼 곱의 법칙으로 해결할 수 있어요. 일단 음식을 놓는 장소를 빈칸으로 나타내 보죠.

왼쪽부터 차례로 음식을 놓는다고 해 보죠. 가장 왼쪽에 올 수 있는 음식은 빵, 우유, 계란 중 하나면 되니까 3가지예요. 그럼 음식 하나는 사용했으니까 남은 건 2가지이죠? 두 번째 놓을 수 있는 음식 종류는 2가지예요. 이제 남은 음식은 1가지. 그러니까 맨 마지막에 놓을 수 있는 음식의 종류는 1가지예요. 이제 곱의 법칙을 이용하면 되니까, 세 음식을 일렬로 배열하는 방법의 수는 $3 \times 2 \times 1 = 6$(가지)이 되는 거죠."

모두들 놀리스 교수를 존경 어린 눈빛으로 바라보았다.

"그럼 음식이 4가지면 $4 \times 3 \times 2 \times 1 = 24$(가지)가 되겠군!"

왕이 확신에 찬 표정으로 말했다. 그러자 헤아리스도 음식이 5가지일 때는 $5 \times 4 \times 3 \times 2 \times 1 = 120$(가지)이 된다고 말했지만 아무도 그의 말에 귀를 기울이지 않았다.

"수가 1씩 줄어들면서 곱해지는군."

왕이 마치 새로운 것을 발견한 듯 말했다.

"그럼 음식이 100가지이면 $100 \times 99 \times 98 \times \cdots \times 2 \times 1$이겠군요. 에구구, 뭐 이렇게 가짓수가 많은 거죠?"

헤아리스가 짜증 섞인 목소리로 말했다.

"기호를 만드는 게 좋겠어요."

가만히 얘기를 듣고 있던 내가 제안했다.

"뭘로 하지?"

왕이 물었다.

"곱하기를 엄청나게 많이 해야 하니까 놀랍잖아요. 놀랐을 때는 느낌표(!)를 쓰니까 !를 쓰는 게 어떨까요?"

놀리스 교수는 이렇게 제안하고는 다음과 같이 썼다.

$1! = 1$

$2! = 2 \times 1$

$3! = 3 \times 2 \times 1$

$4! = 4 \times 3 \times 2 \times 1$

$5! = 5 \times 4 \times 3 \times 2 \times 1$

"좋은 생각이야. 이제 $100 \times 99 \times \cdots \times 2 \times 1$도 $100!$이라고 쓰면 되잖아?"

왕은 헤아리스를 흘깃 보며 말했다. 모두들 놀리스 교수가 제안한 느낌표를 채택하기로 했다. 그리고 $6 = 3 \times 2$처럼 어떤 수 6을 두 개의 수의 곱으로 나타낼 때 두 수 3과 2를 인수(factor)라고 부르는 사실로부터 이 기호의 이름을 팩토리얼(factorial)이라 정했다. 왕은 이 단어를 사전에 새로 추가하라고 나에게 명령했다.

"그런데 팩토리얼에 재미있는 성질이 있어요."

헤아리스가 눈꼬리를 치키며 약간 흥분된 어조로 말했다.

"뭐지?"

왕이 물었다.

헤아리스는 자신이 발견한 성질을 써 내려갔다.

$2! = 2 \times 1!$

$3! = 3 \times 2!$

$4! = 4 \times 3!$

$5! = 5 \times 4!$

"정말 그렇군! 어떤 수의 팩토리얼은 그 수와 그보다 1작은 수의 팩토리얼의 곱이야."

왕은 이렇게 말하고는 다음과 같이 썼다.

(어떤 수)! = (어떤 수) × (어떤 수−1)!

그리고 이것을 '왕의 공식'으로 부르라고 했다.

"공식은 문자로 만드는 것이 좋겠어요."

나는 조심스럽게 왕의 눈치를 살피며 말했다. 왕은 조금 실망한 눈치였지만 나의 제안에 동의했다. 그래서 왕의 공식은 다음과 같이 정해졌다.

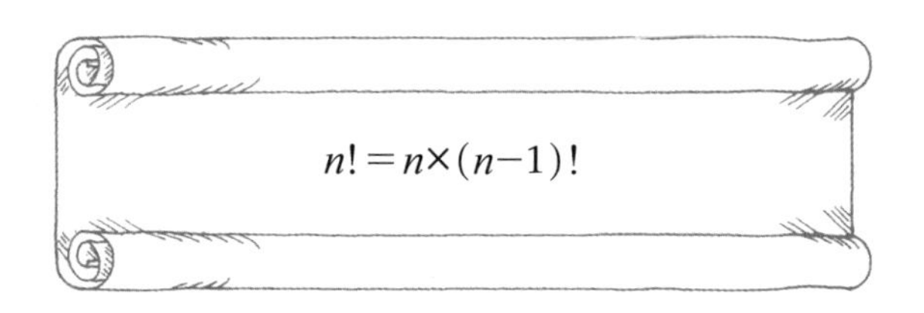

$$n! = n \times (n-1)!$$

나는 왕의 공식을 회의록에 기록했다. 우리는 이 공식을 우리 모두의 공식으로 부르고 싶었지만, 왕의 권위를 세워 주는 것이 나을 것이라는 생각이 들어 그대로 인정했다.

"그런데 1!이 제일 작은 건가? 0!은 없나?"

왕이 물었다.

"0! = 1입니다."

놀리스 교수가 간결하게 대답했다.

"그건 약속인가?"

"아닙니다. 왕의 공식을 보세요. $n!=n\times(n-1)!$ 여기에 $n=1$을 대입해 보죠. 그러면 $1!=1\times(1-1)!$이니까 $1!=0!$이 되지요. 그런데 $1!=1$이므로 $0!=1$이 되어야 합니다."

"역시 왕의 공식은 대단해."

왕은 매우 흡족해하면서 이 내용을 기록해 두라고 헤아리스에게 명령했다.

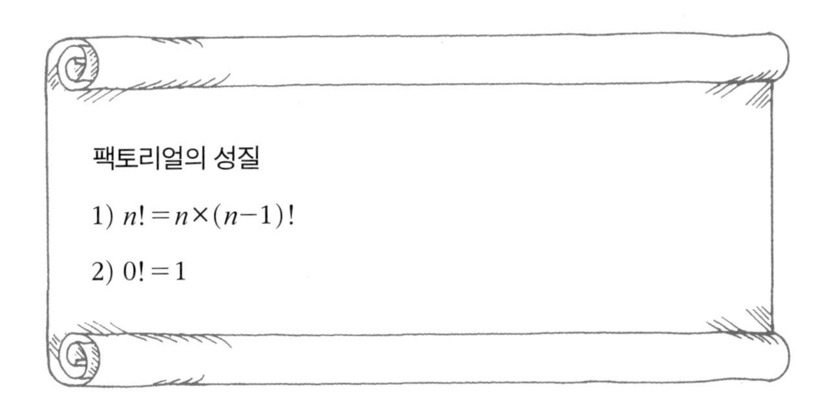

순열

아침 식사를 마친 우리는 라피가 배정해 준 숙소를 나왔다. 거리에는 여전히 대머리의 남녀들이 어딘가를 향해 총총걸음으로 걸어가고 있었다. 우리도 대머리 인간들의 뒤를 따라가 보았다. 한참 걸어가자 갑자기 석조 건물들이 자취를 감추었고, 길이 점점 좁아지더니 대머리 인간들이 시야에서 사라졌다.

"대머리 인간들이 어디로 간 거죠?"

헤아리스가 주위를 두리번거리며 물었다.

"글쎄, 샛길로 빠졌나?"

왕이 대수롭지 않게 한마디 했다.

길은 점점 더 폭이 좁아지고 좌우로는 검은 칠을 한 높은 벽이 있었다. 우리는 일렬로 서서 좁은 길을 지나가야 했다. 갑자기 뒤에서 강한 바람이 불어오더니 우리 몸이 공중에 둥둥 떠올랐다. 우리는 무시무시한 속력으로 서로 닿을 듯 붙어 있는 벽 사이를 날아갔다. 잠시 후 우리가 다시 바닥에 떨어졌을 때 눈앞에 거대한 기차역이 나타났다. 역사에는 '센트럴(central)'이라고 쓰여 있었다.

역사 안에서 사람들이 실랑이를 벌이는 소리가 들렸다. 호기심이 생긴 우리는 역사 안으로 들어가 보았다.

“기차표 좀 빨리 끊어 줘요.”

“기차가 떠나려고 하잖아요.”

“왜 이렇게 줄이 안 줄어드는 거야?”

기차표를 발행하는 창구 앞에 길게 줄을 선 사람들이 투덜거리고 있었다.

그때 제복을 입은 사내가 다가오더니 왕에게 인사했다.

“전하, 저는 이 나라의 칙폭 수상입니다. 전하에게 이런 소란한 모습을 보여 드려 죄송합니다.”

“무슨 문제가 있나?”

어느새 책의 새로운 스토리를 이해한 왕은 칙폭 수상을 오래전부터 알고 있었던 것처럼 근엄하게 물었다.

“기차역 관리들과 승객들 사이에 시비가 붙었습니다.”

“왜?”

왕은 성의 없이 되물었다.

“기차역 관리인들이 기차표를 늦게 끊어 줘서 기차를 놓친 승객들이 화가 난 모양입니다.”

“그럼 기차역 관리인들을 해고하면 되잖소.”

왕은 목소리를 높여 칙폭 수상을 나무랐다. 그때 티켓 창구 앞으로 가서 발권 과정을 지켜보고 돌아온 놀리스 교수가 말했다.

“이 문제는 우리가 연구하는 수학과 관계있는 것 같습니다.”

“어째서?”

왕이 놀란 눈으로 놀리스 교수를 보며 물었다.

"현재 기차역의 시스템은 효율적이지 않습니다. 기차표를 끊으러 온 승객들이 일렬로 길게 줄을 서 있으면, 역 관리인이 출발지와 목적지를 티켓에 적어 주는 방식이죠. 이럴 때는 모든 가능한 티켓을 만들어 두는 방법이 시간을 가장 줄이는 방식입니다."

놀리스 교수가 차분하게 설명하자 왕도 이 문제에 관심을 가지기 시작했다.

"몇 개의 티켓을 만들어야 하죠?"

헤아리스가 물었다.

"기차역이 몇 개인지를 알아야 합니다."

놀리스 교수가 역장을 흘깃 보며 말했다.

"기차역은 모두 500개입니다."

역장이 조그만 목소리로 말했다.

"티켓에는 두 개의 역이 표시됩니다. 예를 들어 센트럴역에서 인테그럴역으로 가는 기차표는 다음과 같이 표기되죠.

센트럴역 ⇨ 인테그럴역

그러므로 이 문제는 500개의 역 이름 중에서 2개를 택해 일렬로 배열하는 문제입니다."

놀리스 교수가 약간 흥분된 어조로 말했다.

"두 역은 뽑기만 하면 되잖아? 일렬로 배열하는 이유는 뭐지?"

왕이 다소 못마땅해하는 표정으로 물었다.

"기차표는 '출발지, 목적지'와 같이 기재되어야 합니다. 그러므로 '센트럴역, 인테그럴역'의 티켓과 '인테그럴역, 센트럴역'의 티켓은 서로 다른 종류의 티켓이죠. 즉, 두 티켓 모두 만들어야 해요."

놀리스 교수의 말에 왕은 조금 실망한 표정이었다. 티켓의 수를 줄이면 티켓을 만드는 데 드는 예산을 줄일 수 있을 거라 생각했기 때문이었다.

"출발지와 도착지를 빈칸으로 해서 각 빈칸에 올 수 있는 역의 종류를 따지면 되겠네요."

내가 신난 표정으로 제안했다. 그러자 헤아리스는 다음과 같이 그렸다.

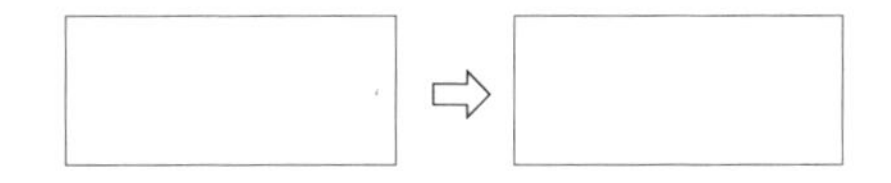

"이제 문제가 해결된 것 같군요. 모든 역에서 기차가 출발할 수 있으니까 출발지에 적을 수 있는 역의 종류는 500가지예요."

놀리스 교수가 말했다.

"모든 역에 기차가 도착할 수 있으니까 도착지에 적을 수 있는 역의 종류도 500가지인가요?"

헤아리스가 확신에 찬 목소리로 말했다. 하지만 잠시 후 놀리스 교수의 말을 듣더니 표정이 시무룩해졌다.

"도착지에 적을 수 있는 역의 종류는 499가지예요. 같은 역으로 가는 티켓은 만들 필요가 없잖아요. 그러니까 도착지에는 출발지를 뺀 499개 역을 쓸 수 있지요. 그러니까 만들어야 하는 티켓은 500×

499 = 249500(가지) 예요."

놀리스 교수의 논리정연한 설명이 끝나자 우리는 모두 놀라서 입을 다물 수 없었다. 500개 역에서 사용되는 티켓이 20만 가지가 넘는다는 사실이 경악스러웠다. 하지만 왕은 침착하게 인쇄소에서 티켓을 제작하여 모든 기차역에서 사용하도록 조치를 취했다. 기차 티켓 문제는 우리에게 새로운 연구거리를 제공해 주었다. 바로 다음과 같은 문제였다.

n개 중에서 r개를 택해 일렬로 배열하는 경우의 수는 몇 가지인가?

이 질문이 우리들 모두의 머릿속에서 맴돌고 있었다. 먼저 헤아리스가 조심스럽게 말을 꺼냈다.

"r은 n보다 커서는 안 돼요. 10개 중에서 11개를 택할 수는 없을 테니까요."

헤아리스는 다음과 같이 썼다.

$$r \leq n$$

"r개의 빈칸을 이용하죠."

내가 제안했다. 모두 고개를 끄덕이며 동의했고, 헤아리스는 빈칸 r개를 …을 이용해 그렸다.

			…	
1번	2번	3번		r번

"1번 빈칸에는 n가지가 모두 올 수 있어요. 하지만 2번 빈칸에는 1번 빈칸에 선택된 것은 올 수 없으니까 $(n-1)$가지가 올 수 있지요."

놀리스 교수가 말했다.

"그럼 3번 빈칸에는 1번, 2번과는 다른 것이 와야 하니까 $(n-2)$가지가 올 수 있겠군."

왕이 감탄하며 외쳤다.

"r번째 빈 칸에는 몇 가지가 올 수 있죠?"

헤아리스가 머리를 긁적이며 물었다. 놀리스 교수의 제안에 따라 우리는 다음과 같은 표를 만들었다.

1번 빈칸	n
2번 빈칸	$n-1$
3번 빈칸	$n-2$

"뭐야? 어떤 규칙이 있는 거지?"

왕이 소리쳤다. 놀리스 교수는 미소를 지으며 표의 내용을 다음과 같이 고쳐 적었다.

1번 빈칸	$n-(1-1)$
2번 빈칸	$n-(2-1)$
3번 빈칸	$n-(3-1)$

모두 놀란 눈으로 표를 바라보았다.

"규칙이 보여요. 이 규칙대로라면 r번째 빈칸에는 $n-(r-1)$(가지)이 올 수 있어요."

내가 흥분한 목소리로 소리쳤다. 놀리스 교수는 차분하게 설명을 이어 갔다.

"n개에서 r개를 택해 일렬로 배열하는 경우의 수는 $n\times(n-1)\times(n-2)\times\cdots\{n-(r-1)\}$(가지)이에요."

"팩토리얼처럼 새로운 기호를 만들면 어떨까요?"

내가 제안했다.

"느낌표 두 개를 써서 !!이라고 할까요?"

헤아리스가 생각나는 대로 얘기했다. 놀리스 교수는 헤아리스의 말을 무시한 채 말했다.

"1, 2, 3, 4의 총 4장의 카드가 있다고 해 보죠. 여기서 2장을 뽑아 일렬로 배열하는 경우를 보면,

1 2　2 1

1 3　3 1

1 4　4 1

2 3　3 2

2 4　4 2

3 4　4 3

으로 12가지예요. 1, 2와 2, 1을 보면 자리가 바뀌었죠? 1, 3과 3, 1도 그렇고요. 그러니까 자리 바꿈이라는 뜻을 가진 permutation의

앞 철자인 P를 쓰는 게 좋을 것 같아요. 우리말로는 '순서대로 열 맞춰 세우는 것'이니까 '순열'이라고 부르기로 하죠. n개 중에서 r개를 뽑아 일렬로 배열하는 방법의 수를 'n개 중에서 r개를 택한 순열의 수'라고 하고 ${}_{n}\mathrm{P}_{r}$로 나타내면 좋겠어요."

모두들 교수의 제안에 이의를 달지 않았다. 그러자 헤아리스가 다음과 같이 썼다.

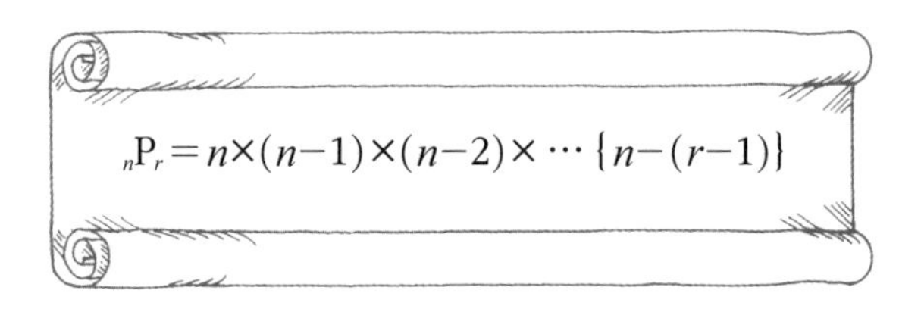

순열을 팩토리얼로

"뭐야? 순열은 팩토리얼로 나타낼 수 없는 건가?"

왕이 시큰둥한 표정으로 말했다.

"팩토리얼로 나타낼 수 있을 것 같아요. 우리의 새로운 기호를 보면 ${}_{4}\mathrm{P}_{2} = 4 \times (4-1) = 4 \times 3$이죠. 이것을 다음과 같이 쓸 수 있어요."

$${}_{4}\mathrm{P}_{2} = \frac{4 \times 3 \times 2 \times 1}{2 \times 1} = \frac{4!}{2!}$$

"정말 팩토리얼로 나타냈군!"

왕이 어린아이처럼 기뻐하며 소리쳤다. 놀리스 교수는 연습장에 다음과 같이 써 내려갔다.

$$ {}_{n}\mathrm{P}_{r} = \frac{n\times(n-1)\times(n-2)\times\cdots(n-r+1)\times(n-r)\times(n-r-1)\times\cdots\times2\times1}{(n-r)\times(n-r-1)\times\cdots2\times1} $$
$$ = \frac{n!}{(n-r)!} $$

이리하여 우리는 순열의 수를 쉽게 찾을 수 있는 공식을 발견했다.

나는 공식을 찬찬히 들여다보다가 의문이 생겼다.

"n과 r이 같으면 어떻게 되죠?"

그러자 놀리스 교수가 설명했다.

"그것은 ${}_{n}\mathrm{P}_{n}$이죠. n개 중에서 n개를 모두 택해 일렬로 배열하는 순열의 수이죠. 공식에 넣으면 ${}_{n}\mathrm{P}_{n} = \frac{n!}{(n-n)!} = \frac{n!}{0!}$이고 $0! = 1$이니까 ${}_{n}\mathrm{P}_{n} = n!$이에요."

"그럼 $r = 0$인 경우는요?"

이번에는 헤아리스가 물었다.

"공식에 넣으면 되잖아. ${}_{n}\mathrm{P}_{0} = \frac{n!}{(n-0)!} = \frac{n!}{n!} = 1$이 되는 거야."

왕은 흡족한 표정으로 위엄 있게 말했다. 우리는 지금까지 발견한 내용을 정리해 두기로 했다.

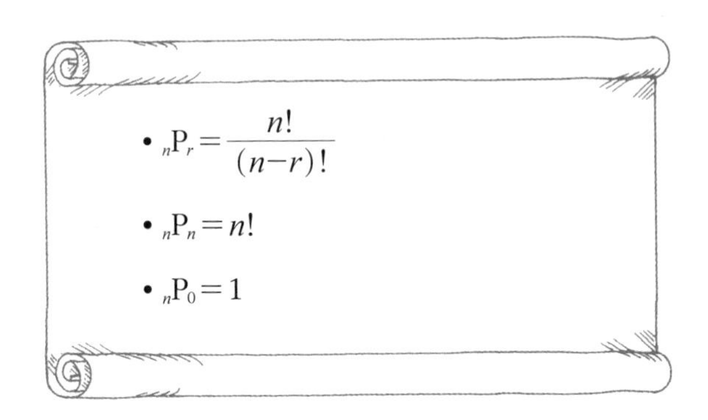

우리는 이 공식을 적용할 수 있는 문제를 많이 다루어 보고 싶었다. 헤아리스가 우리들 앞에 다섯 장의 숫자 카드를 펼쳤다.

"갑자기 웬 카드 놀이지?"

왕이 영문을 모르겠다는 듯 헤아리스와 다섯 장의 카드를 번갈아 보았다.

"새로운 법칙이 나왔으니 연습을 해야죠. 이 카드 중 한 개를 뽑아 한 자릿수를 만드는 방법은 몇 개일까요?"

"1, 2, 3, 4, 5가 가능하니까 다섯 개죠."

내가 대답했다.

"그렇게 헤아릴 필요 없어요. 다섯 개 중 한 개를 꺼내 일렬로 배열하는 경우의 수니까 ${}_5P_1 = 5$(가지)가 돼요."

놀리스 교수가 어깨를 으쓱하며 말했다.

"두 개를 뽑아 만들 수 있는 두 자릿수의 개수는 ${}_5P_2 = 5 \times 4 = 20$

(가지)이 되겠군요."

헤아리스가 거들었다.

"세 자릿수의 개수는 $_5P_3 = 5 \times 4 \times 3 = 60$(가지)이 되겠군."

왕도 한마디 했다.

"모두 잘했어요. 네 자릿수의 개수는 $_5P_4 = 5 \times 4 \times 3 \times 2 = 120$(가지)이고, 다섯 자릿수의 개수는 $_5P_5 = 5 \times 4 \times 3 \times 2 \times 1 = 120$(가지)이 되지요."

놀리스 교수가 마지막으로 정리했다. 모두들 새로운 기호 $_nP_r$의 사용법에 익숙해진 듯했다.

헤아리스는 마법으로 5가 쓰여 있던 카드를 5 대신 0으로 바꾸었다.

"5를 왜 0으로 바꾸었지?"

왕이 의아해했다.

"새로운 문제를 풀기 위해서예요."

헤아리스가 의미심장한 미소를 지으며 말했다.

"이 카드에서 네 개를 뽑아 만들 수 있는 네 자릿수는 몇 개일까요?"

"똑같은 문제이잖아. 다섯 개 중에서 네 개를 뽑아 일렬로 세우는 경우의 수이니까 $_5P_4 = 5 \times 4 \times 3 \times 2 = 120$(가지)야."

왕이 자신 있게 말했다. 똑같은 문제를 낸 것에 대해 조금은 불쾌해하는 표정이었다.

"틀렸어요."

헤아리스가 단호하게 말했다. 순간 왕의 얼굴이 일그러졌다.

“0이 맨 앞에 오면 네 자릿수가 되지 않겠군요.”

내가 새로운 사실을 발견한 듯 호기심 어린 얼굴로 말했다.

헤아리스는 나를 보고 싱긋 웃으며 고개를 끄덕였다.

왕이 잘 이해가 안 된다는 듯 고개를 갸우뚱거리자 헤아리스는 네 장의 카드를 다음과 같이 놓았다.

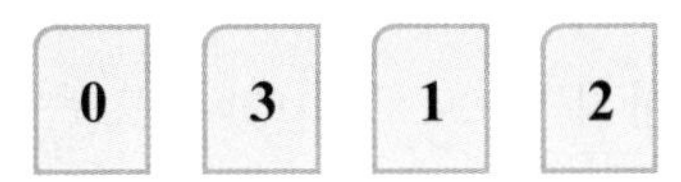

그리고 말을 이었다.

“0312는 네 자릿수가 아니에요. 이렇게 맨 앞에 0이 오는 경우는 제외해야 돼요. 맨 앞에 0이 오는 경우는 0□□□의 꼴이니까 0을 제외한 4장의 카드에서 3장을 뽑아 일렬로 배열하는 경우의 수는 ${}_4P_3=24$(가지)이지요. 그러니까 실제로 만들 수 있는 네 자릿수의 개수는 ${}_5P_4-{}_4P_3=96$(가지)예요.”

헤아리스의 설명에 모두 흡족한 표정을 지었다.

다섯 명의 무희

칙폭 수상은 우리가 기차역 문제를 해결해 준 데 대한 보답으로 연회를 열어 주었다. 커다란 식탁 위에는 한번도 본 적이 없는 신비로운 음식들이 놓여 있었다. 나는 사과처럼 생긴 과일을 먹어 보았다. 보통의 사과와는 달리 붉은 바탕에 검은 점이 송송 나 있었다. 사과 맛과 포도 맛이 반반씩 섞인 환상적인 맛이었다.

"전하, 이런 날 축하 공연이 있어야겠지요."

칙폭 수상은 이렇게 말하고는 부하에게 전속 무희들을 들이라고 명령했다. 전속 무희는 남자 세 명과 여자 두 명으로 이루어져 있었다.

다섯 명의 무희는 마티 왕과 칙폭 수상에게 정중하게 인사를 하고 신나는 춤을 추었다. 무희들은 서로 자리를 바꿔 가며 음악에 맞춰 격렬하게 춤을 추었다. 그런데 여자 무희 두 명은 손을 꼭 잡은 채 움직여 마치 한 명의 무희처럼 보였다.

"여자 무희들은 왜 서로 떨어지지 않지?"

닭 다리를 입에 문 왕이 물었다.

"이 나라의 댄스 규칙입니다. 여자는 혼자 떨어져서 춤을 출 수 없고 두 명 이상이 한 몸이 되어 추어야 해요. 물론 여자끼리는 자리를 바꾸는 것이 허용되지만, 여자들 사이에 남자가 끼어 있는 것은 허용되지 않습니다."

칙폭 수상이 왕의 귀에 대고 조용히 말했다.

"아쉽군. 여자 무희의 독무를 보고 싶었는데……."

왕이 혀를 끌끌 찼다.

"가만, 재미있는 문제가 생각났어요."

놀리스 교수가 소리쳤다.

"무슨 문제?"

왕이 심심하던 차에 잘되었다는 표정으로 놀리스 교수를 바라보았다.

"남자 세 명과 여자 두 명을 일렬로 세우는데 여자들끼리 반드시 이웃하게 세우는 방법의 수를 구해 보는 게 어떨까요?"

"지금 춤을 추는 무희들의 문제군. 재미있겠는데…… 물론 5!은 아니겠지?"

왕이 물티슈로 손을 닦으며 말했다.

"아무 조건 없이 다섯 명을 일렬로 세울 때는 5!가지가 되겠죠. 하지만 이 경우에는 여자들끼리 반드시 이웃해야 한다는 조건이 있잖아요."

놀리스 교수가 반박했다.

"그럼 어떻게 하죠? 일일이 나열해 봐야 하나요?"

헤아리스가 끼어들었다.

"그러면 순열 이론을 만든 게 아무 소용이 없게요? 우리가 만든 순열 기호를 이용해야죠."

놀리스 교수는 이렇게 말하고는 식탁 위에 다섯 개의 스푼을 올려 놓았다. M_1, M_2, M_3가 쓰여 있는 스푼 세 개와 W_1, W_2가 쓰여 있는 두 개의 스푼이 있었다. W_1, W_2가 쓰여 있는 두 스푼은 고무줄로 묶여 있었다.

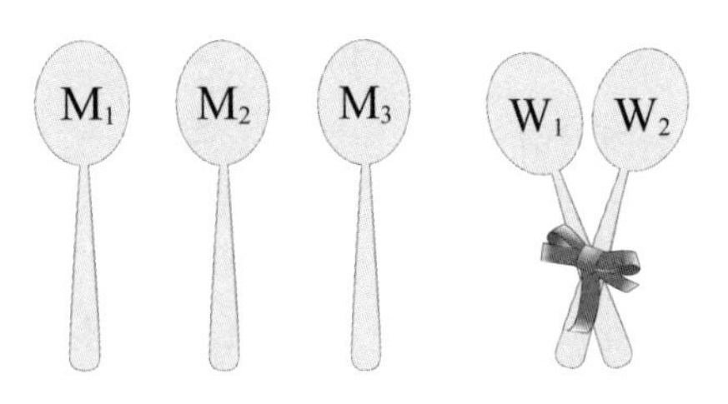

"M은 뭐고 W는 뭐죠?"

헤아리스가 물었다.

"M은 남자(Man), W는 여자(Woman)를 나타내는 걸로 하죠. W_1, W_2를 고무줄로 묶어 놓은 것은 여자 두 명이 이웃하는 것을 나타내지요."

놀리스 교수가 스푼을 가리키며 말했다.

"답을 알 것 같아요. 묶여 있는 W_1, W_2를 하나로 취급하면 M_1, M_2, M_3와 묶여 있는 스푼들 이렇게 네 개를 일렬로 배열하는 경우의 수를 구하면 되니까 $4!=24$(가지)가 되겠군요."

내가 자신 있는 어투로 말했다. 왕은 조용히 고개를 끄덕거렸다. 아마 내 생각에 동의하는 듯했다.

그러자 헤아리스가 W_1, W_2를 종전과 달리 다음과 같이 바꾸어 묶었다.

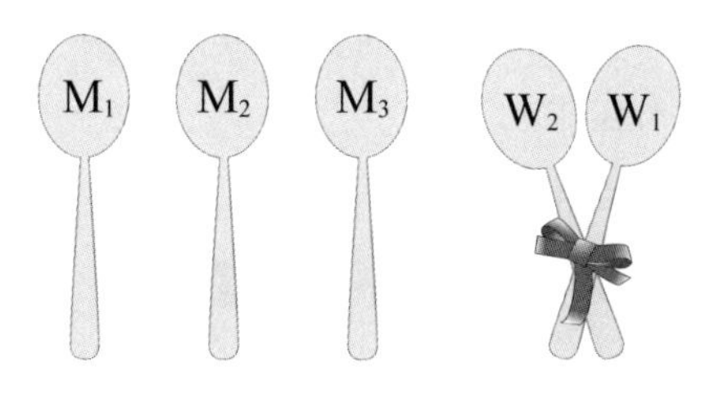

그러고는 모두를 둘러보며 말했다.

"이러면 달라지잖아요?"

"맞아요. 두 경우를 함께 써 보죠."

놀리스 교수가 다음과 같이 스푼을 놓았다.

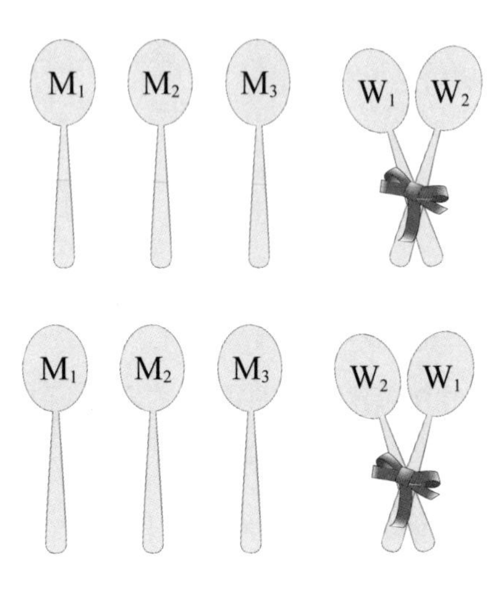

“둘 다 M_1, M_2, M_3, 묶인 스푼들의 순서로 되어 있지만, W_1, W_2로 묶여 있는 경우와 W_2, W_1으로 묶여 있는 경우는 다른 경우를 나타내지요. 즉, 묶여 있는 두 스푼 W_1, W_2를 순서대로 배열하는 경우의 수인 2!을 곱해 주어야 해요. 그러니까 구하는 경우의 수는 $4!\times2!=48$(가지)이 되지요.”

놀리스 교수가 마무리했다.

우리는 점점 순열 이론의 아름다움에 빠져들기 시작했다. 이 세상의 어떤 순열 문제도 해결할 수 있을 것 같은 자신감이 들었다.

알파벳이 새겨진 디저트

잠시 후 디저트로 알파벳이 새겨진 과자가 나왔다. 놀리스 교수는 과자 중에서 equation을 나타내는 8개의 조각을 꺼내 식탁 위에 놓았다.

e q u a t i o n

"equation? 그건 방정식이라는 뜻이잖아. 우린 지금 방정식을 공부하는 게 아니잖아."

왕이 투덜거렸다.

"좋은 문제가 떠올랐어요. 우선 이 8개의 알파벳을 일렬로 나열하는 방법은 몇 가지일까요?"

놀리스 교수가 모두에게 물었다.

"8개니까 8!가지예요."

헤아리스가 제일 먼저 말했다.

"좋아요. 그럼 *n*이 맨 앞에 오고 e가 맨 뒤에 오는 경우는 몇 가지죠?"

놀리스 교수가 다시 물었다.

아무도 대답이 없었다. 그러자 놀리스 교수는 n을 맨 앞에 놓고 6개의 네모난 접시를 놓은 뒤 맨 끝에 e를 놓았다.

"n, e를 제외한 여섯 개의 알파벳은 q, u, a, t, i, o예요. 이것을 여섯 개의 빈 접시에 놓는 방법은 6!가지가 되지요."

"그렇군."

왕이 재빨리 반응했다.

"지금까지는 연습 문제였어요. 이제 정말 문제다운 문제를 풀어 보죠."

놀리스 교수가 양어깨를 으쓱하며 말했다.

"무엇이든 내 보게. 우린 모두 맞힐 수 있어."

왕이 자신감에 찬 표정으로 말했다.

"좋아요. n과 e 사이에 두 개의 알파벳이 들어가는 경우의 수는 몇 개일까요?"

놀리스 교수의 말이 끝나기 무섭게 분위기는 차갑게 식었다. 쉽게 계산될 것처럼 보이지 않았기 때문이다. 왕은 좀 전과는 다르게 풀 죽은 얼굴로 헤아리스의 얼굴을 바라보았다. 헤아리스는 자신 없는 표정으로 왕의 시선을 외면했다. 문제를 낸 놀리스 교수도 답을 알고 있지 않은 듯했다.

우리는 n과 e 사이에 두 개의 알파벳이 들어가는 경우를 몇 가지 써 보았다.

(**n** q u **e**)a t i o

a(**n** i o **e**)t q u

a(**e** i o **n**)t q u

a u(**e** i o **n**)q t

u a(**n** i o **e**)q t

"(n □ □ e)를 하나의 묶음으로 생각하면 되겠네요."

헤아리스가 중요한 것을 발견한 듯 소리쳤다.

"(n □ □ e)도 있고 (e □ □ n)도 있잖아?"

놀리스 교수가 항의했다.

우리는 두 사람의 발견을 인정해 (n □ □ e) 또는 (e □ □ n)을 하나의 묶음으로 간주하기로 했다.

"우선 (n □ □ e) 또는 (e □ □ n)에 들어갈 두 개의 알파벳을 선택하는 방법의 수를 알아야 해요."

놀리스 교수가 제안했다.

"n과 e를 제외하면 6개의 알파벳이 남으니까 그중 2개를 뽑아 일렬로 배열하는 방법의 수를 구하면 되겠군. 그렇다면 그 경우의 수는 $_6P_2=30$(가지)가 돼."

왕이 스스로 자랑스럽게 여기며 말했다.

"거기에 2를 곱해야 해요."

놀리스 교수가 말했다.

"2는 왜 곱하지?"

왕이 놀란 눈으로 놀리스 교수를 보았다.

"(n□□e)일 수도 있고 (e□□n)일 수도 있으니까요."

놀리스 교수의 지적에 왕은 고개를 끄덕였다. 우리는 n과 e 사이에 2개의 알파벳이 들어가는 묶음을 결정하는 방법의 수가 $_6P_2\times2=60$(가지)임을 알게 되었다. 이제 이 묶음을 하나로 보고 나머지 4개의 알파벳과 함께 5개를 일렬로 배열하는 방법의 수를 알기만 하면 되는 일이었다. 물론 그 방법의 수가 5!이라는 것을 모두 알고 있었다.

"그렇다면 우리가 구하는 경우의 수는 $_6P_2\times2\times5!=7200$(가지)이 되는군."

왕이 한 손으로 수염을 만지작거리며 최종 결론을 내렸다. 우리는 어느새 순열 계산의 대가가 되어 있었다. 그때 놀리스 교수가 또 다른 문제를 들고 나왔다.

적어도 한쪽 끝이 자음인 경우의 수

"좀 더 어려운 문제를 해결해 보죠."

"뭐지?"

왕은 어떤 문제든 자신 있다는 표정으로 말했다.

"적어도 한쪽 끝에 자음이 오는 경우는 모두 몇 가지일까요?"

놀리스 교수가 문제를 냈다.

"적어도? 그게 뭐지?"

왕이 고개를 절레절레 흔들었다. 평소 책을 잘 읽지 않는 왕은 어휘력이 약했다.

그러자 독서광인 헤아리스가 다음과 같이 썼다.

1) 자□□□□□□자

2) 자□□□□□□모

3) 모□□□□□□자

4) 모□□□□□□모

"양 끝에 오는 알파벳을 자음 또는 모음으로 분류하면 이렇게 네 가지가 나와요. 이 중에서 적어도 한쪽 끝이 자음인 경우는 1), 2), 3)의 세 경우죠."

헤아리스가 덧붙였다.

"아하! 적어도 한쪽 끝이 자음이라는 건 한쪽만 자음이거나 양쪽 모두 자음인 경우를 말하는군."

왕이 이해한 듯했다.

"그럼 1), 2), 3)의 경우의 수를 모두 더하면 되겠네요."

놀리스 교수가 제안했다.

"더 빨리 계산할 수도 있어요."

가만히 지켜보던 내가 끼어들었다.

"어떻게?"

놀리스 교수가 물었다.

"전체 경우의 수에서 4)의 경우의 수를 빼 주는 게 더 빨라요."

내 말에 모두들 1)부터 4)까지를 바라보았다. 잠시 침묵이 흐른 뒤 모두들 박수를 쳤다.

"그게 좋겠어."

놀리스 교수도 내 제안에 동의했다.

우리는 다음과 같이 식을 세웠다.

(적어도 한쪽 끝이 자음인 경우의 수)

=(전체 경우의 수)−(양 끝이 모음인 경우의 수)

전체 경우의 수는 8개를 일렬로 배열하는 방법의 수인 8!이다. 이제 양 끝이 모음인 경우의 수를 구하기만 하면 되는 일이었다.

"모음이 모두 몇 개지?"

왕이 물었다.

"e, u, a, i, o의 5개죠."

헤아리스가 모음의 수를 헤아렸다.

"그럼 양 끝에 2개의 모음을 선택하는 방법은 ${}_5P_2=20$(가지)이 되겠네요."

놀리스 교수가 말했다.

"나머지 6개의 알파벳을 일렬로 배열하는 방법은 6!가지이니까 양 끝에 모음이 오는 경우의 수는 ${}_5P_2 \times 6! = 14400$(가지)이 돼요."

내가 말했다.

왕이 갑자기 미소를 짓더니 말했다.

"그렇다면 적어도 한쪽 끝에 자음이 오는 경우의 수는 $8! - {}_5P_2 \times 6! = 25920$(가지)이 되는군."

이렇게 우리는 후식으로 나온 알파벳 과자를 가지고 여러 가지 순열 문제를 만들어 풀었다. 그러는 사이에 우리가 만들고 푼 문제들은 전부 『확률과 통계』라는 책에 쓰여지고 있었다.

'째깍' 거리는 시한폭탄

갑자기 조금 전까지 춤을 추던 무희들의 모습이 희미해 보이기 시작했다. 나는 잽싸게 왕의 옆에 앉아 있던 칙폭 수상을 바라보았다. 그의 모습도 안개처럼 희미해졌다. 다른 스토리가 전개되고 있었다.

주위가 점점 어두워졌다. 우리는 공포감에 휩싸인 채 서로를 바라보았다. 바이스의 공격이 느껴졌기 때문이었다. 주위가 더욱 어두워지더니 이내 칠흑 같은 암흑이 밀려와 우리는 옆에 있는 사람도 분간할 수 없었다.

잠시 후 주위가 밝아졌을 때 우리는 창도 문도 없는 작은 방에 갇혀 있었다.

"바이스의 짓이군."

왕이 심드렁한 표정으로 말했다. 우리들 앞에는 종이 상자가 하나 있었다.

"이게 뭐지?"

왕이 신기한 듯 상자를 찬찬히 훑어보더니 헤아리스에게 열어 보라고 했다.

"폭탄이 들어 있을지도 몰라요."

헤아리스가 불안한 얼굴로 말했다.

"설마."

왕이 개의치 않는 듯 말했다. 하지만 왕의 목소리는 떨리고 있었다. 왕은 헤아리스를 보면서 턱을 치켜 올렸다. 상자를 당장 열라는 무언의 지시였다. 헤아리스는 왕의 명령을 거역할 수 없어서 부들부들 떨리는 손으로 상자를 열었다.

상자 안에는 조그만 철제 금고가 들어 있었다. 금고에는 다섯 개의 다이얼이 달려 있고, 각 다이얼은 a, b, c, d, e 중 하나를 택하여 맞출 수 있었다.

'째깍째깍' 하는 소리가 들려왔다. 모두들 놀라 소리가 나는 곳으로 귀를 기울였다. 금고 뒤쪽에서 나는 소리였다.

"시한폭탄이 작동되고 있어요."

놀리스 교수가 비명을 질렀다.

"웁스!"

왕도 소스라치게 놀라 비명을 질렀다. 모두 창백한 얼굴로 멍하니 서 있었다. 놀리스 교수가 침착하게 금고에 들어 있던 쪽지를 펼쳤다.

3분 이내에 사전에서 찾는 순서로 78번째의 단어가 되도록 다섯 개의 다이얼을 맞추어 금고를 열지 못하면 시한폭탄이 터질 것이다.

–『확률과 통계』의 완성을 싫어하는 바이스

타이머의 시간은 2분 40초 전을 가리키고 있었다. 모두들 긴장한 눈빛이었다.

"사전에서 찾는 순서가 뭐지?"

왕이 떨리는 목소리로 물었다.

"a, b, c, d, e로 만들 수 있는 단어는 모두 5! = 120(가지)예요. 이때 abcde가 사전에서 제일 먼저 나오고, 그다음에는 abced, 그다음에는 abdce, abdec 등으로 나타나지요. 이런 식으로 하면 사전에서 맨 마지막에 나오는 단어는 edcba가 돼요."

헤아리스도 떨리는 목소리로 설명했다.

"시간이 없어. 헤아리스, abcde부터 차례로 맞춰서 78번째 단어를 찾으면 되잖아!"

왕이 고함쳤다.

"그러기에는 시간이 너무 부족해요."

놀리스 교수가 끼어들었다.

"그럼 어떡하죠?"

헤아리스가 발을 동동 굴렀다.

"가만! a로 시작하는 단어는 a□□□□의 꼴이고 그 개수는 4! = 24(개)예요."

놀리스 교수가 무언가를 발견한 듯 소리쳤다.

모두들 놀리스 교수의 의도를 알 수 있었다.

"b로 시작하는 단어는 b□□□□의 꼴이고 그 개수도 $4!=24$(개)예요."

헤아리스가 말했다.

"c로 시작하는 단어는 c□□□□의 꼴이고 그 개수는 $4!=24$(개)예요."

놀리스 교수가 말했다.

"지금까지 모두 몇 개지?"

왕이 물었다.

"$24+24+24=72$(개)예요."

헤아리스가 뭔가를 눈치챈 듯 편안한 목소리로 말했다.

"그렇다면 d로 시작하는 단어 중에서 여섯 번째 단어가 답이에요. da로 시작하는 단어는 da□□□의 꼴이고 그 개수는 $3!=6$(개)이니까 우리가 찾는 단어는 da□□□의 꼴 중에서 사전에서 찾을 때 가장 나중에 나오는 단어예요."

놀리스 교수가 기뻐서 탄성을 질렀다.

"그게 뭐지?"

왕이 고개를 갸우뚱 하며 물었다.

"□□□에 들어갈 알파벳은 b, c, e이니까 이것을 e, c, b의 순서로 놓으면 돼요."

놀리스 교수가 이렇게 말하고는 금고에 있는 다섯 개의 다이얼을 차례대로 d, a, e, c, b에 맞추었다.

째깍거리던 소리가 멈추었다. 타이머의 시각은 0 : 30을 가리켰다. 폭발 30초 전에 문제를 해결한 것이다. 순간 주위가 깜빡거리면서 어둠과 밝음이 번갈아 나타나더니 얼마 후 우리는 화려하게 수를 놓은 네 개의 침대가 있는 아름다운 방 안에 도착해 있었다. 바이스의 공격을 막아 냈기 때문에 라피가 힘을 쓸 수 있었던 것 같았다. 우리는 순열 이론을 만드느라, 또 바이스의 시한폭탄 공격으로부터 탈출하느라 몸과 마음이 모두 지친 나머지 침대에 벌러덩 드러누웠다. 잠시 후 왕의 코 고는 소리가 요란하게 공기를 흔들더니, 마치 돌림노래처럼 나머지 세 사람의 코 고는 소리가 화음을 이루었다.

EXERCISE 2

다음을 계산하라.

1) ${}_4P_0$

2) ${}_3P_1$

3) ${}_5P_2$

4) ${}_3P_3$

5) ${}_6P_3$

다음을 계산하라.

6) 0!

7) 1!

8) 2!

9) 3!

10) 5!

다음을 만족하는 n을 구하라.

11) ${}_{2n}P_3 = 44 \times {}_nP_2$

12) ${}_{2n}P_2 = {}_nP_3 + 24$

13) ${}_nP_2 = 30$

14) ${}_nP_2 = {}_{n+1}P_1 + 14$

15) a, b, c, d, e에서 2개를 뽑아 일렬로 배열하는 방법의 수는?

16) a, b, c, d, e에서 3개를 뽑아 일렬로 배열하는 방법의 수는?

17) 1, 2, 3을 일렬로 배열하는 방법의 수는?

18) 1, 2, 3, 4를 일렬로 배열하는 방법의 수는?

19) 7명의 학생 중 3명을 뽑아 일렬로 세우는 방법의 수는?

20) 4명의 학생을 일렬로 세우는 방법의 수는?

21) 30명의 반에서 반장, 부반장을 각각 한 명씩 선출하는 방법의 수는?

22) 서로 다른 마을에 사는 네 친구 집을 모두 방문하는 데에는 몇 가지 방법이 있는가?

23) 5개의 역이 있는 철도 회사에서 표에 출발역과 도착역을 표시할 수 있는 방법의 수는 몇 가지인가?

24) 1, 2, 3, 4, 5, 6에서 4개의 수를 뽑아 만들 수 있는 네 자릿수는 모두 몇 개인가?

25) 빨간 구슬, 노란 구슬, 파란 구슬을 일렬로 배열하는 방법의 수는?

26) 20명의 반에서 반장, 부반장, 총무를 각각 한 명씩 선출하는 방법의 수는?

27) 서로 다른 마을에 사는 세 친구 집을 모두 방문하는 데에는 몇 가지 방법이 있는가?

28) n개의 역이 있는 철도 회사에서 표에 출발역과 도착역을 표시할 수 있는 방법의 수는 몇 가지인가?

남학생 3명과 여학생 4명이 있을 때 다음 문제를 풀어라.

29) 남학생끼리 이웃하게 세우는 방법의 수는?

30) 남학생끼리 이웃하지 않도록 세우는 방법의 수는?

남자 4명 , 여자 4명에 대해 다음을 구하라.

31) 남자끼리 이웃하게 세우는 방법의 수

32) 남녀가 번갈아 일렬로 서는 세우는 방법의 수

promise의 모든 철자를 이용해 순열을 만들 때 다음 경우의 수를 구하라.

33) p와 s 사이에 2개의 철자가 들어가는 경우

34) 적어도 한쪽 끝에 모음이 오는 경우

35) 1, 2, 3, 4, 5 의 5개의 숫자를 배열하여 만들어지는 다섯 자리의 자연수 중에서 23000보다 작은 자연수는 몇 개인가?

36) 각 자릿수가 모두 다른 5자리의 수 중에서 54231보다 큰 5의 배수는 몇 개인가?

0, 1, 2, 3, 4 중 서로 다른 4개의 숫자를 뽑아 만든 다음과 같은 자연수의 개수를 구하라.

37) 네 자리의 자연수

38) 네 자리의 짝수

39) $1<r\leq n$ 일 때 ${}_nP_r=n\cdot{}_{n-1}P_{r-1}$을 증명하라.

40) 9명의 타자가 타순을 정하는 방법의 수는?

41) 10명 중 n명을 뽑아 일렬로 세울 때 그 방법의 수가 90가지이다. 이때 n의 값은?

42) 1부터 7까지의 숫자를 한 번씩 써서 양 끝이 홀수인 네 자릿수를 몇 개 만들 수 있는가?

43) 3명이 한 조인 A, B 두 씨름팀이 있다. 두 팀에서 한 사람씩 나와 진 사람은 탈락하고 이긴 사람은 상대편의 다른 선수와 시합을 계속하여 마지막에 남은 선수의 팀이 우승하기로 하였다. A팀이 2명의 선수만으로 우승할 수 있는 모든 경우의 수를 구하라.

3장

중복순열

중복을 허락해 대상을 뽑아 일렬로 배열하는 경우의 수는 모두 몇 가지일까요? 중복을 허용할 때와 중복을 허용하지 않을 때 경우의 수를 구하는 방법의 차이는 무엇일까요? 중복순열에 대해 알아봅시다.

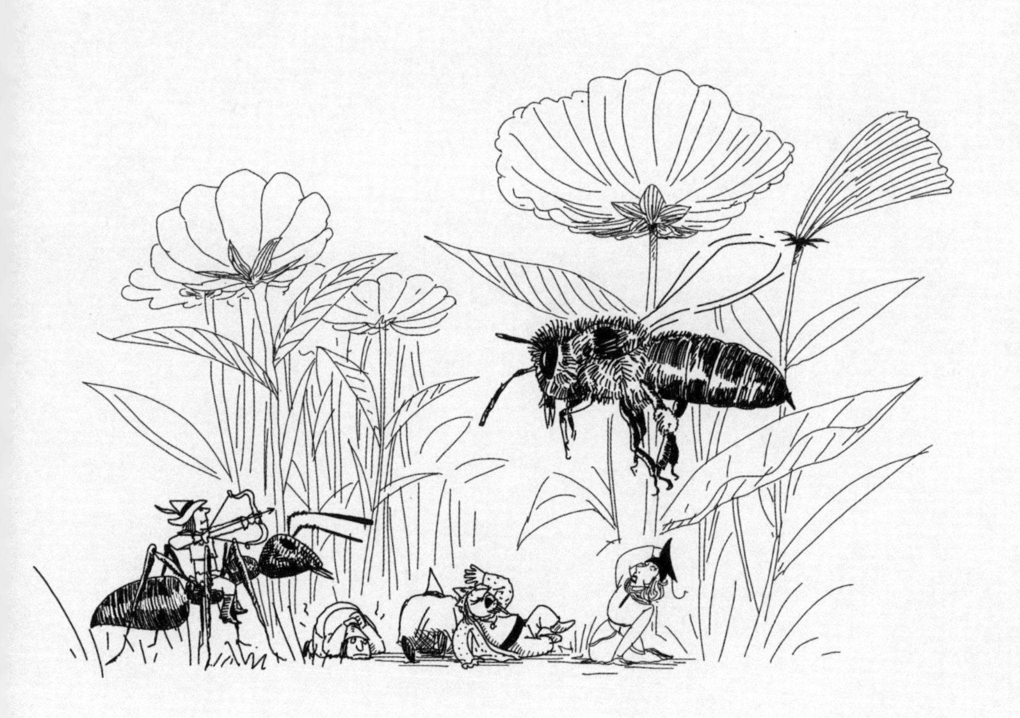

피겨 국 백성의 이름

다음 날 아침 눈을 떴을 때 우리는 더 이상 침대에 누워 있지 않았다. 주위는 우리 키의 네댓 배 정도 되는 높은 나무들이 정글을 이루고 있었다. 그런데 자세히 보니 거대한 나무처럼 보이는 것은 사실 나무가 아니라 거대한 꽃이었다. 잠시 후 우리보다 세 배는 커다란 벌이 우리들을 향해 날아왔다.

"초대형 벌이다."

왕이 소리쳤다. 우리는 모두 놀라 바닥에 엎드려 벌이 지나가기를 기다렸다. 하지만 벌은 우리를 지나쳐 다른 방향으로 날아가는 듯하다가 다시 방향을 틀어 우리를 향해 날아왔다. 이번에는 벌이 저공비행을 했기 때문에 도저히 피할 수가 없었다. 가까이 다가올수록 벌의 커다란 눈이 공포스럽게 느껴졌다. 헤아리스가 마법을 이용하려 했지만 너무 놀란 탓에 마법이 제대로 이루어지지 않았다.

"으악!"

벌이 입을 크게 벌리고 왕을 향해 날아오자 왕이 자지러지게 비명을 질렀다. 돌진하던 벌이 갑자기 바닥에 떨어져 부들부들 떨기 시작했다. 눈 깜빡할 사이에 일어난 일이었다. 벌의 몸통에는 화살이 꽂혀 있었다. 우리는 주위를 둘러보았다. 멀리 활을 든 소년이 개미의 등에 올라탄 모습이 보였다. 아마도 그 소년이 벌을 쏘아 죽인 듯했다.

잠시 후 소년이 다가와 왕에게 정중하게 인사했다. 그는 피겨 국 수상의 아들이라고 자신을 소개하고는 휘파람을 불어 개미들을 불렀다. 우리는 개미 등에 올라타고 소년과 함께 피겨 국의 수상이 사는 곳으로 향했다. 피겨 국 수상은 집무실에서 달려 나와 왕에게 인사했다.

"먼 길 오시느라 고생하셨습니다. 저는 이 나라의 수상입니다."

수상이 정중하게 말했다.

"여기는 어떤 나라지?"

왕이 물었다.

"피겨 국입니다. 키가 3센티미터 정도 되는 사람들이 사는 나라입니다."

수상의 설명을 듣고서야 우리는 꽃과 벌과 개미가 평소보다 커 보인 이유를 알았다. 우리 키가 3센티미터 정도로 줄어들었기 때문이었다.

수상은 마티 왕에게 인사하라며 백성들을 모두 모이게 했다. 이 나라의 인구는 딱 1000명이었다. 피겨 국 사람들은 모두 흰 옷을 입었는데, 모습이 비슷비슷한 데다 이름이 없어서 누가 누군지 제대로 분간할 수 없었다.

"이름을 지어야겠군."

1000명의 피겨 국 백성의 인사를 받은 후 왕이 수염을 쓰다듬으며 말했다.

"그렇다면 숫자로 이름을 지어 주세요. 우리나라는 수를 우주의 근원으로 여기고 있으니까요."

수상이 공손하게 말했다. 우리는 수상을 포함한 1000명의 피겨 국 백성들 이름을 000부터 999까지로 부르기로 했다. 제일 먼저 수상의 이름이 000이 되었고 그의 하나뿐인 아들 이름은 001, 나머지 사람들에게는 002부터 999까지 배정되었다. 아직 자기 이름에 익숙하지 않은 백성들을 위해 왕은 그들이 입은 옷에 스탬프로 이름을 새겨 주기로 했다. 왕은 마법사 헤아리스에게 000부터 999까지 1000개의 스탬프를 만들라고 했다. 그러자 헤아리스는 마법으로 스탬프를 1000개나 만들다가는 마법 남용죄를 저지르게 될 거라며 난처해했다.

"세 자릿수를 한꺼번에 스탬프에 새길 필요는 없어요!"

놀리스 교수가 뭔가 새로운 아이디어가 떠오른 듯 소리쳤다.

"그게 무슨 소리지?"

왕이 눈을 크게 뜨고 놀리스 교수를 바라보았다.

"0부터 9까지 스탬프 10개를 만들고 이들을 중복을 허용해 세 번 사용하면 000부터 999까지 모든 번호를 찍을 수 있어요."

"맞아. 왜 그 생각을 못했지?"

왕이 입을 함지박만 하게 벌리며 좋아했다. 이러면 헤아리스가 마법 남용죄를 짓지 않아도 되기 때문이었다.

"재미있는 게 생각났어요. 중복을 허용하는 경우의 순열을 연구해 보면 어떨까요?"

내가 제안했다.

"이름은 중복순열이라고 하면 되겠군요."

헤아리스가 거들었다.

우리는 중복순열의 이론을 만들자는 데 뜻을 모았다. 잠시 후 헤아리스는 1과 2가 쓰여 있는 두 개의 스탬프를 만들었다.

"1과 2로 중복순열을 만들어 보죠."

헤아리스가 제안했다.

"좋아요. 두 종류의 스탬프로 중복을 허락해 두 자릿수를 만들어 보죠."

헤아리스가 마법으로 만든 스탬프에는 영원히 마르지 않는 잉크가 발라져 있었다. 헤아리스는 두 개의 스탬프를 사용해 다음과 같이 두 자릿수를 만들었다.

1　1

1　2

2　1

2　2

"모두 4가지 경우가 생기는군."

왕이 신기한 듯 말했다.

우리는 중복을 허락해 세 자릿수를 만들어 보았다.

1 1 1

1 1 2

1 2 1

1 2 2

2 1 1

2 1 2

2 2 1

2 2 2

모두 8개의 세 자릿수가 만들어졌다. 아직까지는 어떤 규칙을 찾을 수 없었다. 하는 수 없이 네 자릿수를 만들어 보았다.

1 1 1 1 2 1 1 1

1 1 1 2 2 1 1 2

1 1 2 1 2 1 2 1

1 1 2 2 2 1 2 2

1 2 1 1 2 2 1 1

1 2 1 2 2 2 1 2

1 2 2 1 2 2 2 1

1 2 2 2 2 2 2 2

모두 16개의 네 자릿수가 만들어졌다.

헤아리스는 지금까지 나온 결과를 다음과 같이 정리했다.

(두 자릿수)… 4개

(세 자릿수)… 8개

(네 자릿수)… 16개

“아무 규칙이 없잖아.”

왕이 실망한 눈빛으로 말했다.

“거듭제곱으로 써 보죠. $4=2^2$, $8=2^3$, $16=2^4$이니까…….”

놀리스 교수는 다음과 같이 썼다.

(두 자릿수)… 2^2개

(세 자릿수)… 2^3개

(네 자릿수)… 2^4개

“규칙이 나왔어. 다섯 자릿수는 $2^5=32$(개), 여섯 자릿수는 $2^6=64$(개)…… 이런 식이야.”

왕이 대단한 것을 발견한 듯 소리쳤다. 하지만 다른 사람들도 이미 눈치챈 규칙이었다.

“일반적으로 얘기해 보죠. 1, 2 두 개의 스탬프로 중복을 허락해서 만들 수 있는 r 자릿수의 개수는 2^r가지가 돼요.”

놀리스 교수가 정리했다.

“스탬프가 하나 더 있으면 어떻게 될까요?”

헤아리스가 급히 제안했다. 우리는 헤아리스의 제안을 실험해 보고 싶었다. 헤아리스는 3이 쓰여 있는 스탬프를 만들었다.

똑같은 과정이 진행되었다. 헤아리스는 1, 2, 3이 쓰여 있는 스탬프로 중복을 허락해 두 자릿수를 만들었다.

1 1
1 2
1 3
2 1
2 2
2 3
3 1
3 2
3 3

모두 9개였다. 헤아리스는 스탬프를 여러 번 찍느라 팔이 아픈지 왼팔로 오른팔을 주물렀다. 그러자 놀리스 교수가 스탬프를 세 자릿수로 만들었다.

111 211 311
112 212 312
113 213 313
121 221 321
122 222 322
123 223 323

131 231 331

132 232 332

133 233 333

모두 27개였다. 헤아리스가 다음과 같이 정리했다.

두 자릿수 : 9개

세 자릿수 : 27개

놀리스 교수는 거듭제곱을 이용해 다음과 같이 고쳐 썼다.

두 자릿수 : 3^2개

세 자릿수 : 3^3개

"규칙이 나왔어. 세 개의 숫자로 중복을 허락해 만들 수 있는 r자리의 수는 모두 3^r개가 되는군."

왕이 어린아이처럼 신난 표정으로 소리쳤다.

우리는 다시 4번 스탬프를 가지고 오게 해 1, 2, 3, 4 네 개의 숫자 스탬프로 똑같은 실험을 해 보았다. 그 결과는 다음과 같았다.

두 자릿수 : 4^2개

세 자릿수 : 4^3개

"규칙이 보이는군요. n개의 숫자 스탬프로 중복을 허락해 만들 수 있는 r자릿수의 개수는 n^r개가 돼요."

놀리스 교수가 흐뭇한 얼굴로 말했다.

"이것은 새로운 순열 이론인가?"

왕이 물었다.

"그렇습니다. 지난 번에 만든 ${}_nP_r$은 중복을 인정하지 않고 n개에서 r개를 뽑아 순서대로 배열하는 순열에 쓰입니다. 이번 경우는 중복을 허용하는 중복순열이므로 새로운 기호를 사용해야 합니다."

놀리스 교수가 단호하게 말했다.

"어떤 기호가 좋을까?"

왕이 심각한 어조로 물었다.

"P의 그리스어 표현인 Π(파이)를 사용하는 게 어떨까요? 작대기가 두 개 있어 중복을 나타내는 것처럼 보이잖아요."

놀리스 교수가 말했다.

모두들 좋은 기호라고 생각했다. 역시 새로운 기호를 만드는 데에는 놀리스 교수를 따라갈 사람이 없는 듯했다. 나는 지금까지의 결과를 다음과 같이 정리했다.

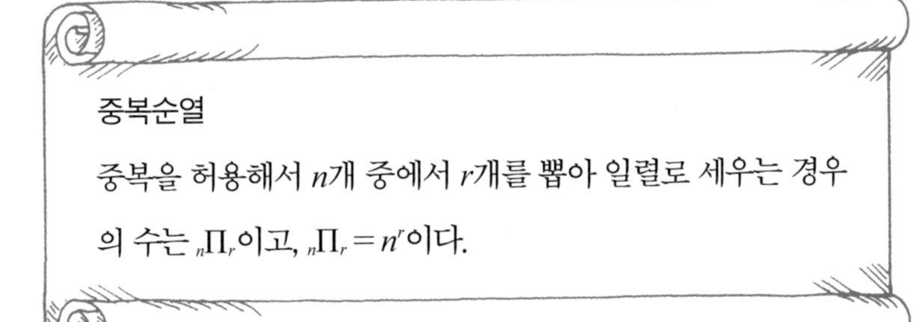

우리는 왜 ${}_n\Pi_r = n^r$이 되는지 궁금했다. 그러자 놀리스 교수는 시원스럽게 공식을 증명했다. 교수는 우선 r개의 빈 박스를 만들었다.

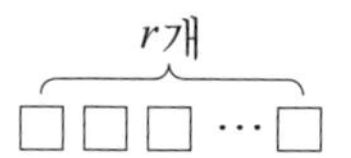

첫 번째 박스에 올 수 있는 수는 n개 중 하나이므로 첫 번째 박스를 채우는 방법은 n가지이다. 같은 방법으로 두 번째 박스를 채우는 방법도 n가지이다. 이런 식으로 하면 r개의 박스를 채우는 방법은 n^r가지가 된다. 우리는 0부터 9까지 10개의 스탬프만으로 000부터 999까지 1000개의 번호를 만들 수 있음을 알게 되었다. 이것은 10개에서 중복을 허용해 3개를 뽑아 일렬로 배열하는 중복순열의 수로 ${}_{10}\Pi_3 = 10^3 = 1000$(개)가 되는 것이었다. 헤아리스는 0부터 9까지 10개의 스탬프를 만들었다. 그리고 우리는 1000명의 피겨 국 백성들의 흰 옷에 그들의 숫자 이름을 새겨 주었다. 이제 피겨 국 사람들은 서로의 옷을 보면서 이름을 부를 수 있게 되었다.

피겨 국의 군사 훈련

피겨 국의 000 수상이 마련해 준 점심을 먹은 뒤 우리는 피겨 국의 군사 훈련을 시찰하기로 했다. 대장으로 보이는 나이가 지긋한 남자가 절도 있는 자세로 왕에게 인사했다. 이름이 005인 것으로 보아 지위가 꽤 높은 듯했다.

우리는 대장이 인도하는 대로 연병장이 훤히 내려다보이는 사열대 위로 올라갔다. 사열대에는 고급 소파가 마련되어 있었다. 우리는 대장이 나누어 준 망원경을 쓰고 4열 종대로 서 있는 100명의 잘 훈련된 병사들을 관찰했다.

잠시 후 대장이 붉은 깃발을 들어 올리자 100명의 병사들이 똑같은 보폭으로 앞으로 걸어갔다. 대장이 파란 깃발을 들어 올리자 병사들은 뒤로 돌아 걷기 시작했다. 다시 대장이 노란 깃발을 들자 병사들은 오른쪽으로 걸어갔고, 초록색 깃발을 들자 왼쪽으로 걸어갔다. 사열대에서 연병장까지 거리가 제법 멀기 때문에 깃발을 이용하는 것 같았다.

"네 개의 깃발이 네 개의 명령을 나타내는군."

왕이 망원경으로 병사들의 행진을 바라보며 중얼거렸다. 그러더니 갑자기 못마땅한 표정을 지었다.

"전하, 무슨 언짢은 일이라도……."

헤아리스가 조심스럽게 물었다.

"초록색과 노란색은 내가 제일 싫어하는 색깔이잖아."

왕이 투덜댔다.

"두 가지 색깔만으로는 네 가지 명령을 내릴 수 없습니다."

헤아리스가 차분한 어조로 말했다.

"중복순열을 이용하면 가능해요."

놀리스 교수가 끼어들었다.

"정말?"

왕이 아이처럼 눈을 동그랗게 뜨고 교수를 쳐다보았다.

"빨강 깃발과 파랑 깃발을 두 개씩 준비하면 돼요. 이때 빨강, 파랑 두 깃발로 중복을 허용해서 두 개를 뽑아 일렬로 세우는 중복순열의 수는 ${}_2\Pi_2 = 2^2 = 4$(가지)가 되잖아요."

놀리스 교수는 이렇게 말하고는 연습장에 다음과 같이 썼다.

빨강 빨강 : 앞으로

파랑 빨강 : 뒤로

빨강 파랑 : 오른쪽으로

파랑 파랑 : 왼쪽으로

"정말 그렇군. 이제부터 빨강과 파랑 깃발만 사용하라고 해. 그 두 색깔만으로도 많은 신호를 만들 수 있잖아."

왕이 흥분한 어조로 말했다. 잠시 후 대장은 부대원을 부르더니 놀리스 교수가 제안한 새로운 신호를 알려 주었다. 대장은 두 가지 색깔의 깃발을 이용해 병사들을 지휘했다. 왕은 흡족한 미소를 띠며 피겨 국의 군사 훈련을 지켜봤다.

감옥에 갇힌 마티 왕 일행

갑자기 천둥과 번개가 치면서 폭우가 쏟아져 내렸다. 몇 분 후 우리가 앉아 있던 사열대가 물에 잠기기 시작했다. 우리는 물에 빠진 생쥐처럼 비에 흠뻑 젖었다. 갑자기 한기가 와서 우리는 콜록대며 기침을 했다. 우리 앞에서 군대를 지휘하던 대장의 모습이 보이지 않았다. 우리가 곧 다른 장소로 이동하게 될 것임을 경험을 통해 알 수 있었다.

예상대로였다. 눈 깜빡할 사이에 우리는 감옥에 갇혔다. 이번에도 벽에는 유리창도 문도 보이지 않았다. 하지만 한쪽 벽에 0부터 7까지 써 있는 버튼이 있었다. 그 밑에는 다음과 같은 그림이 새겨져 있었다.

••−/•−−/−−−/•−•

“이게 뭐지? 점과 막대기만 있잖아?”

왕이 고개를 갸우뚱거렸다. 모두들 벽에 쓰여 있는 기호를 신기한 듯 바라보았다.

“낙서 아닐까요?”

헤아리스가 아무 생각 없이 내뱉었다.

“낙서치고는 뭔가 규칙이 있어 보이는군. 점과 막대기 세 개가 한 조를 이루고 있잖아.”

왕이 자신이 발견한 내용을 얘기했다.

“세 개요?”

놀리스 교수가 별안간 소리쳤다.

놀리스 교수의 과장된 행동을 다들 이상하게 여겼다. 놀리스 교수가 모두를 둘러보더니 침착한 어조로 말했다.

"중복순열을 이용한 암호일 거예요. •과 −의 두 종류 기호로 중복을 허용해서 세 번 사용하는 중복순열의 수는 ${}_2\Pi_3 = 2^3 = 8$(개)예요. 버튼 역시 0부터 7까지이니까 8개이고요. 그러니까 이 암호를 풀면 여기서 빠져나갈 수 있을 것 같아요."

놀리스 교수의 설명을 듣고 모두들 기호를 다시 살펴보았다.

우리는 •과 −을 세 번 나열하는 모든 가능한 경우를 열거하고, 차례로 0부터 7까지 대응시켜 보았다.

0 •••

1 ••−

2 •−•

3 •−−

4 −••

5 −•−

6 −−•

7 −−−

우리는 벽에 적힌 암호에 대응되는 수를 찾아보았다. 1372였다. 헤아리스가 조심스럽게 1, 3, 7, 2의 버튼을 차례로 눌렀다. 그러자 한쪽 벽이 사라지면서 전망이 확 트인 넓은 방이 나타났다. 방의 한쪽 벽에는 커다란 유리창이 있고 창밖에는 열대 지방에서 자라는 진귀한 나무들이 울창했다. 다른 쪽 벽에는 수많은 책들이 꽂혀 있는 책장이 있었고, 깨끗한 침대 네 개와 소파 세트, 간단하게 음식을 만들 수 있는 싱크대가 놓여 있었다. 마치 경치 좋은 곳에 있는 콘도에 와 있는 기분이었다.

배가 고파 오자 헤아리스와 내가 식사를 준비했다. 냉장고와 찬장에서 재료를 찾아 샌드위치를 만들었다. 간단하게 식사를 마치고, 우리는 소파에 앉아 오늘 만들어 낸 중복순열 이론을 어디에 사용할 수 있을지에 대해 토론했다. 첫 번째로 찾아낸 건 투표 문제였다. 놀리스 교수가 문제를 냈다.

세 명의 유권자가 두 명의 후보에게 투표하는 방법은 모두 몇 가지인가?(단, 투표용지에는 유권자의 이름이 공개된다.)

처음 놀리스 교수가 이 문제를 냈을 때 이 문제가 중복순열과 관계있을 거라고는 아무도 생각하지 못했다. 그런데 놀리스 교수가 두 명의 후보를 a, b로, 세 명의 유권자를 A, B, C로 나타내고는 다음과 같이 설명했다.

"유권자 A는 투표용지에 a를 쓸 수도 있고 b를 쓸 수도 있으니까 A가 투표할 수 있는 방법은 두 가지예요."

"유권자 B가 투표할 수 있는 방법도 두 가지겠네요."

헤아리스가 거들었다.

"유권자 C가 투표할 수 있는 방법도 두 가지야."

왕도 거들었다.

우리는 유권자 세 명이 투표할 수 있는 모든 경우의 수는 $2\times2\times2$

가 되는 것을 알았다. 이것은 $2^3={}_2\Pi_3$이었다.

몇 가지 다른 경우도 조사해 봄으로써 우리는 n명의 후보에게 r명의 유권자가 투표할 때 유권자의 이름이 공개되는 경우 그 방법의 수는 ${}_n\Pi_r=n^r$(가지)이 된다는 것을 알게 되었다.

커다란 유리창 너머로 어둠이 밀려왔다. 우리는 지친 몸을 침대에 누였다. 달콤한 잠이 스르르 밀려왔다.

EXERCISE 3

다음을 계산하라.

1) ${}_{4}\Pi_{0}$

2) ${}_{3}\Pi_{2}$

3) ${}_{4}\Pi_{3}$

4) ${}_{5}\Pi_{1}$

5) ${}_{2}\Pi_{n}$

다음을 만족하는 n의 값을 구하라.

6) ${}_{n}\Pi_{3}=125$

7) ${}_{n}\Pi_{1}=7$

8) ${}_{n}\Pi_{2}=10000$

9) ${}_{n}\Pi_{n}=27$

다음을 만족하는 r의 값을 구하라.

10) ${}_{2}\Pi_{r}=32$

11) ${}_{3}\Pi_{r}=81$

12) ${}_{10}\Pi_{r}=10000000$

13) 1, 2로 중복을 허락하여 두 자릿수를 만드는 방법의 수는?

14) 1, 2, 3, 4로 중복을 허락하여 세 자릿수를 만드는 방법의 수는?

15) 0, 1, 2, 3, 4로 중복을 허락하여 세 자릿수를 만드는 방법의 수는?

16) 0, 1, 2, 3, 4로 중복을 허락하여 만들 수 있는 네 자리의 자연수의 개수는?

17) •과 −를 이용하여 부호를 만든다고 하자. 중복을 허용하여 3개를 뽑아 만들 수 있는 부호의 수는?

18) 빨강, 노랑, 파랑의 3가지 깃발을 4회 들어 만들 수 있는 신호의 수는?

19) 2명의 후보자에게 3명의 유권자가 기명 투표를 할 때 나타나는 모든 경우의 수를 구하라.

20) 10명의 유권자가 4명의 후보에게 기명 투표를 할 때 나타나는 모든 경우의 수는?

21) $X = \{1, 2\}$, $Y = \{3, 4, 5\}$ 일 때 X에서 Y로의 함수의 개수는?

22) $X = \{1, 2, 3\}$ 일 때 X에서 X로의 함수의 개수는?

23) $X = \{1, 2, 3\}$ 일 때 X에서 X로의 일대일함수의 개수는?

24) 서로 다른 2개의 우체통에 3통의 편지를 넣는 방법의 수는?

25) 6명의 여행자가 3개의 호텔에 투숙하는 방법의 수는?

26) 3자리의 자연수 중 각 자릿수가 모두 홀수인 수의 개수는?

27) n명을 3개의 호텔 A, B, C에 투숙시키는 방법의 수가 729가지일 때 n은?

4장

같은 것이 있을 때의 순열

같은 수나 같은 철자를 포함하고 있을 때 일렬로 배열하는 방법은 모두 몇 가지일까요? 같은 수를 포함하고 있을 때 경우의 수가 더 줄어들까요, 늘어날까요? 같은 것이 있을 때의 순열에 대해 알아봅시다.

아침에 눈을 뜨니 몸이 간지러워 견딜 수가 없었다. 왕과 헤아리스와 놀리스 교수도 간지러워 죽겠다는 표정으로 몸 구석구석을 긁어 대고 있었다. 방 안 가득 조그만 방울들이 떠다니고 있었는데 그것이 피부에 닿을 때마다 가려움이 더욱 심해졌다. 헤아리스는 방울을 피해 보려고 몸부림쳐 보았지만 방울의 수가 너무 많아 소용이 없었다. 우리는 바이스가 아침부터 책 완성을 방해하는 것이라고 생각했다.

"당신들은 책을 엉터리로 쓰고 있어요."

라피의 목소리였다. 라피는 화가 잔뜩 난 듯했다.

"뭐가 엉터리라는 거지?"

왕이 방울을 피하면서 어리둥절한 표정으로 물었다.

"현재까지 당신들이 연구한 내용을 우리 요정들이 검토해 보았어요. 우리는 다음 세 장의 카드로 만들 수 있는 세 자릿수를 모두 헤아려 보았어요.

그 결과는 다음과 같았지요.

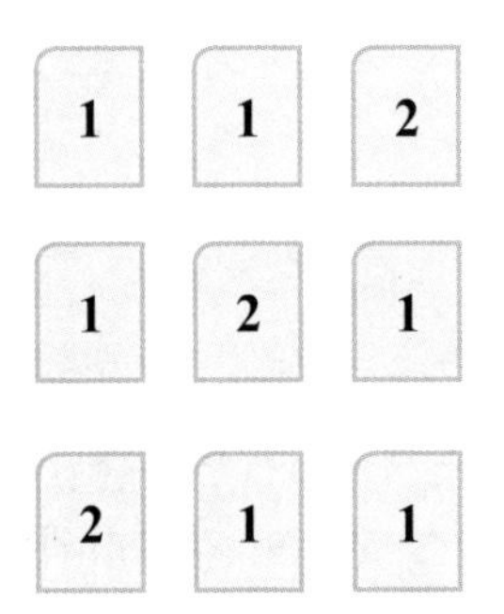

세 가지가 가능해요. 하지만 여러분이 만든 순열 이론에 따르면 세 장의 숫자 카드를 일렬로 배열하여 만들 수 있는 세 자릿수는 $3!=6$(개)이 되잖아요? 당신들의 이론에는 심각한 오류가 있어요. 그 오류를 수정할 때까지 여러분은 간지러움을 일으키는 방울의 공격을 피할 수 없을 거예요."

라피가 성난 얼굴로 말하고는 그 자리에서 사라졌다.

같은 카드가 있는 경우

"오류라……. 하지만 이 문제는 우리가 아직 다루지 않았던 문제인데……."

놀리스 교수가 숫자 카드에 적힌 1, 1, 2 세 수를 유심히 바라보며 말했다.

"세 개의 수를 일렬로 배열해 세 자릿수를 만드는 방법은 첫날 다루었잖아요."

마법사 헤아리스가 놀리스 교수에게 말했다.

"하지만 그때 세 개의 수는 서로 다른 수였어요. 즉, 우리는 1, 2, 3 세 개의 수로 만들 수 있는 서로 다른 세 자릿수가 몇 개인지를 알아낸 거지요. 그 경우 우리는 $3!=6$(개)의 세 자릿수를 만들 수 있었어요. 하지만 이 문제는 달라요."

"뭐가 다르다는 거죠?"

"1이 적힌 카드가 두 장이잖아요. 이렇게 같은 것이 있을 때 순열의 수를 헤아리는 문제는 아직 다룬 적이 없어요. 오늘 우리가 만들어야 할 것 같아요."

놀리스 교수의 말에 왕이 눈을 크게 떴다.

"그렇지? 우리가 틀린 게 아니었지? 이건 새로운 문제지?"

왕은 놀리스 교수의 말에 기운이 난 듯했다.

놀리스 교수는 왕에게 미소로 동의의 뜻을 비추었다. 우리는 같은 것이 있을 때는 왜 순열의 수가 줄어드는지 궁금했다. 먼저 놀리스 교수가 새로운 제안을 했다.

"두 장의 1이 적힌 카드를 서로 다른 것으로 생각해 보죠."

"같은데 왜 다른 것으로 취급하지?"

왕이 의아해했다.

"서로 다른 것으로 취급하면 예전의 공식대로 $3!=6$(개)의 수가 나올 거예요. 그런 후 어떤 경우들이 같아지는지를 살펴보죠."

놀리스 교수는 이렇게 말하고 1이 쓰여 있는 두 장의 카드를 빨간색 1과 파란색 1로 구분한 후 서로 다른 1로 취급하고 모든 가능한 경우를 나열했다.

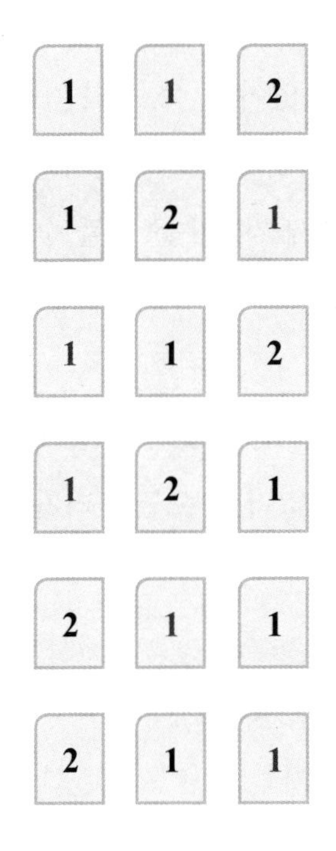

"두 개의 1이 달라지니까 3! = 6(가지)이 만들어지는군."

왕이 소리쳤다.

놀리스 교수는 카드를 다시 다음과 같이 배열했다.

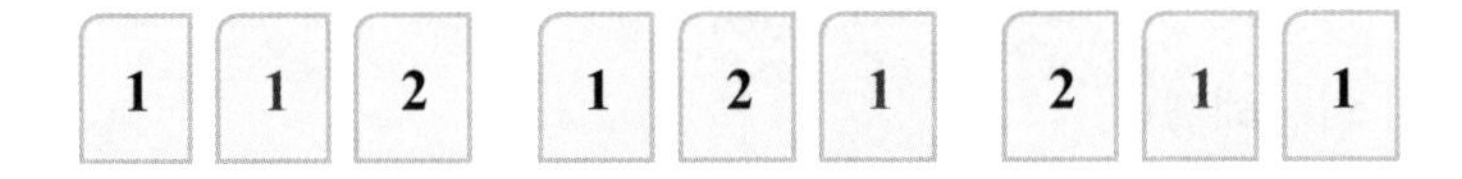

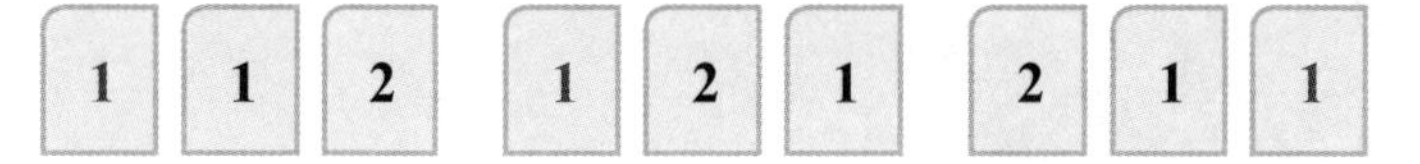

윗줄과 아랫줄은 1의 색깔을 구분하지 않으면 완전히 같은 세 자릿수가 되었다.

"두 개의 1이 구별되면 6가지의 수가 나오는데, 두 개의 1을 같은 것으로 취급하면 두 개씩 같아지니까 그때 경우의 수는 $\frac{6}{2}$가지가 되는군요."

헤아리스가 말했다.

"6은 3!에서 나왔으니까 2도 2!에서 나왔을 가능성이 커요. 그러니까 세 개 중 두 개가 같을 때 일렬로 배열하는 방법의 수는 $\frac{3!}{2!}$가지가 될 거예요."

놀리스 교수가 성급하게 결론 내렸다.

"어떻게 2를 2!이라고 결론 내리죠?"

"그건……."

놀리스 교수가 머뭇거렸다. 자신이 없었기 때문이다.

"같은 것을 세 개 두고 헤아려 보면 되잖아."

왕이 제안했다.

우리는 왕의 제안에 따라 1이 쓰여 있는 카드를 한 장 더 준비했다. 이제 카드는 1이라고 쓰인 카드 세 장과 2라고 쓰인 카드 한 장으로 모두 네 장이었다. 놀리스 교수는 세 장의 1을 서로 다르게 구별해 모든 가능한 경우를 나열했다. $4! = 24$(개)의 네 자릿수가 만들어졌다.

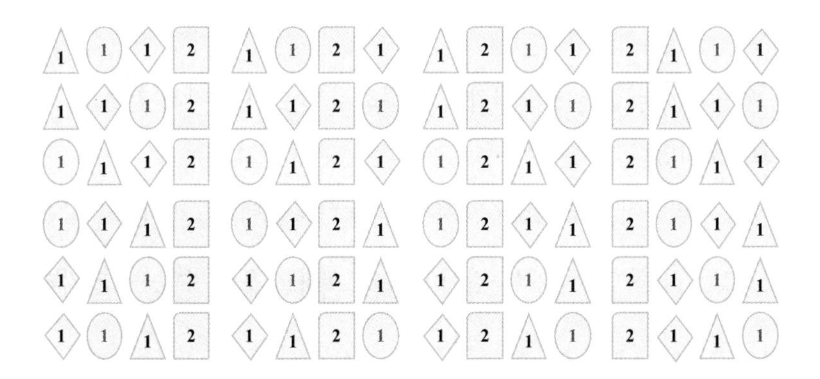

"뭐야? 두 번째 줄부터 여섯 번째 줄까지는 첫 번째 줄과 같은 수를 나타내잖아!"

왕이 가장 먼저 규칙을 발견했다.

"그렇다면 세 장의 1을 구별했을 때는 24개의 수가 나오지만 세 장의 1을 같은 것으로 취급하면 6개씩 같아지니까 그때 경우의 수는 $\frac{24}{6}=4$(가지)가 되는군요."

헤아리스가 말했다.

우리는 지금까지의 결과를 정리해 보았다.

(전체 카드 수)	(같은 수가 적힌 카드 수)	(경우의 수)
3	2	$\frac{6}{2}$
4	3	$\frac{24}{6}$

이것을 놀리스 교수의 팩토리얼 가설로 고쳐 써 보았다.

(전체 카드 수)	(같은 수가 적힌 카드 수)	(경우의 수)
3	2	$\frac{3!}{2!}$
4	3	$\frac{4!}{3!}$

모두들 놀란 눈으로 결과를 바라보았다. 우리는 드디어 같은 것이 여러 개 있을 때의 순열에 대한 공식을 찾아낸 것이었다. 그 결과는 헤아리스가 다음과 같이 정리했다.

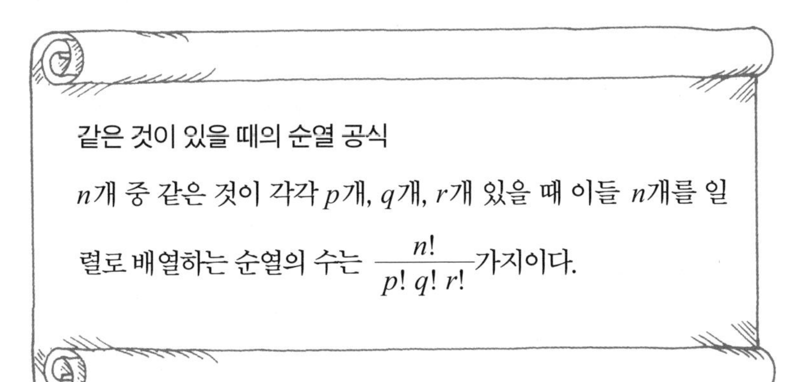

이때 다시 라피가 나타났다.

“여러분은 대단한 사람들이에요. 제 생각이 짧았군요. 서로 다른 대상의 순열과 같은 것이 있을 때의 순열은 법칙이 서로 다르군요. 그렇다면 여러분이 만든 이론에는 아무 문제가 없어요. 제가 사과의 뜻으로 진수성찬을 대접하지요."

라피는 우리에게 정중히 사과했다. 하지만 방울 때문에 간지럽지 않은 데가 없는 우리들은 성난 얼굴로 라피를 노려보았다. 아무 말 하지 않았지만 다들 라피를 잔뜩 원망하고 있었다. 이내 우리를 괴롭히던 방울이 모두 사라졌다. 우리가 어리둥절해하는 사이에 라피는 자취를 감추었고 식탁에는 산해진미가 차려져 있었다. 우리는 자리에 앉아 허겁지겁 음식을 먹어 댔다. 음식 맛은 환상적이었다. 식사를 마친 후 우리는 차를 마시면서 같은 것이 있는 순열에 대해 좀 더 연습해 보기로 했다.

그러기 위해서는 문제를 푸는 것이 가장 좋은 방법이라는 놀리스 교수의 말에 따라, 우리는 같은 것이 있을 때의 순열에 대해 서로 문제를 내기로 했다. 먼저 놀리스 교수가 문제를 냈다.

"1, 1, 2, 2, 2 중에서 네 개를 택해 만들 수 있는 네 자릿수의 개수를 구해 보죠."

놀리스 교수는 이렇게 말하고는 네 개의 수를 서로 다르게 택하는 방법이 다음과 같이 두 가지뿐이라고 선언했다.

1) 1, 1, 2, 2
2) 1, 2, 2, 2

"2, 2, 2, 2는 왜 안 되지?"

왕이 의아해했다.

"우리가 다루는 것은 중복을 허락하는 순열 문제가 아닙니다. 다만 같은 것이 여러 개 있는 경우의 순열 문제이지요. 2가 적힌 카드가 세 장뿐이므로 네 장을 뽑아 낼 수는 없어요."

놀리스 교수가 단호하게 말했다.

"그렇군."

왕이 재빠르게 시인했다.

우리는 같은 것이 있을 때의 순열 공식을 이용해 각각의 경우 네 자릿수의 개수를 계산했다.

1) 1, 1, 2, 2로 만드는 네 자리 정수의 개수는 $\frac{4!}{2!\,2!}=6$(가지)

2) 1, 2, 2, 2로 만드는 네 자리 정수의 개수는 $\frac{4!}{1!\,3!}=4$(가지)

따라서 전체 경우의 수는 10가지가 되었다. 헤아리스가 새로운 문제를 제기했다.

"순열 이론에 또 문제가 있어요."

"뭐가?"

왕이 불룩하게 튀어 나온 배를 손으로 쓰다듬으며 귀찮은 듯 말했다. 문제가 발생했다는 얘기만 나오면 괜히 짜증이 났기 때문이었다.

"1, 2, 3을 일렬로 배열할 때 1과 3의 순서가 안 바뀌는 경우를 헤아려 보세요."

헤아리스가 문제를 냈다.

왕이 조심스럽게 모든 가능한 경우를 써 보았다.

1, 2, 3　　2, 1, 3　　1, 3, 2

"왜 세 가지뿐이지? 같은 것이 있는 것도 아닌데…… $3!=6$(개)이 나와야 하는 게 아닌가?"

왕이 머리를 긁적였다.

"1과 3의 순서가 안 바뀐다는 조건 때문에 경우의 수가 줄어든 것 같습니다."

놀리스 교수가 자신 없는 표정으로 말했다.

"그럴지도 모르겠군."

왕이 한숨을 쉬며 말했다.

우리는 같은 것이 있을 때의 순열을 찾을 때처럼, 우선 1과 3의 순서가 안 바뀐다는 조건이 없을 때 세 수를 배열하는 방법을 모두 써 보았다.

1, 2, 3　　2, 1, 3　　1, 3, 2

3, 2, 1　　2, 3, 1　　3, 1, 2

물론 6가지였다.

"1과 3의 순서가 안 바뀌니까 두 줄 중에서 위 줄만 해당되는군."

주의 깊게 수들을 살펴보던 왕이 소리쳤다.

"맞아요. 그러니까 전체 경우의 수인 6을 2로 나눈 값이 구하는 경우의 수예요."

놀리스 교수가 말했다.

"이것도 $\frac{3!}{2!}$인가?"

왕이 물었다.

"물론이에요. 1과 3의 순서가 안 바뀌면 1과 3을 같은 문자 a로 바꾼 경우와 같아지죠.

$$a, 2, a \qquad 2, a, a \qquad a, a, 2$$

그러므로 경우의 수는 $\frac{3!}{2!}=3$(가지)이 되는 거예요."

놀리스 교수가 최종 결론을 내렸다.

렉텡글 시의 직사각형 도로

다시 장소가 바뀌었다. 새로운 나라로 이동하는 것에 적응된 우리들은 순식간에 달라진 주위 풍경에 그리 놀라지 않았다. 이번에 방문한 나라는 라이너 국이었다. 우리는 라이너 국의 리니아 수상 관저에 초대되었다. 리니아 수상은 키가 2미터쯤 되고 깡말라서 멀리서 보면 젓가락 하나가 서 있는 것 같았다. 리니아 수상을 처음 만났을 때 놀리스 교수는 터져 나오는 웃음을 참느라 눈물을 찔끔거리기까지 했다. 하지만 리니아 수상은 놀리스 교수의 무례한 행동에도 불구하고 그녀를 따뜻하게 맞아 주었다.

리니아 수상은 마티 왕에게 새로운 문제를 의뢰했다. 라이너 국의 렉탱글 시는 바다를 매립해 만든 직사각형의 새로운 도시로, 도시 모양에 맞춰 바둑판처럼 가로와 세로로 잘 뻗은 도로가 나 있었다. 우리는 수상이 보여 준 렉탱글 시의 도로 모양을 들여다보았다.

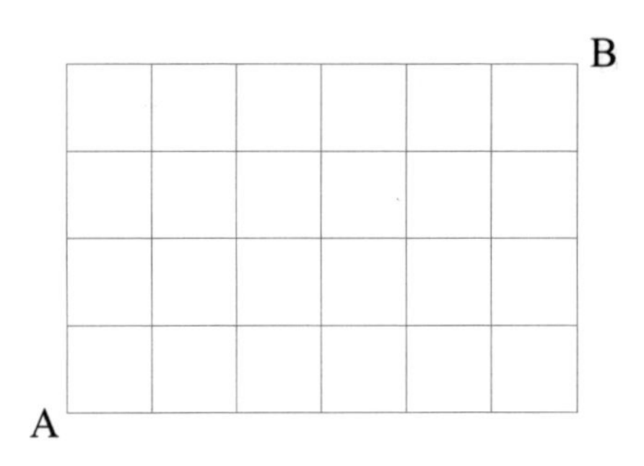

완벽한 직사각형의 도로였다. A는 시민들의 직장이 모여 있는 사무실 거리이고, B는 시민들이 자주 이용하는 공원이 있는 곳이다. 시민들은 버스를 타고 A지구에 있는 직장으로 출근하고, 퇴근 후에는 가족과 함께 B지구의 공원에서 즐거운 시간을 보내는 일이 많았다.

렉탱글 시의 고민은 A를 떠나 B로 향하는 버스 노선을 몇 가지나 만들어야 하는가였다. 렉탱글 시의 시장은 제대로 헤아릴 자신이 없어서 이 문제를 리니아 수상에게 의뢰했지만, 라이너 국에는 이 문제를 해결할 현자가 없어 마침 이 나라를 방문한 우리에게 도움을 요청한 것이다.

"도대체 서로 다른 길이 몇 가지나 있는 거지?"

왕이 물었다.

"우선 중요한 규칙을 정해야 합니다."

놀리스 교수가 제안했다.

"무슨 규칙?"

"A를 떠나 B로 가는 가장 짧은 길을 택해야 합니다. 즉, 갔던 길은 다시 가지 않는다는 규칙이죠. 갔던 길을 또 가야 한다면 버스 승객들이 짜증을 낼 테니까요."

"그렇겠군."

왕이 동의했다.

우리는 렉탱글 시의 도로망을 보고 또 보았지만, 가장 짧은 길이 몇 개나 생길지 도무지 감이 오지 않았다. 일일이 선을 그으면서 버스 노선을 그려 보던 헤아리스도 이내 지친 듯 포기하고 멍하니 창밖을 보고 있었다.

"분명히 무슨 규칙이 있을 거예요. 좀 더 간단한 도로망을 가지고 연구해 보죠."

놀리스 교수가 건의했다.

우리는 놀리스 교수의 제안대로 좀 더 간단한 도로망을 그렸다.

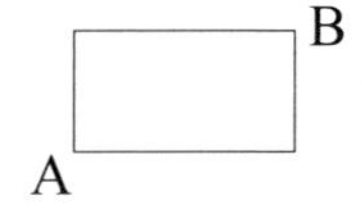

"뭐야, 너무 간단하잖아."

왕이 투덜거렸다.

"쉬운 것부터 해야 법칙을 찾을 수 있을 거예요. A에서 B로 가는 길은 두 가지예요."

놀리스 교수는 이렇게 말하고 서로 다른 두 경로를 그렸다.

하지만 이 문제는 너무 간단해서 규칙을 찾기에는 부적절해 보였다. 그러자 헤아리스가 다음과 같은 도로망을 그렸다.

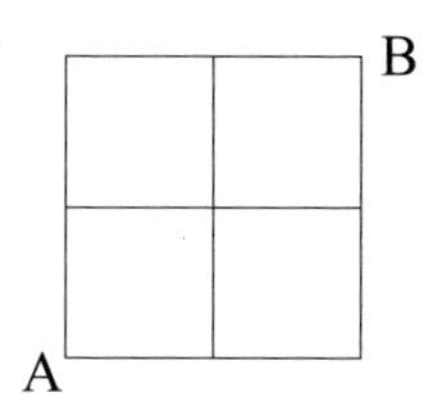

이번에도 우리는 모든 가능한 버스 노선을 그려 보았다.

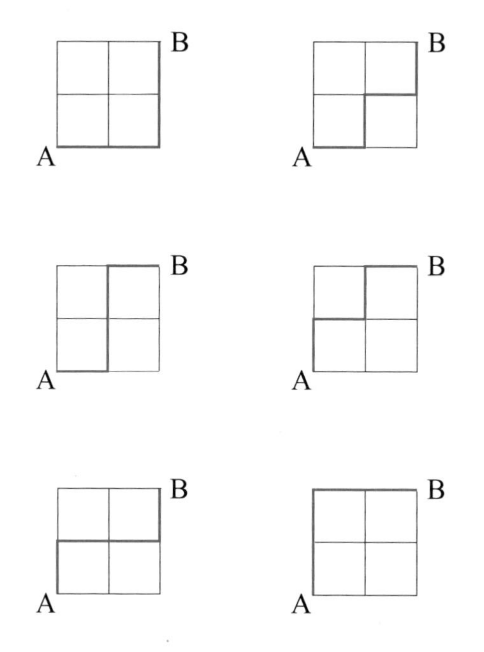

모두 여섯 가지였다. 우리는 빠뜨린 것이 있는지 여러 번 확인해 보았다. 하지만 여섯 가지 외의 새로운 노선은 만들어지지 않았다.

"왜 여섯 가지일까?"

왕이 도저히 감이 오지 않는 듯 지친 표정으로 말했다.

"뭔가 규칙이 있는 것 같아요."

놀리스 교수가 이렇게 소리치고는 맨 처음 노선을 손으로 가리켰다.

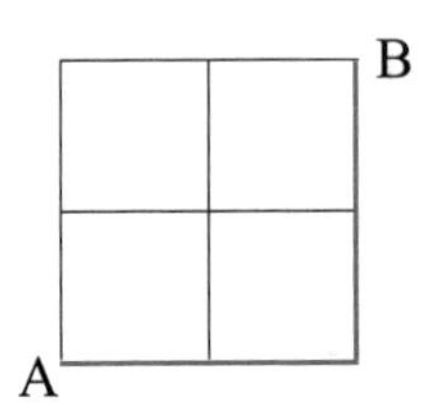

"그림의 노선을 보면 가로 길로 두 칸을 갔다가 세로 길로 두 칸 갔지요?"

놀리스 교수는 두 번째 노선을 손으로 가리켰다.

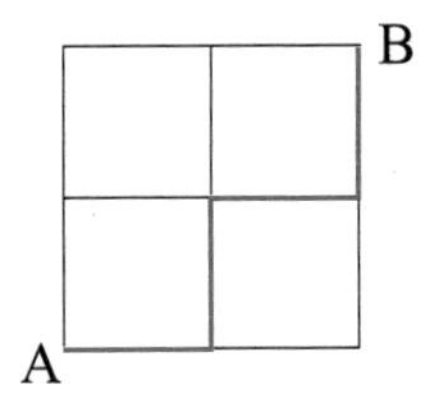

"이번에는 가로 길, 세로 길, 가로 길, 세로 길의 순서로 갔지요? 어찌 되었든 이 도로망에서 가장 짧은 노선이 되려면 가로 길을 두 번, 세로 길을 두 번 지나야 해요."

놀리스 교수가 흥분하여 말했다.

놀리스 교수는 가로 길을 '가'라고 쓰고 세로 길을 '세'라고 써서 여섯 개의 노선을 표시해 보았다.

가 가 세 세

가 세 가 세

가 세 세 가

세 가 세 가

세 가 가 세

세 세 가 가

"같은 것이 있을 때의 순열 문제군."

왕이 자리에서 벌떡 일어나며 소리쳤다. 그랬다. 도로망에서 서로 다른 가장 짧은 버스 노선의 개수는 같은 것이 있는 순열 문제였다. 지금 문제처럼 가로 길이 2개, 세로 길이 2개인 경우 버스 노선은 '가 가 세 세'를 일렬로 배열하는 경우의 수이므로 우리가 만든 공식에 의해 $\frac{4!}{2!2!}=6$(가지)이 되는 것이다.

우리는 렉탱글 시의 도로망을 다시 들여다보았다.

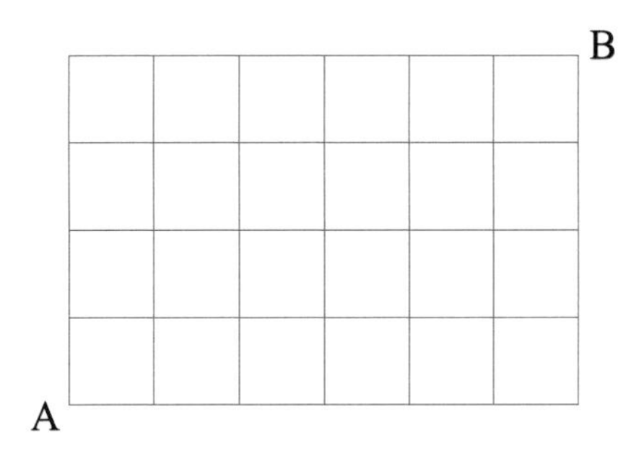

가로 길이 6개, 세로 길이 4개이므로 이때 가능한 버스 노선의 개

수는 '가 가 가 가 가 가 세 세 세 세'를 일렬로 배열하는 경우의 수인 $\frac{10!}{6!4!}=210$(가지)이 되었다. 우리는 이 결과를 리니아 수상에게 즉시 알려 주었고, 수상은 이 내용을 렉탱글 시에 알렸다.

우리는 도로망 문제에 흥미가 생겨 라이너 국에 있는 수많은 도시들의 도로망 지도를 살펴보면서 가능한 버스 노선의 개수를 계산했다. 그러던 중 도로망 모양이 다소 복잡한 시의 지도를 발견했다. '수리수리'라는 도시인데, 도심 한복판에 정사각형의 커다란 호수가 있어서 버스가 지나갈 수 없었다. 우리는 수리수리 시의 지도를 유심히 들여다보았다.

수리수리 시의 호수

"어랏! 이럴 때는 A에서 B로 가는 가장 짧은 길이 몇 개지? 호수가 있어서 복잡해 보이는데……."

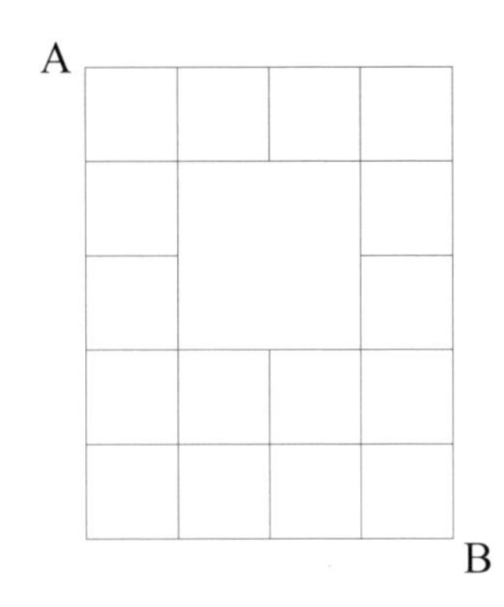

왕이 한숨 섞인 목소리로 말했다.

"차근차근 생각하면 해결할 수 있을 것 같아요. 다음과 같이 네 점을 만들어 보죠."

놀리스 교수는 지도 위에 네 점을 나타냈다.

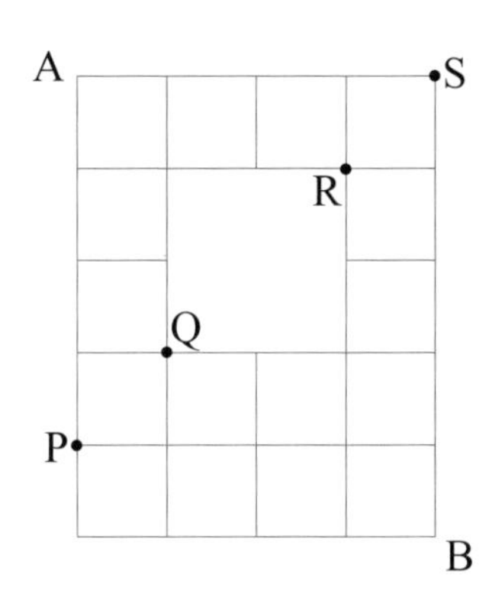

"네 개의 점은 왜 표시한 거죠?"

헤아리스가 못마땅한 표정으로 말했다. 그는 단순한 것을 좋아하는데, 놀리스 교수가 그린 그림은 처음 그림보다 더 복잡해 보였기 때문이다.

"A에서 B로 가는 가장 짧은 길은 네 점 P, Q, R, S를 거쳐 가는 경우에요. 그러니까 네 경로는 다음과 같죠.

1) A → P → B

2) A → Q → B

3) A → R → B

4) A → S → B

여기서 A → P → B는 A에서 P로 갔다가 P에서 B로 가는 경우예요. 그러니까 구하는 가장 짧은 길의 개수는 이 네 가지 경우의 수를 모두 더한 수예요."

놀리스 교수가 설명했다.

"A에서 P로 갔다가 P에서 B로 가는 경우의 수는 어떻게 구하죠?"

헤아리스가 물었다. 놀리스 교수는 싱긋 웃으며 그림을 그렸다.

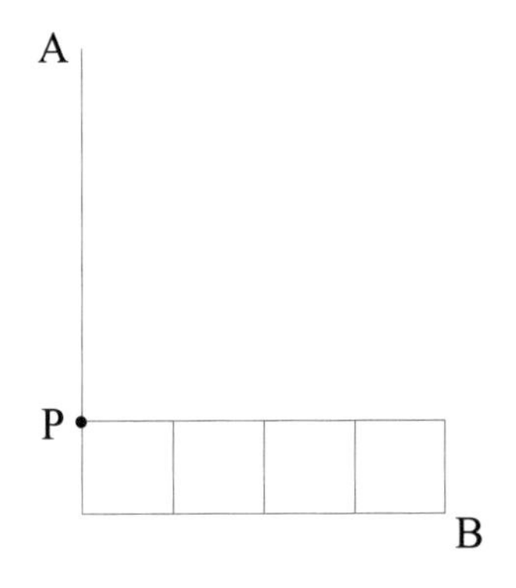

"A에서 P로 가는 가장 짧은 길은 1개예요. 그리고 P에서 B로 가는 가장 짧은 길의 개수는 $\frac{5!}{4!1!}=5$(가지)가 되지요. A에서 P를 거쳐 B로 간다는 것은 A에서 P로 가고 P에서 B로 가는 경우이므로 A에서 P로 가는 경우의 수에 P에서 B로 가는 경우의 수를 곱하면 돼요. 그러니까 A에서 P를 거쳐 B로 가는 경우의 수는 $1\times\frac{5!}{4!1!}=5$(가지)이지요."

놀리스 교수의 설명은 명쾌했다.

우리는 두 번째 경우도 그림으로 나타내 보았다.

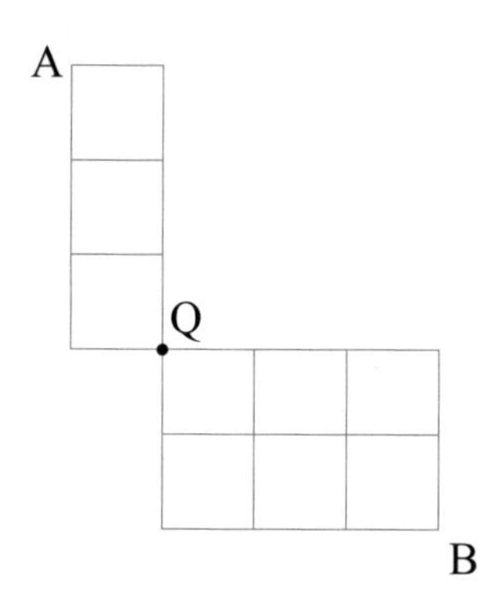

A에서 Q로 가는 경우의 수는 $\frac{4!}{3!1!}=4$(가지)이고, Q에서 B로 가는 경우의 수는 $\frac{5!}{2!3!}=10$(가지)이므로, A에서 Q를 거쳐 B로 가는 경우의 수는 $\frac{4!}{3!1!}\times\frac{5!}{2!3!}=40$(가지)이 되었다.

우리는 A에서 R을 거쳐 B로 가는 경우도 그려 보았다.

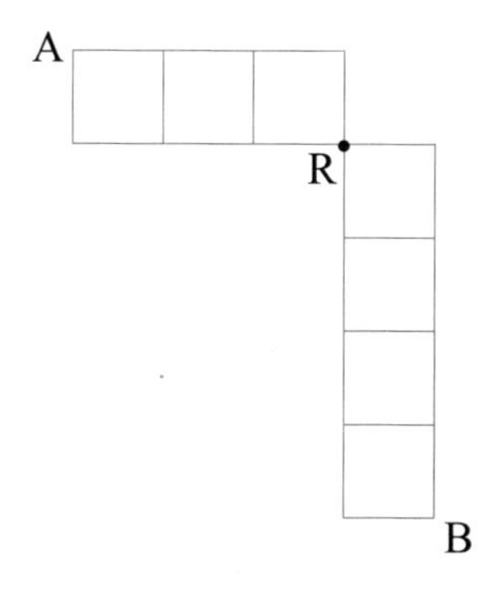

A에서 R로 가는 경우의 수는 $\frac{4!}{3!1!}=4$(가지)이고, R에서 B로 가는

경우의 수는 $\frac{5!}{1!4!}=5$(가지)이므로, A에서 R을 거쳐 B로 가는 경우의 수는 $\frac{4!}{3!1!}\times\frac{5!}{1!4!}=20$(가지)이 되었다.

우리는 A에서 S을 거쳐 B로 가는 경우도 그려 보았다.

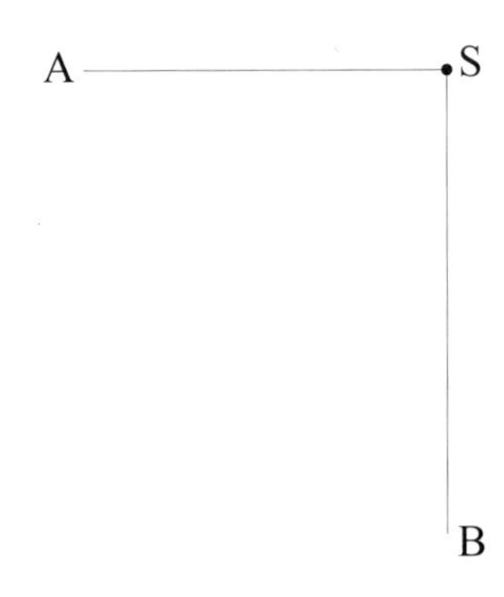

A에서 S로 가는 경우의 수는 $\frac{4!}{4!}=1$(가지)이고, S에서 B로 가는 경우의 수는 $\frac{5!}{5!}=1$(가지)이므로, A에서 S를 거쳐 B로 가는 경우의 수는 $\frac{4!}{4!}\times\frac{5!}{5!}=1$(가지)이 되었다.

따라서 수리수리 시에서 A에서 B로 가는 가장 짧은 길은 $5+40+20+1=66$(가지)이었다.

이렇게 같은 것이 있을 때의 순열 공식은 다양한 도로망에서 가장 짧은 길의 개수를 헤아리는 데 큰 도움을 주었다. 우리는 라이너 국에 머무르는 동안 이 나라의 전국 시의 도로망 지도를 확보하여 가장 짧은 길의 개수를 계산했다. 그리고 그 결과를 라이너 국의 교통국 홈페이지에 올렸다. 이 일을 하던 일주일 동안 우리는 리니아 수상에게 융숭한 대접을 받았다. 하지만 한 나라에 너무 오래 머물렀다는 생각이 들자 마티 왕 일행은 또 다른 신기한 나라로 여행하고 싶다는 생각이 밀려왔다.

EXERCISE 4

다음을 일렬로 배열하는 순열의 수를 구하라.

1) 1, 1, 1

2) 1, 1, 2, 2

3) 1, 1, 1, 2, 3, 3

4) a, a, b, b, b, c

5) 1, 1, 2, 3, 3, 4, 4, 4

6) mathematics의 모든 문자를 써서 만들 수 있는 순열의 수를 구하라.

7) mathematics의 모든 문자를 써서 m이 양 끝에 오도록 하는 순열의 수를 구하라.

8) cellular의 8개 문자를 모음끼리 이웃하여 나열하는 방법의 수는?

9) 1, 1, 1, 2, 2로 만들 수 있는 다섯 자릿수의 개수는 ?

10) 0, 1, 1, 1, 2, 2, 3으로 만들 수 있는 일곱 자릿수의 개수는 ?

11) 0, 1, 1, 1, 2, 2, 3, 3, 3로 만들 수 있는 아홉 자릿수의 개수는?

12) 0, 1, 1, 1로 만들 수 있는 세 자릿수의 개수는?

13) 1, 2, 3, 4, 5, 6을 일렬로 배열할 때 2, 4, 6의 순서로 배열되는

경우의 수는?

14) a, b, c, d, e, f, g를 배열하는데 a, b, c의 순서로 배열하는 방법의 수는?

다음과 같은 도로망이 있다. 이때 A에서 B로 가는 최단 경로의 수는?

15)

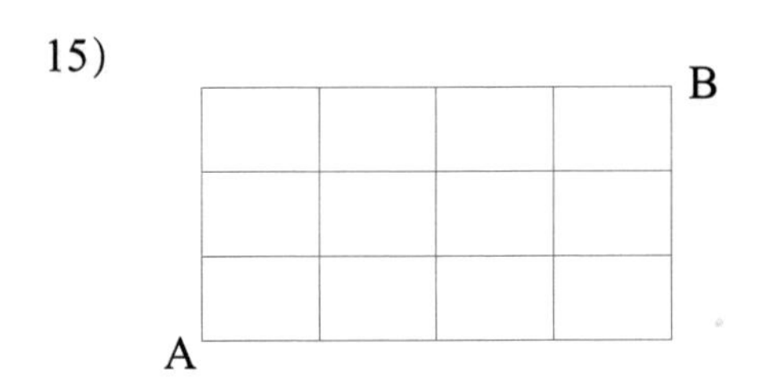

16)

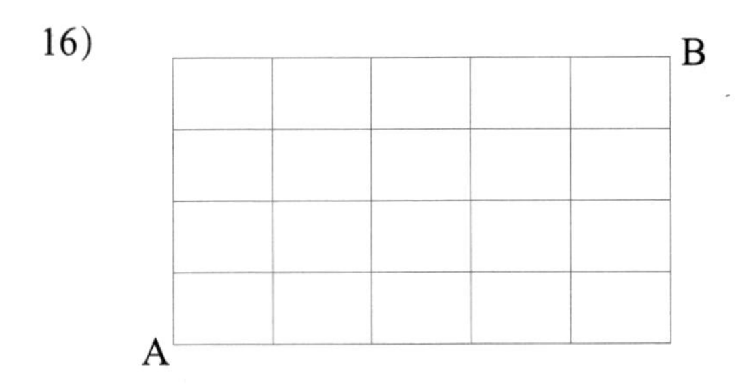

17) 다음과 같은 도로망이 있다. A에서 B로 가는 최단 경로 중에서 P를 반드시 지나는 경로의 수는?

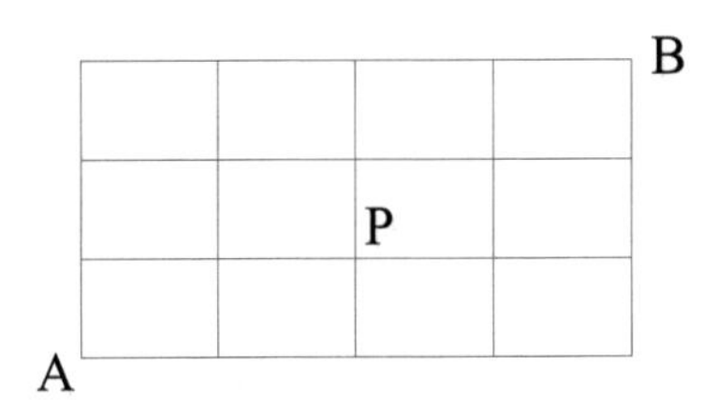

18) 다음과 같은 도로망이 있다. A에서 B로 가는 최단 경로 중에서 P와 Q를 지나지 않는 경로의 수는?

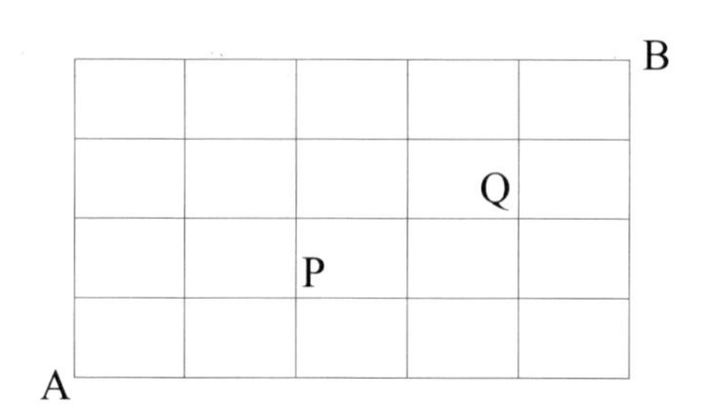

19) 다음과 같은 도로망이 있다. A에서 B로 가는 최단 경로 중 P는 지나고 Q는 지나지 않는 경로의 수는?

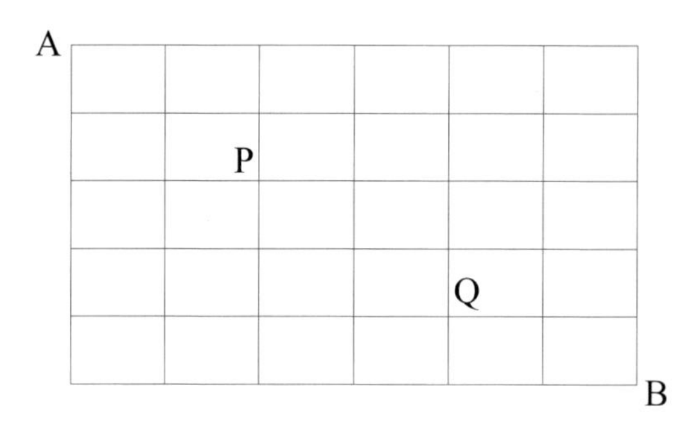

20) 다음과 같은 도로망이 있다. A에서 B로 가는 최단 경로의 수는?

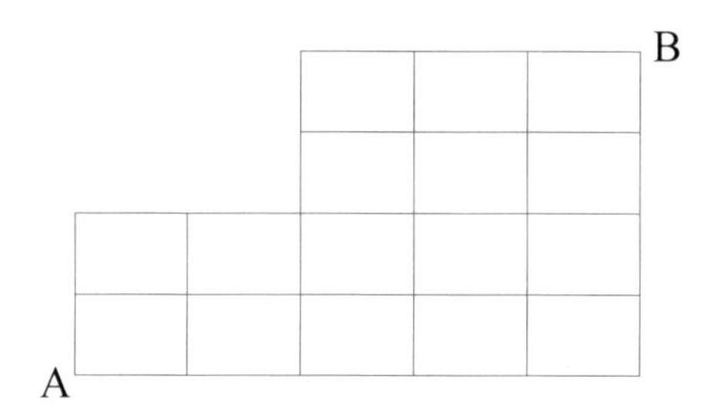

21) 1, 1, 1, 2, 2, 2, 3, 3, 3 중 4개를 뽑아서 만들 수 있는 네 자릿수는 몇 개인가?

22) 5단의 계단이 있다. 한 단, 두 단씩 이동하여 계단을 오르는 방법의 수는?

5장

원순열

수를 원에 배열하는 방법은 모두 몇 가지일까요? 수를 직사각형이나 정사각형에 배열하는 방법은 모두 몇 가지일까요? 원순열과 다각형 순열에 대해 알아봅시다.

우먼스 국의 오르골

자고 일어나 보니 우리는 다시 새로운 나라에 와 있었다. 이번에 도착한 나라는 우먼스 국이었다. 이 나라 백성은 모두 여자였고 우먼스 국의 졸리 수상은 우리를 반갑게 맞아 주었다.

우먼스 국은 아름다운 음악 소리가 흘러나오는 오르골로 유명했다. 이 중에서 가장 인기 있는 것은 동그란 원판 위에 세 개의 인형이 같은 간격으로 서 있는 오르골이었다. 세 개의 인형은 왕과 왕비와 공주였다.

"정말 아름답군."

왕이 눈부시게 반짝거리는 오르골을 보며 감탄했다. 왕이 볼 때 세 인형의 배치는 다음 그림과 같았다.

우먼스 국은 이 오르골 수출로 짭짤한 수익을 올리고 있었다. 오르골 아래쪽에는 조그만 버튼이 달려 있었다. 버튼을 누르자 원판이 시계 방향으로 회전하다가 멈추었다. 이번에는 왕의 눈에 다음과 같이 보였다.

"어랏! 인형들의 위치가 달라졌어."

왕이 놀란 얼굴로 말했다. 왕은 다시 한 번 버튼을 눌렀다. 원판이 다시 시계 방향으로 돌다가 멈추었다. 이번에는 왕의 눈에 다음과 같이 보였다.

“자리가 또 바뀌었어. 어떻게 된 거지?”

왕이 어리둥절해했다.

“이 오르골에서 왕과 왕비와 공주의 위치를 바꾸면 여섯 가지의 서로 다른 오르골이 나오지요. 우리는 이 여섯 가지 오르골을 세트 상품으로 묶어 판매할 예정이에요.”

졸리 수상이 어깨를 으쓱하며 왕에게 말했다.

“세 개의 대상을 배열하는 순열의 수이니까 3!=6(가지)이 되는 군.”

왕이 자신의 수학 실력을 자랑했다.

“원에 배열하니 빙글빙글 돌면서 모습이 달라지는군요.”

헤아리스가 말했다.

“원에 순서대로 배열하는 방법을 연구해 보면 어떨까요?”

놀리스 교수가 제안했다.

우리는 이 순열을 원순열이라고 불렀다. 우선 왕, 왕비, 공주 대신 숫자 1, 2, 3을 원에 배열해 보았다.

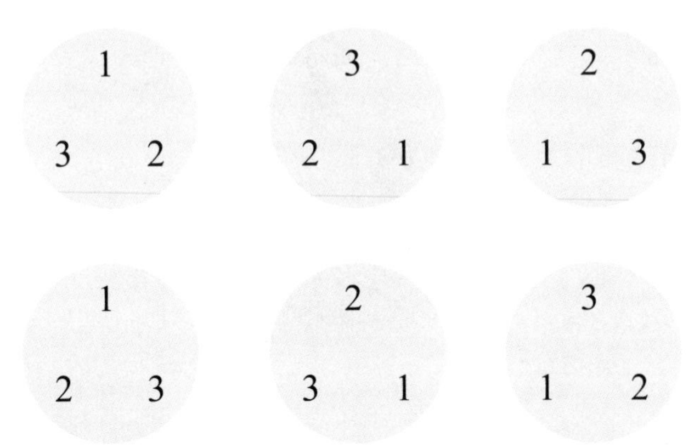

일단은 6가지가 가능했다.

"위에 있는 세 가지 경우는 시계 방향으로 돌리면 같아져요. 마찬가지로 아래 있는 세 가지 경우도 시계 방향으로 돌리면 같아져요. 원순열에서 돌렸을 때 같아지는 것은 같은 경우로 헤아리기로 하지요."

놀리스 교수가 제안했다.

"그게 좋겠군. 보는 위치에 따라서 윗줄 첫 번째 그림처럼 보일 수도 있고 두 번째 그림이나 세 번째 그림처럼 보일 수도 있으니 말이야."

왕이 동의했다.

"그러면 윗줄처럼 배열하는 방법이 1가지이고 아랫줄처럼 배열하는 방법도 1가지이니까 3개를 원에 배열하는 방법은 2가지가 되는군요."

마법사 헤아리스가 정리했다.

세 개의 인형을 원판에 배열하는 방법이 6가지가 아니라 2가지라는 사실에 졸리 수상은 충격을 받은 듯했다. 졸리 수상은 부하에게 서로 다른 두 개의 오르골을 한 세트로 판매하라고 지시했다.

"일반적인 공식은 없을까?"

왕은 요즘 일반적인 법칙을 발견하는 데 재미를 붙인 듯했다.

"4개를 원에 배열하는 경우를 따져 보죠."

놀리스 교수가 제안했다.

"4개를 일직선으로 배열하는 경우의 수는 $4!=24$(가지) 예요. 하지만 원에 배열하는 경우의 수는 줄어들 거예요. 돌려서 같아지면 같은 경우로 취급하니까요."

"그렇겠군. 얼마나 줄어드는지를 알면 되겠군."

왕이 고개를 끄덕거렸다.

놀리스 교수는 다음과 같은 그림을 그렸다.

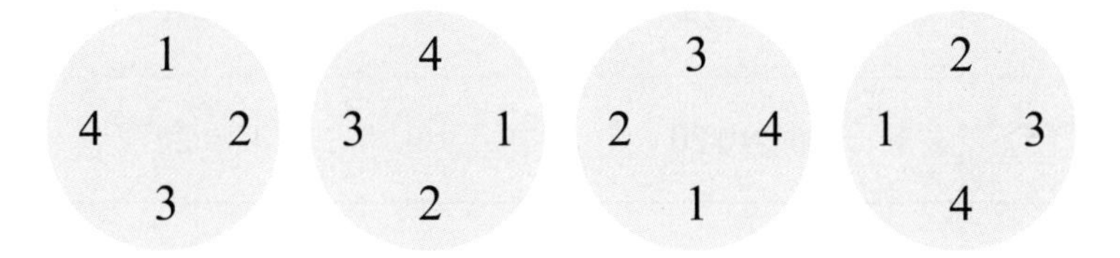

"1, 2, 3, 4를 원에 배열하는 경우, 위의 네 가지 경우는 모두 같아져요. 첫 번째 그림을 시계 방향으로 회전시키면 나머지 3가지가 모두 나타나니까요. 이렇게 4개를 원에 배열하면 4개씩 같아지니까 전체 경우의 수는 직선에 4개를 배열하는 순열의 수를 4로 나눠 주면 될 거예요.

(4개를 원에 배열하는 방법의 수) = (4개를 직선에 배열하는 방법의 수) ÷4

즉, 4개를 원순열시키는 방법의 수는 $\frac{4!}{4}=3!=6$(가지)이 돼요.”

놀리스 교수가 자신 있는 목소리로 말했다.

우리는 다섯 개의 수 1, 2, 3, 4, 5를 원에 배열하는 경우도 따져 보았다. 이 경우에도 다섯 개씩 같아져서 전체 경우의 수는 $\frac{5!}{5}=4!=24$(가지)가 되었다.

우리는 지금까지의 결과를 정리했다.

개수	직선으로 배열하는 경우의 수	원으로 배열하는 경우의 수
3	$3!=6$	$\frac{3!}{3}=2!=2$
4	$4!=24$	$\frac{4!}{4}=3!=6$
5	$5!=120$	$\frac{5!}{5}=4!=24$

그러므로 일반적으로 n개가 있을 때 직선으로 배열하는 경우의 수는 $n!$이지만 원에 배열하는 경우의 수는 $\frac{n!}{n}=(n-1)!$이 되었다. 우리는 이것을 원순열의 공식이라고 불렀다.

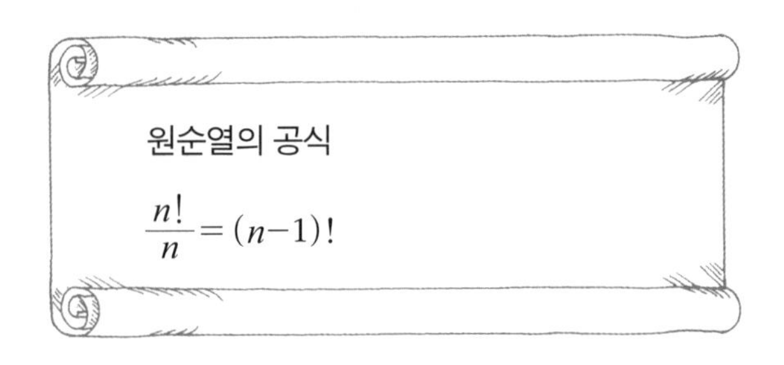

우리는 원순열의 공식을 적용하는 문제를 몇 개 만들어 풀어 보기로 했다.

"남학생 두 명과 여학생 세 명이 원탁에 둘러앉을 때 남학생끼리 이웃하는 방법의 수를 구해 보죠."

헤아리스가 자신이 만든 문제를 발표했다.

"남학생 두 명을 하나의 묶음으로 하면 되잖아? 그러면 남자 묶음과 여자 세 명을 우선 원순열시키는 방법은 $(4-1)!=3!=6$(가지)이고 남자 두 명이 자리를 바꿀 수 있으니까 남자 두 명을 묶음 속에서 배열하는 방법은 $2!=2$(가지)이니까 원하는 방법은 $6\times2=12$(가지)가 되겠군."

왕이 자신만만한 얼굴로 말했다. 우리는 왕의 발표가 끝나기 무섭게 격렬하게 박수를 쳤다. 왕이 기분이 좋아야 회의 분위기가 부드러워지기 때문이었다. 예상대로 왕은 흡족한 얼굴이 되었다.

뒤바뀐 보물

그날 오후에 졸리 수상은 우먼스 국에서 가장 아름다운 보물을 보여 주겠다며 우리를 인도했다. 워낙 귀한 물건이기 때문에 보물이 있는 작은 성으로 들어갈 때 우리는 몸수색을 받아야만 했다. 왕은 싫어하는 기색이 역력했지만 이 나라의 법을 따르지 않을 수는 없었다. 우리와 더불어 이 나라의 내로라하는 몇몇 귀족이 보물 전시장에 초대되었다. 보물이 있다는 것은 알지만 이 보물을 실제로 본 사람은 이 나라 사람들 중에서도 몇 되지 않았다.

잠시 후 졸리 수상은 화려하게 장식된 작은 보물함을 들고 와 홀 중앙의 대리석 원탁 위에 조심스럽게 놓았다. 우리는 상자 안에 어떤 보물이 있는지 궁금했다. 졸리 수상은 모두를 보물함 주위에 모이게 하고는 뚜껑을 열었다. 보물은 네 개의 보석이 다음 그림과 같이 정삼각형으로 붙여진 모양이었다.

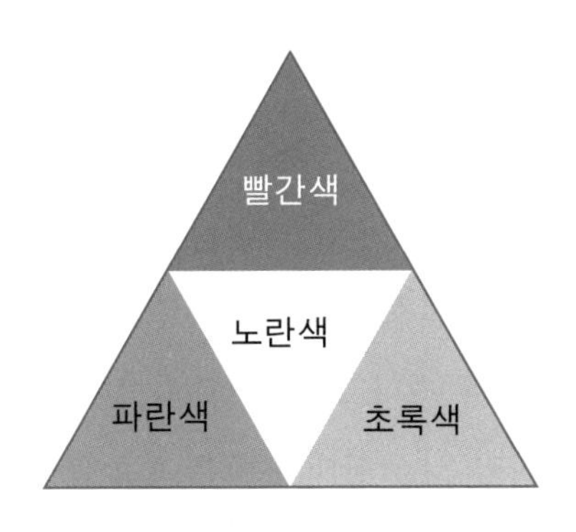

가운데에는 눈부시게 빛나는 노란색 다이아몬드가 박혀 있고 빨간색 루비와 파란색 사파이어와 초록색 비취가 주위를 에워싸고 있었다.

"정말 아름답군. 노란색 다이아몬드는 처음 봐."

왕이 탄성을 질렀다.

모두들 네 개 보석의 아름다움과 보석에서 반사되는 눈부신 빛에 정신이 팔려 버렸다.

그때 갑자기 주위가 온통 어두워졌다. 우리는 다른 스토리로 이동하는 것이라고 생각했다. 하지만 문제를 해결하지 않고 다른 스토리로 이동한 적은 없었기에, 우리는 당황한 채 엉거주춤 서 있었다. 잠시 후 다시 불이 켜졌다. 정전인 듯했다. 졸리 수상은 보물이 여전히 원탁 위에 있는 것을 확인하고는 안도의 숨을 내쉬었다.

"보물이 바뀌었어요."

놀리스 교수가 소리쳤다. 모두들 원탁 위의 보물을 자세히 살펴보았다. 보물은 다음과 같은 모양이었다.

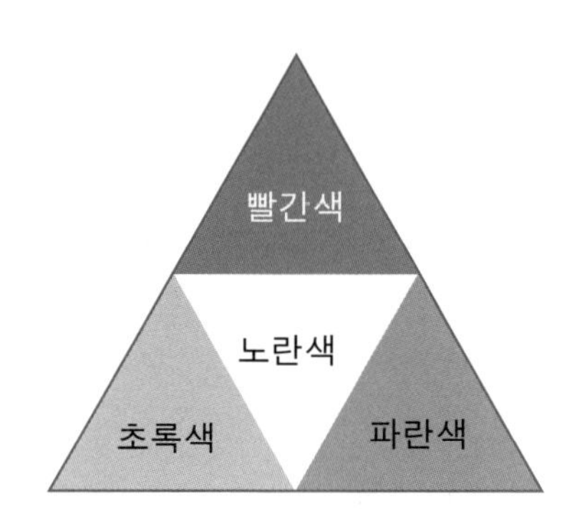

"바뀌지 않았잖아."

왕이 놀리스 교수를 흘깃 보며 말했다.

"초록색 비취와 파란색 사파이어의 위치가 바뀌었잖아요."

놀리스 교수가 반박했다.

"빙글 돌리면 같아지지 않을까?"

왕이 자신 없는 투로 말했다. 하지만 물건을 어떻게 돌려도 처음에 배열되어 있던 보물의 모습은 나타나지 않았다. 잠시 후 도착한 감정사가 눈앞에 보이는 것은 네 개의 인조 보석들로 가치가 없다고 말하자, 모두들 놀리스 교수를 존경 어린 눈으로 바라보았다.

놀리스 교수의 재빠른 행동 덕분에 졸리 수상은 참석한 귀족 중 한 명인 럭셔리 부인이 정전된 동안 보물을 슬쩍 바꿔치기한 사실을 알아냈다. 졸리 수상은 나라의 보물을 잃어버리지 않은 것에 대해 놀리스 교수에게 고마워했다.

우리는 졸리 수상이 마련해 준 아담한 숙소로 돌아왔다.

"좀 전의 보물 문제를 좀 더 논의해 보죠."

놀리스 교수는 이렇게 말하며 다음과 같은 그림을 그렸다. 커다란 정삼각형 속에 작은 정삼각형 네 개가 그려져 있었다. 우리는 놀리스 교수가 어떤 문제를 낼 것인지 궁금했다.

"네 개의 작은 정삼각형을 빨강, 노랑, 파랑, 초록의 네 가지 색을

모두 사용하여 칠하는 방법은 몇 가지일까요? 예를 들어 다음과 같이 말이에요."

놀리스 교수는 헤아리스가 건네 준 마법의 색연필을 이용해 작은 삼각형을 네 개의 서로 다른 색깔로 칠했다.

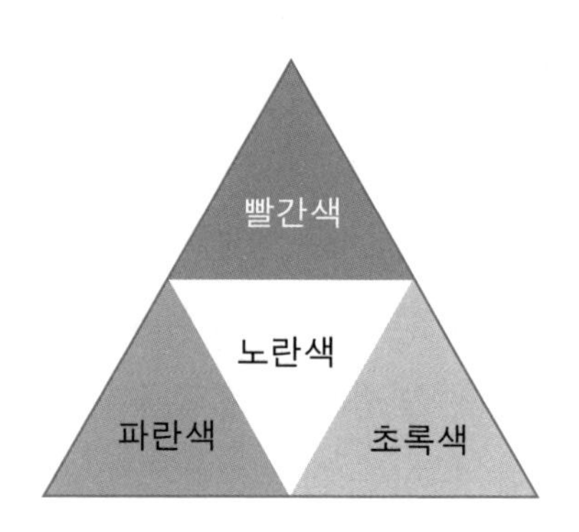

조금 전 우리가 성에서 보았던 우먼스국의 보물과 같은 모습이었다.

"이건 원순열을 이용하는 문제가 아니잖아."

왕이 투덜거렸다.

"그렇지 않습니다. 가운데 있는 노란 삼각형을 제외한 나머지 세 삼각형은 원순열을 이룹니다."

놀리스 교수가 말했다.

"왜지? 분명 원이 아닌데……."

왕이 혀를 찼다. 그러자 놀리스 교수는 다음과 같은 그림을 그렸다.

"이 세 그림을 보면 가운데는 똑같이 노란색이고 바깥쪽에 있는 세 삼각형의 색은 빨강, 파랑, 초록입니다. 그런데 이 삼각형이 정삼각형이므로 첫 번째 삼각형을 시계 반대 방향으로 회전하면 두 번째와 세 번째 삼각형과 겹칩니다. 3개의 색깔이 원에 배열되었을 때와 같지요. 그러므로 바깥쪽 삼각형에 색을 칠하는 방법의 수는 3개의 수를 원에 배열하는 방법의 수가 됩니다. 그럼 풀어 보죠. 우선 가운데 삼각형에 올 수 있는 색깔은 빨강, 노랑, 파랑, 초록이 가능하니까 4가지입니다. 그리고 남은 세 색깔을 바깥 삼각형에 배열하는 것은 원순열의 공식에 따라 $(3-1)!=2!=2$(가지)가 되지요. 그러므로 우리가 구하는 경우의 수는 $4\times(3-1)!=8$(가지)입니다."

놀리스 교수가 장황하게 설명했다.

"좋은 문제군. 역시 놀리스 교수는 다른 사람보다 앞서 간단 말이야."

왕은 감탄한 듯했다. 헤아리스는 풀이 죽어 보였다. 자신이 너무 간단한 문제를 냈다고 자책하는 듯했다.

그때 갑자기 내게 재미난 문제가 생각났다. 나는 모두를 둘러보며 말했다.

원순열 공식을 쓰지 못하는 경우

"원탁에 네 명의 가족이 앉는데 엄마와 아빠가 마주 보고 앉는 방법은 몇 가지일까요?"

"원순열이니까 $(4-1)!=3!=6$(가지)이 되는 거 아닌가?"

왕이 자신 없는 듯 머리를 긁적이며 말했다.

"엄마와 아빠가 마주 보고 있다는 조건을 사용하지 않았네요."

놀리스 교수가 조심스럽게 왕의 성급한 대답을 지적했다.

"그렇군."

왕이 인정했다.

잠시 침묵이 흘렀다. 모두들 내가 낸 문제에 골머리를 싸매고 있었다.

"네 가족을 엄마, 아빠, 딸, 아들이라고 해 보죠. 엄마와 아빠의 위치는 고정되어 있으니까 엄마 아빠를 마주 보게 앉히는 방법이 1가지이고, 딸과 아들을 원탁에 앉히는 방법은 원순열 공식을 쓰면 $(2-1)!=1!=1$(가지)이니까 구하는 경우의 수는 1가지가 되는 건가요?"

헤아리스가 조용한 목소리로 말했다.

"그림을 그려서 조사해 봐야겠어요. 엄마, 아빠를 마주 보게 앉히면 다음과 같이 돼요."

놀리스 교수는 이렇게 말하고 다음과 같이 그림을 그렸다.

"아빠를 위에 놓을 수도 있잖아?"

왕이 따지듯 말했다.

"그건 돌리면 같아지니까 같은 경우예요."

"전하께서 아빠의 등 뒤에서 보면 첫 번째 그림이 되고, 엄마의 등 뒤에서 보면 두 번째 그림이 되니까요."

"그렇군. 그럼 엄마와 아빠를 마주 보게 앉히는 방법은 1가지군. 이제 딸과 아들을 앉히는 방법만 그리면 되겠군."

왕은 이렇게 말하고는 다음과 같이 그렸다.

아빠

딸 아들

엄마

"헤아리스 말대로 한 가지 경우밖에 안 생기는군."

왕이 헤아리스를 보며 말했다.

"아들이 왼쪽에, 딸이 오른쪽에 있는 경우도 그려야 할 것 같은데요."

놀리스 교수가 반박했다.

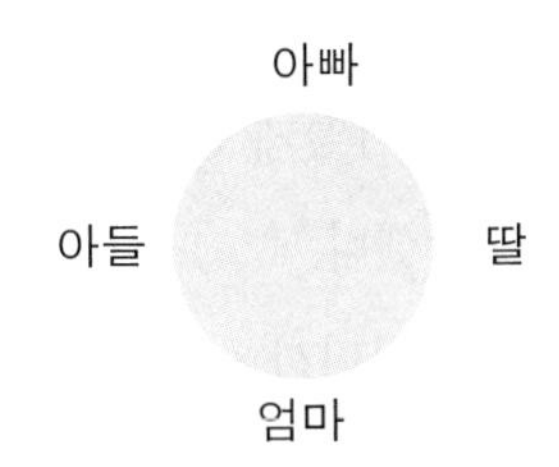

"회전시키면 내가 그린 그림과 겹쳐지는 거 아닌가?"

왕이 두 눈을 가늘게 뜨고 물었다. 헤아리스가 두 번째 그림을 빙글빙글 돌렸다. 하지만 어떻게 해도 첫 번째 그림은 만들어지지 않았다.

"이 두 경우는 다른 경우예요. 엄마를 기준으로 보세요. 첫 번째 그림에선 엄마의 오른쪽에 아들이 있고 두 번째 그림에선 엄마의 왼쪽에 아들이 있으니까 다른 경우가 되지요. 그러니까 엄마, 아빠가 서로 마주 보고 앉아 있을 때 나머지 두 명을 빈 자리에 앉히는 방법은 원순열이 아니에요. 그러니까 그 경우의 수는 $2!=2$(가지)가 되지요."

놀리스 교수가 차분하게 말했다. 모두들 고개를 끄덕였다. 우리는 원탁에 앉힐 때라도 원순열 공식을 쓰지 못하는 경우가 있다는 것을 처음으로 알게 되었다.

정사각형에 배치하는 방법

그날 오후에 우리는 졸리 수상으로부터 차 대접을 받았다. 졸리 수상과 세 명의 대신이 우리와 함께 차를 마시며 이런저런 얘기를 나누었다. 우리가 앉은 탁자는 정사각형 모양으로 한 변에 두 명씩 앉도록 되어 있었다.

"정사각형에 배열할 때는 어떻게 될까요?"

갑자기 놀리스 교수가 말했다.

"빙글빙글 돌리면 똑같아지니까 원순열의 공식과 같지 않을까?"

왕이 조심스럽게 말했다.

"먼저 정사각형에 배열하기 위해서는 대상의 개수가 4의 배수이어야 해요. 먼저 1, 2, 3, 4를 정사각형에 배열하는 경우와 원탁에 배열하는 경우를 비교해 보죠."

놀리스 교수는 다음과 같이 그림 두 개를 그렸다.

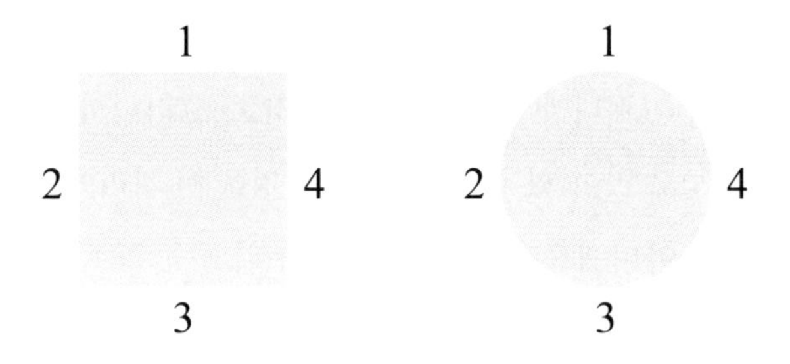

이 경우는 정사각형에 배열하는 것과 원에 배열하는 것의 차이를 느낄 수 없었다.

"내 말이 맞잖아. 원순열과 같아지지?"

왕이 어깨를 으쓱하며 말했다.

"1, 2, 3, 4, 5, 6, 7, 8을 배열하는 경우를 따져 보죠. 이때는 정사각형의 한 변에 두 개씩 놓이게 되니까 달라질지도 몰라요."

놀리스 교수가 제안했다.

우리는 1, 2, 3, 4, 5, 6, 7, 8을 정사각형에 배열하는 경우와 원에 배열하는 경우를 비교해 보기로 했다.

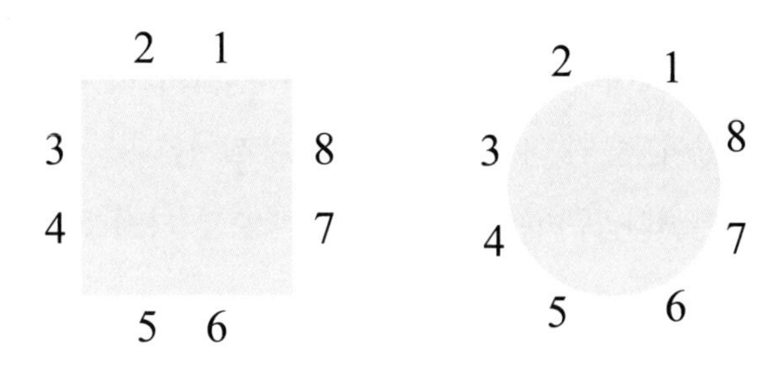

"정사각형에 배열하든 원에 배열하든 달라지지 않는 것 아닌가?"

왕이 툭 내뱉었다.

"조금 차이가 있어요. 정사각형에 배열할 때는 1과 마주 보는 것이 6이지만 원에서는 1과 마주 보는 것이 5가 돼요."

헤아리스가 눈을 가늘게 뜨고 말했다.

"시계 반대 방향으로 한 칸씩 이동해 보죠."

놀리스 교수가 제안했다.

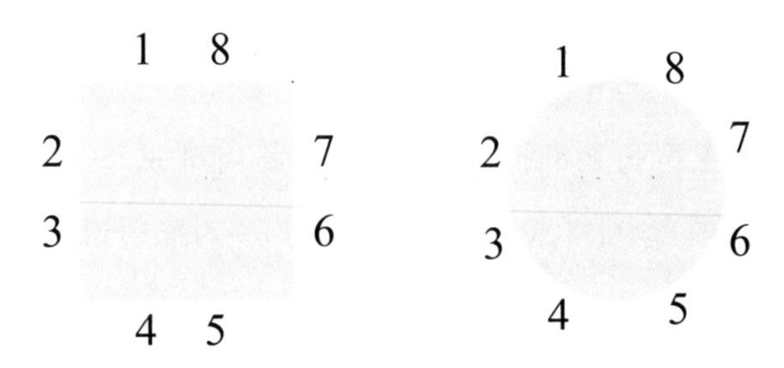

"정사각형에서 1과 마주 보는 것의 번호가 4가 되었어요."

헤아리스가 깜짝 놀란 표정으로 말했다.

"그렇군. 원에서는 여전히 1과 마주 보는 것이 5인데, 정사각형에서는 달라졌어. 한 칸 더 이동하면 어떻게 될까?"

왕이 제안했다. 우리는 시계 반대 방향으로 다시 한 칸씩 이동시켰다.

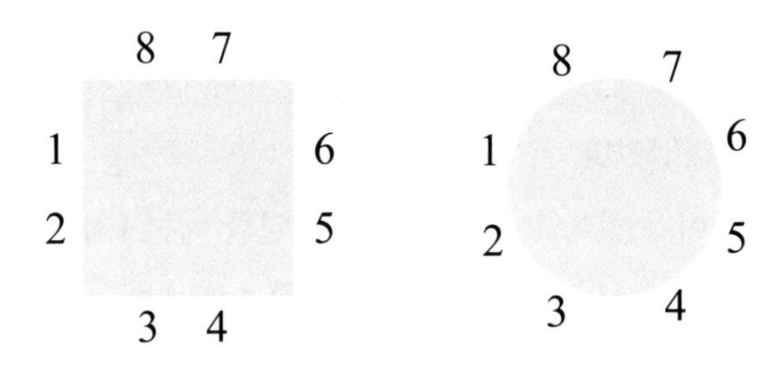

원의 경우 여전히 1과 마주 보는 것이 5였고, 정사각형의 경우에는 1과 마주 보는 것이 다시 6이 되어 맨 처음과 같아졌다. 즉, 원에 배열할 때는 한 가지인 것이 정사각형의 한 변에 2개씩 수를 놓을 때는 두 가지 경우가 되었다. 우리는 8개를 정사각형에 배열하는 방법의 수는 8개를 원에 배열하는 방법의 수에 2를 곱한 수라는 사실을 알게 되었다.

(8개를 정사각형에 배열하는 방법 수)
=(8개를 원에 배열하는 방법 수)×2
$=(8-1)!\times 2$

우리는 12개를 정사각형에 배열하는 경우도 조사해 보았다. 한 변에 3개씩 놓이므로 정사각형에 12개를 배열하는 방법의 수는 원에 배열하는 방법의 수의 3배였다. 즉, 다음과 같았다.

(12개를 정사각형에 배열하는 방법 수)
=(12개를 원에 배열하는 방법 수)×3 $=(12-1)!\times 3$

따라서 우리는 n이 4의 배수일 때 n개를 정사각형에 배열하는 방법의 수에 관하여 다음과 같은 일반적인 공식을 찾았다.

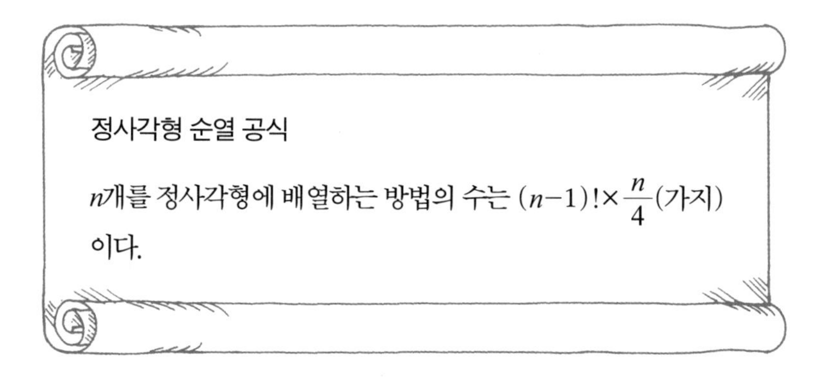

정사각형 순열 공식

n개를 정사각형에 배열하는 방법의 수는 $(n-1)!\times\frac{n}{4}$(가지)이다.

직사각형에 배치하는 방법

"직사각형에 배열할 때는 어떻게 될까요?"

놀리스 교수가 별안간 제안했다.

"재미있겠군. 이때는 가로와 세로에 오는 개수가 달라지겠군."

왕이 적극적으로 관심을 나타냈다.

우리는 이번에는 직사각형 순열에 도전하기로 했다. 방법은 정사각형 순열을 찾을 때와 같았다. 우선 1, 2, 3, 4, 5, 6을 가로에 두 개, 세로에 1개 놓이도록 배열하는 것과 원에 배열하는 것을 비교하기로 했다.

원순열의 경우에는 1과 마주 보는 것이 4이고 직사각형에 배열하는 경우에는 1과 마주 보는 것이 5였다.

우리는 시계 반대 방향으로 한 칸씩 이동해 보기로 했다.

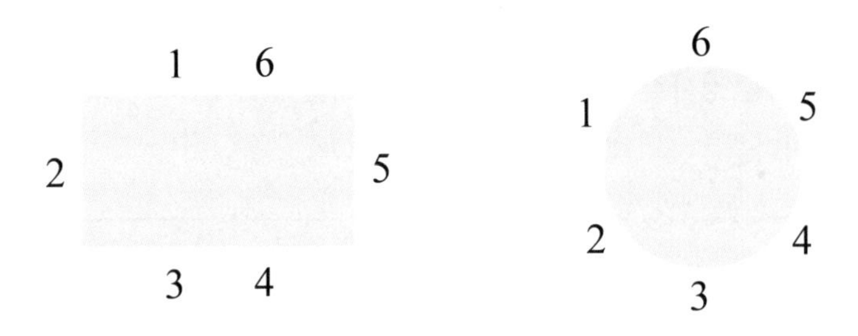

원순열의 경우 1과 마주 보는 것이 여전히 4였지만, 직사각형에 배열하는 경우에는 1과 마주 보는 것이 3으로 바뀌었다.

우리는 한 번 더 시계 반대 방향으로 한 칸씩 이동시켜 보았다.

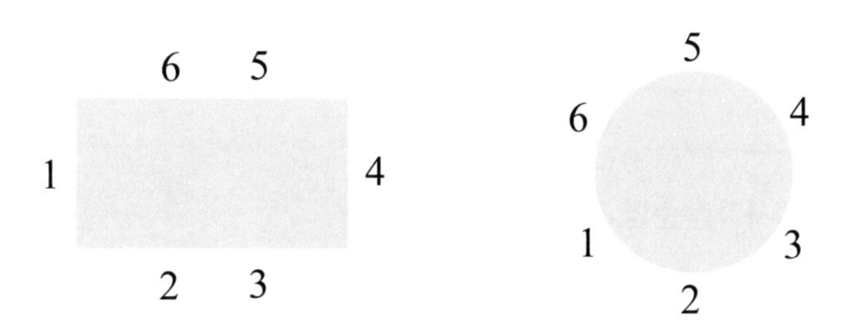

이번에는 직사각형에서 1과 마주 보는 것이 4로 바뀌었다.

우리는 한 칸 더 시계 반대 방향으로 이동시켜 보았다.

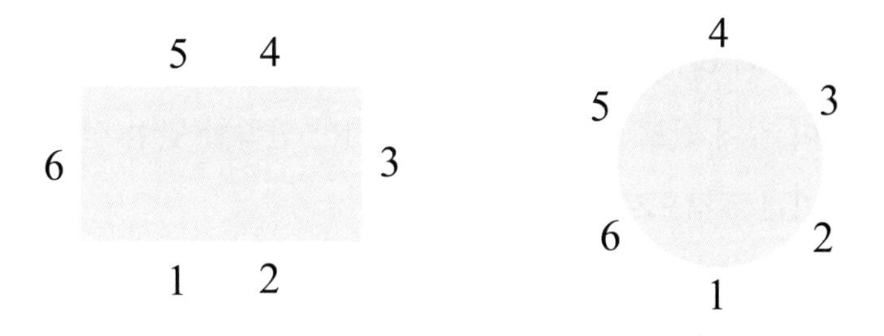

이번에는 직사각형에서 1과 마주 보는 것이 5가 되어 맨 처음의 배열과 같아졌다.

이렇게 원순열에서는 같은 경우를 나타내던 것이 직사각형 순열에서는 3가지 경우가 생겼다. 그러므로 직사각형에 6개의 수를 배열하는 경우의 수는 원순열의 수에 3을 곱한 결과가 되었다. 우리는 이 3이 어디에서 나왔는지 고민했다.

결국 놀리스 교수의 제안에 따라 대상의 개수를 늘려 보았고 그 때마다 원순열에 전체 대상의 개수의 절반을 곱하면 된다는 사실을 알아냈다. 즉, 정리하면 다음과 같았다.

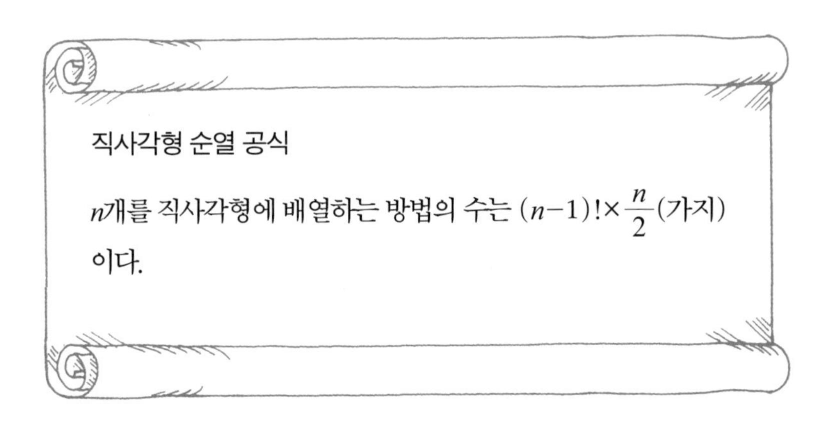

그동안 우리는 너무나 많은 법칙을 구하느라 지쳐 있었다. 어느덧 밤이 깊어 갔고 모두들 몸은 지쳤지만 만족할 만한 성과를 올린 것에 기쁜 표정으로 숙소로 돌아갔다.

EXERCISE
5

1) 1, 2, 3을 원형으로 배열하는 방법의 수는?

2) a, b, c, d를 원형으로 배열하는 방법의 수는?

3) 다섯 종류의 구슬을 원형으로 배열하는 방법의 수는?

4) 7개의 서로 다른 구슬 중 4개를 뽑아 원형으로 배열하는 방법의 수는?

5) 부모를 포함한 7인 가족이 원탁에 앉을 때 부모가 이웃하여 앉는 방법의 수는?

6) 여학생 3명과 남학생 4명이 원탁에 앉는데 여학생끼리 이웃하여 앉는 방법의 수는?

7) A, B 두 원탁이 있다. A에는 어른 5명이, B에는 어린이 4명이 앉는 방법의 수는?

8) 부모를 포함한 6인 가족이 원탁에 앉을 때 부모가 마주 보고 앉는 방법의 수는?

9) 여학생 2명과 남학생 4명이 원탁에 앉을 때 여학생끼리 마주 보고 앉는 방법의 수는?

10) 남학생 5명과 여학생 3명을 원탁에 앉힐 때 여학생끼리는 이웃하지 않게 앉히는 방법은?

11) 부모와 4명의 자녀가 원탁에 앉는데 부모는 이웃하지 않게 앉는 방법의 수는?

12) 4쌍의 부부를 부부끼리 이웃하게 원탁에 앉히는 방법의 수는?

13) 어른 4명과 아이 4명이 원탁에 둘러앉을 때 어른과 아이가 교대로 앉는 방법은 모두 몇 가지인가?

다음 그림처럼 배열하는 방법의 수를 구하라.(모든 원은 구별된다.)

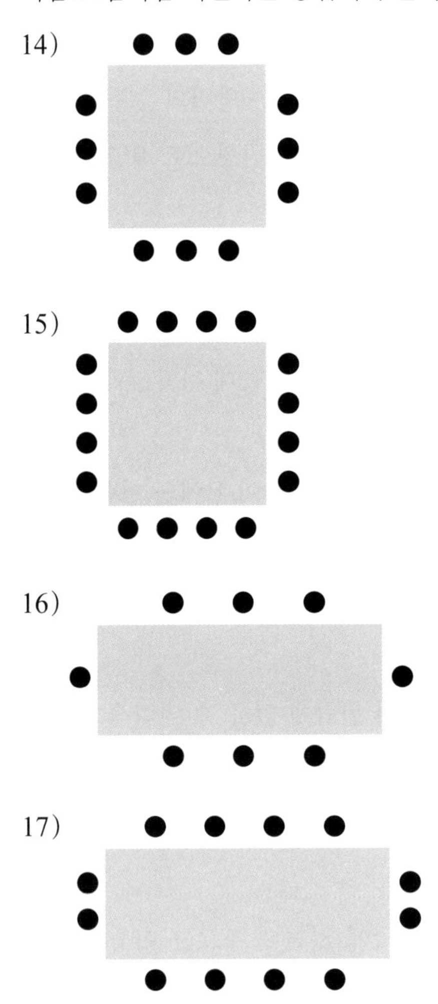

18)

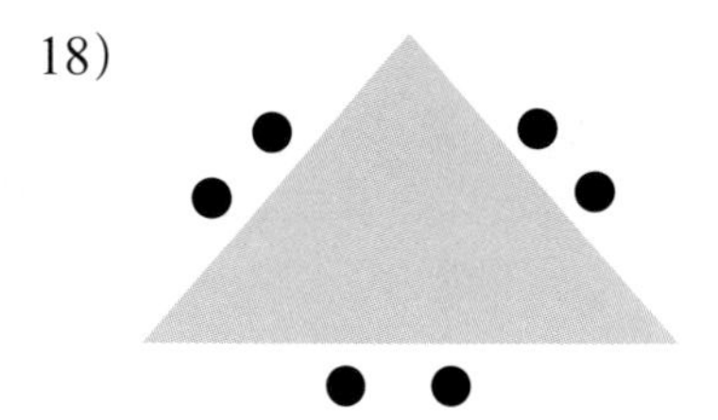

19) 서로 다른 다섯 가지의 색을 모두 사용하여 정사각뿔의 다섯 면을 칠하는 방법의 수는?

20) 서로 다른 여섯 가지의 색으로 정육면체의 각 면을 서로 다르게 칠하는 방법의 수는?

6장

조합

일렬로 배열하지 않고 뽑기만 할 때의 경우의 수는 모두 몇 가지일까요? 뽑기만 하는 경우와 일렬로 배열하는 경우 중 어느 때 경우의 수가 더 클까요? 조합을 구하는 공식에 대해 알아봅시다.

n팀이 토너먼트로 우승자를 가릴 때

다음에 방문한 나라는 여러 부족으로 이루어진 연합 국가였다. 이 나라는 16개의 부족으로 이루어져 있어, 각 부족에서 매년 돌아가면서 수상직을 맡았다. 지금의 수상은 발이 유난히 큰 발크 부족의 부족장인 빅발스였다. 빅발스는 수상 관저 옆에 축구장을 만들어 놓고 매일 슈팅 연습을 했다. 이 나라의 모든 부족이 좋아하는 운동이 바로 축구였다. 빅발스 수상도 발크 팀의 주장을 맡고 있었다.

우리는 도착하자마자 빅발스 수상과 축구 게임을 했다. 놀리스 교수는 별로 좋아하지 않는 눈치였지만, 수상이 자꾸 권해 어쩔 수 없이 할 수밖에 없었다. 축구 경기를 마치고 수상 관저에서 식사하는데 빅발스 수상의 표정이 매우 근심스러워 보였다.

"수상, 무슨 문제가 있나?"

왕이 수상의 얼굴을 살피더니 물었다.

"열여섯 부족의 축구 대회를 만들고 싶은데 어려움이 있어요."

수상이 힘없는 목소리로 말했다.

"뭐가 문제지? 시합을 하면 되잖아."

왕이 대수롭지 않은 듯 말했다.

"열여섯 부족이 축구 경기를 하면 몇 경기를 치러야 하지?"

왕이 모두를 둘러보았다.

"어떤 방식으로 운영하는가에 따라 다르죠."

수리덤 왕국의 왕궁 축구부 주장이기도 한 헤아리스가 말했다.

"축구 경기를 하면 되지, 방식은 무슨 상관이 있어?"

"한 번 지면 떨어지는 토너먼트 방식과 모든 팀과 한 번씩 경기를 치르는 리그 방식이 있어요. 예를 들어 4팀이 있다고 해 보죠. 네 팀의 이름은 A, B, C, D 라고 하고요. 토너먼트 방식은 다음과 같이 경기를 치르는 것을 말해요."

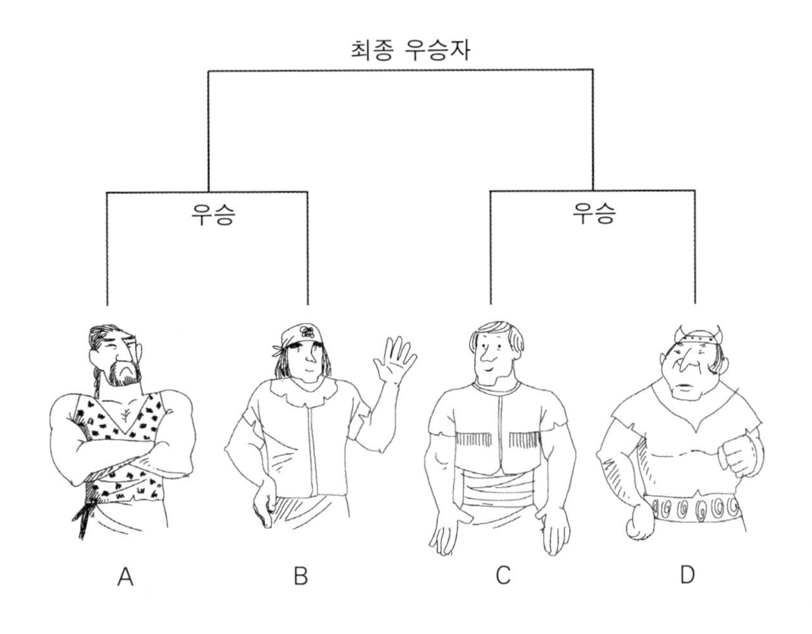

놀리스 교수는 그림을 그렸다.

"그림이 뭘 뜻하는 거지?"

스포츠에 대해 잘 모르는 왕이 고개를 갸웃거렸다.

"A와 B가 경기를 치르고 C와 D가 경기를 치러서 이긴 사람끼리 경기를 치르는 방식이에요. 토너먼트 방식에서는 무조건 한 번 지면 탈락하지요. 이렇게 네 팀이 토너먼트 방식으로 우승자를 가릴 때 치러야 하는 경기 수는 3경기예요."

헤아리스가 설명했다.

"팀 수가 많아지면 경기 수도 늘어나겠군요."

놀리스 교수가 끼어들었다.

"그렇겠지요. 그럼 8팀일 때를 볼까요?"

헤아리스는 다음과 같이 그림을 그렸다.

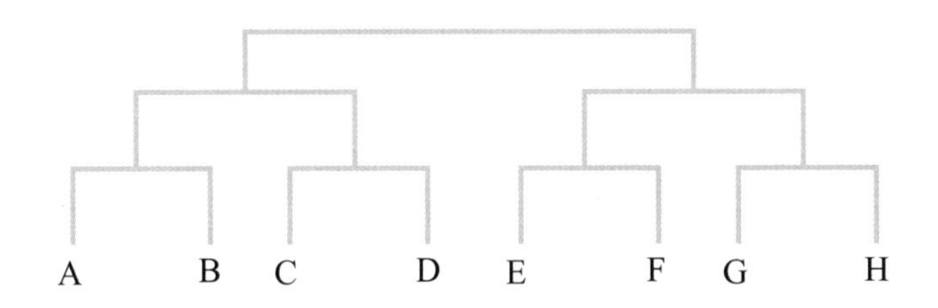

우리는 8팀일 때의 경기 수를 헤아려 보았다. 첫 경기는 4경기였다. 그리고 첫 경기에서 이긴 팀끼리 경기를 치르게 되므로 다시 2경기가 필요했다. 그리고 두 번째 경기에서 이긴 팀끼리 결승전을 치러야 하므로 1경기가 필요했다. 그러므로 전체 경기 수는 $4+2+1=7$(경기)이 필요했다. 우리는 그다음으로 16팀이 토너먼트를 벌이는 경우를 그려 보았다.

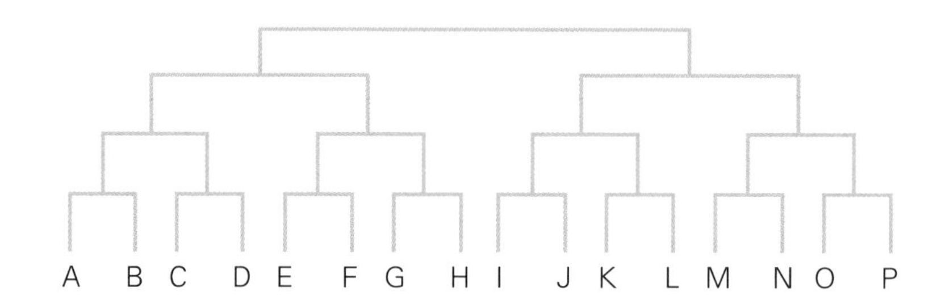

모두 16팀이므로 첫 번째 경기는 8경기를 치러야 했다. 이때 이긴 팀의 수가 8팀이므로 두 번째 경기는 4경기를 치러야 하고, 그 경기에서 이긴 팀이 4팀이므로 세 번째 경기는 2경기, 그리고 마지막으로 결승전에 오른 두 팀이 한 경기를 치르면 되었다.

그러므로 이때 총 경기 수는 8+4+2+1=15(경기)가 되었다.

우리는 토너먼트 방식으로 경기를 치를 때 팀 수와 경기 수 사이의 관계를 정리해 보았다.

팀 수	경기 수
4	3
8	7
16	15

"규칙이 나오겠는데."

왕이 흐뭇한 표정을 지으며 경기 수를 다음과 같이 고쳐 썼다.

팀 수	경기 수
4	4−1

8	8−1
16	16−1

우리는 모두 기뻐했다. 토너먼트 방식으로 경기를 할 때 필요한 경기 수에 대한 일반 공식이 나왔기 때문이었다. 최종 정리는 헤아리스의 몫이었다.

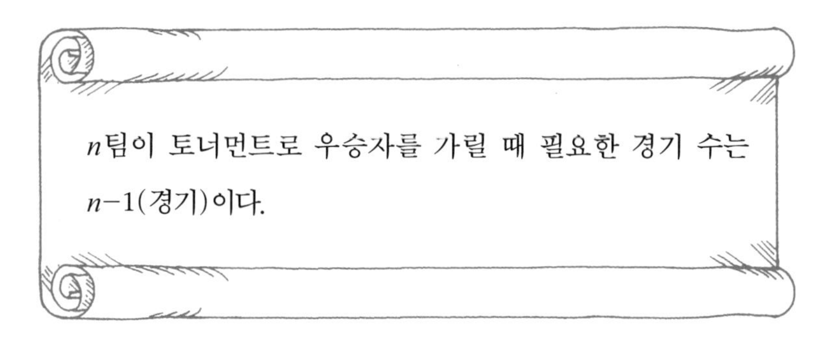

이렇게 일반화된 공식이 나오는 것을 우리는 반겼다. 일반화된 공식은 팀 수가 어떻게 주어져도 필요한 경기 수를 쉽게 알 수 있게 해 주기 때문이었다.

n팀이 풀리그로 우승자를 가릴 때

"이제 풀리그 방식이 남았군. 이건 어떻게 경기를 치르는 거지?"

왕이 고민스러운 표정으로 헤아리스에게 물었다.

"풀리그 방식은 모든 팀들이 다른 팀들과 반드시 한 번씩 경기를 하는 방식이에요. 이렇게 한 후, 가장 성적이 좋은 팀이 우승하는 것이지요. 모든 경기를 나열해 보면 다음과 같아요."

스포츠광인 헤아리스가 설명했다.

A : B

A : C

A : D

B : C

B : D

C : D

"모두 6경기가 필요하군요."

헤아리스가 간단하게 말했다.

"이상한데……. 시합이란 두 팀이 하는 거잖아? 그럼 4팀에서 2팀을 뽑아 일렬로 세우는 경우의 수는 ${}_4P_2 = 12$(가지)가 되잖아? 그런데 왜 6경기밖에 안 나오는 거지?"

왕이 의아해했다.

"경기 수를 구할 때는 일렬로 배열할 필요가 없는 것 같아요."

놀리스 교수가 끼어들었다.

"그건 왜지?"

왕이 고개를 돌려 놀리스 교수를 보며 물었다.

"A가 B와 경기를 치르는 것이나 B가 A와 경기를 치르는 것이나 같은 이야기잖아요. 그러니까 A, B, C, D에서 두 팀을 뽑기만 하는 경우의 수를 구하면 그것이 바로 네 팀이 풀리그 방식으로 경기를 치를 때 필요한 경기 수가 돼요."

놀리스 교수가 침착하게 설명했다.

"우리가 전에 만든 순열 이론은 뽑아서 일렬로 세우는 경우의 수를 구하는 것이었잖아? 그러면 뽑기만 하는 경우의 수를 구하는 기호도 필요하겠군."

왕이 신이 난 표정으로 말했다. 왕은 새로운 기호에 대한 기대감에 들떠 있었다.

"우선 뽑기만 하는 경우를 순열과 구별하기 위해 조합이라고 부르지요."

헤아리스가 새로운 용어를 만들었다.

우리는 조합의 수를 구하는 일반적인 공식에 도전했다. 우선 세 개의 수 1, 2, 3으로 시작했다. 여기서 한 개의 수를 뽑는 경우는 다음과 같았다.

1　2　3

즉, 한 개를 뽑는 경우의 수는 뽑아서 일렬로 배열하는 경우와 일치했다. 이번에는 두 개를 뽑기만 하는 경우를 나열해 보았다.

1　2
1　3
2　3

모두 3가지였다. 우리는 뽑아서 일렬로 배열하는 경우를 모두 써 보았다.

1 2

1 3

2 1

2 3

3 1

3 2

모두 여섯 가지였다. 물론 이것은 우리가 만든 순열 기호를 이용하면 ${}_3P_2 = 6$(가지)으로 나타낼 수 있었다. 놀리스 교수는 6가지를 다음과 같이 다시 썼다.

1 2　　2 1

1 3　　3 1

2 3　　3 2

"뽑기만 하는 경우에는 1, 2 와 2, 1이 같은 경우를 나타내니까 경우의 수가 절반으로 줄어드는군. 그렇다면 순열의 수를 2로 나누면 조합의 수가 나오겠는데……."

왕이 성급하게 결론을 내렸다. 우리는 3개를 뽑는 경우를 나열해 보았다. 3개를 뽑는 경우는 다음과 같이 한 경우였다.

1 2 3

우리는 3개를 뽑아서 일렬로 세우는 경우를 모두 나열했다.

1 2 3

1 3 2

2 1 3

2 3 1

3 1 2

3 2 1

모두 여섯 가지였다. 물론 이것은 순열 기호로 나타내면 ${}_3P_3=6$(가지)였다.

"3개를 뽑아 일렬로 세우는 순열의 수는 6가지이고 3개를 뽑기만 하는 조합의 수는 1가지예요. 이때는 순열의 수를 2로 나눈 것이 조합의 수가 되지 않는데요?"

헤아리스가 왕의 눈치를 살피면서 조심스럽게 말했다. 왕은 자신이 발견한 공식이 옳지 않음을 인정한 듯 고개를 떨어뜨린 채 아무 말도 하지 않았다.

우리는 일반적인 공식을 찾기 위해 대상이 4개인 경우도 따져 보았다. 4개의 수 1, 2, 3, 4가 그것이었다.

먼저 1개를 뽑는 경우는,

1　2　3　4

이므로 4가지였다.

2개를 뽑기만 하는 경우는 다음과 같았다.

1 2　1 3　1 4

2 3　2 4

3 4

모두 6가지였다.

"4개에서 2개를 뽑아 일렬로 세우는 경우의 수는 $_4P_2 = 12$이고, 뽑기만 하는 경우는 6가지이니까 12를 2로 나누면 되잖아."

왕은 자신의 공식이 다시 맞아떨어지자 어깨를 으쓱거리며 말했다.

"하지만 3개를 뽑기만 하는 경우도 따져 보아야 합니다."

헤아리스가 왕의 눈치를 살피며 조심스럽게 말했다. 3개를 뽑기만 하는 경우는 다음과 같았다.

1 2 3

1 2 4

1 3 4

2 3 4

모두 4가지였다.

"이번에는 왕의 공식이 성립되지 않는군요. 4개에서 3개를 뽑아 일렬로 세우는 경우의 수는 ${}_4P_3=24$인데 이것을 2로 나누면 12가 되잖아요? 하지만 3개를 뽑기만 하는 경우는 4가지예요."

놀리스 교수가 말했다.

"가만, 24를 6으로 나누면 4가 나와요."

가만히 있던 내가 끼어들었다.

우리는 다시 4개를 뽑는 경우를 써 보았다. 그것은 물론 다음과 같이 1가지뿐이었다.

1 2 3 4

4개를 뽑아 일렬로 세우는 방법은 $4!=24$(가지)인데 뽑기만 하는 경우는 1가지뿐이었다.

우리는 지금까지의 결과를 정리해 보기로 했다.

전체 개수	선택된 개수	뽑아서 일렬로 배열하는 경우의 수	뽑기만 하는 경우의 수
3	1	3	3
3	2	6	3
3	3	6	1
4	1	4	4
4	2	12	6
4	3	24	4
4	4	24	1

아무리 표를 들여다보아도 뽑아서 일렬로 배열하는 경우의 수와 뽑기만 하는 경우의 수 사이에는 관계가 있을 것처럼 보이지 않았다.

우리는 헤아리스의 제안에 따라 뽑기만 하는 경우의 수를 다음과 같이 고쳐 썼다.

전체 개수	선택된 개수	뽑아서 일렬로 배열하는 경우의 수	뽑기만 하는 경우의 수
3	1	3	$\frac{3}{1}$
3	2	6	$\frac{6}{2}$
3	3	6	$\frac{6}{6}$
4	1	4	$\frac{4}{1}$
4	2	12	$\frac{12}{2}$
4	3	24	$\frac{24}{6}$
4	4	24	$\frac{24}{24}$

전체 개수가 3개인 경우는 분모가 1, 2, 6으로 변했고 전체 개수가 4개인 경우는 분모가 1, 2, 6, 24로 변했다. 수들의 나열에 어떤 규칙이 있을 것 같아 보이지 않았다. 하지만 잠시 후 놀리스 교수는 무언가를 알아낸 듯 미소를 지으며 분모를 팩토리얼 기호를 이용하여 다음과 같이 나타냈다.

전체 개수	선택된 개수	뽑아서 일렬로 배열하는 경우의 수	뽑기만 하는 경우의 수
3	1	3	$\frac{3}{1!}$
3	2	6	$\frac{6}{2!}$
3	3	6	$\frac{6}{3!}$
4	1	4	$\frac{4}{1!}$
4	2	12	$\frac{12}{2!}$
4	3	24	$\frac{24}{3!}$
4	4	24	$\frac{24}{4!}$

"그레이트! 규칙이 나왔어. 선택된 개수의 팩토리얼로 나누어 주면 되잖아?"

왕이 탄성을 질렀다.

놀리스 교수는 마지막으로 다음과 같이 고쳐 썼다.

전체 개수	선택된 개수	뽑아서 일렬로 배열하는 경우의 수	뽑기만 하는 경우의 수
3	1	${}_3P_1$	$\frac{{}_3P_1}{1!}$
3	2	${}_3P_2$	$\frac{{}_3P_2}{2!}$

3	3	${}_3\mathrm{P}_3$	$\frac{{}_3\mathrm{P}_3}{3!}$
4	1	${}_4\mathrm{P}_1$	$\frac{{}_4\mathrm{P}_1}{1!}$
4	2	${}_4\mathrm{P}_2$	$\frac{{}_4\mathrm{P}_2}{2!}$
4	3	${}_4\mathrm{P}_3$	$\frac{{}_4\mathrm{P}_3}{3!}$
4	4	${}_4\mathrm{P}_4$	$\frac{{}_4\mathrm{P}_4}{4!}$

완벽한 규칙이 탄생했다. 우리는 이 표를 토대로 일반적인 규칙을 찾아냈다.

서로 다른 n개에서 순서를 따지지 않고 r개를 뽑는 경우의 수는 $\frac{{}_n\mathrm{P}_r}{r!}$가 되었다.

우리는 n개에서 순서를 따지지 않고 r개를 뽑는 경우의 수를 조합이라고 하고 이때 조합의 수를 ${}_n\mathrm{C}_r$로 나타내기로 했다.

그러므로 n개에서 r개를 뽑는 조합의 수 ${}_n\mathrm{C}_r$은 $\frac{{}_n\mathrm{P}_r}{r!}$이 되었다. 우리는 이것을 왕의 수정 공식이라고 불렀다. 처음 아이디어를 낸 사람이 왕이었기 때문이었다. 왕은 이 이름에 흡족해했다.

조합의 수를 구하는 공식은 ${}_n\mathrm{P}_r$을 풀어서 쓰면 다음과 같이 쓸 수도 있었다.

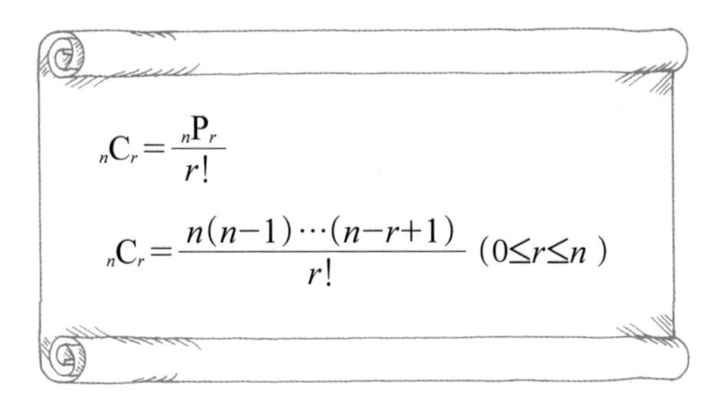

"이제 뽑기만 할 때의 경우의 수를 완벽하게 구할 수 있어요. 예를 들어 5개에서 2개를 뽑기만 하는 조합의 수는 $_{5}C_{2}=\frac{_{5}P_{2}}{2!}=\frac{5\times4}{2!}=10$(가지)예요."

헤아리스가 흐뭇한 표정으로 말했다.

"가만, 조합의 수를 나타내는 공식을 팩토리얼만으로 나타낼 수 있을 것 같아요."

놀리스 교수는 헤아리스가 쓴 것을 다음과 같이 고쳐 썼다.

$$_{5}C_{2}=\frac{5\times4\times3\times2\times1}{2!\times3\times2\times1}$$

"뭐야? 분모, 분자에 똑같이 $3\times2\times1$을 곱했잖아."

왕이 관심 없는 투로 말했다.

"$3\times2\times1=3!$이고 $5\times4\times3\times2\times1=5!$이니까 $_{5}C_{2}=\frac{5!}{2!3!}$이 돼요."

놀리스 교수의 말에 모두들 눈이 휘둥그레졌다. 지난번 공식보다 아름다웠기 때문이다.

"3!은 어디에서 나온 거지?"

왕이 호기심 어린 표정으로 물었다.

우리는 다른 몇 가지에 대해 똑같은 방법으로 계산해 보았다.

$$ {}_6C_2 = \frac{6\times5\times4\times3\times2\times1}{2!\times4\times3\times2\times1} = \frac{6!}{2!4!} $$

$$ {}_7C_3 = \frac{7\times6\times5\times4\times3\times2\times1}{3!\times4\times3\times2\times1} = \frac{7!}{3!4!} $$

$$ {}_8C_5 = \frac{8\times7\times6\times5\times4\times3\times2\times1}{5!\times3\times2\times1} = \frac{8!}{5!3!} $$

"가만 $6=2+4$, $7=3+4$, $8=5+3$이 되는데……."

왕이 소리쳤다.

"바꿔 말하면, $4=6-2$, $4=7-3$, $3=8-5$가 되는군요."

놀리스 교수가 다음과 같이 고쳐 썼다.

$$ {}_6C_2 = \frac{6!}{2!(6-2)!} $$

$$ {}_7C_3 = \frac{7!}{3!(7-3)!} $$

$$ {}_8C_5 = \frac{8!}{5!(8-5)!} $$

우리는 새로운 조합의 공식을 얻었다. 그 결과는 다음과 같았다.

$${}_{n}C_{r}=\frac{n!}{r!(n-r)!}$$

이 공식에 대한 증명은 놀리스 교수가 맡았다.

교수는 ${}_{n}C_{r}=\frac{n(n-1)\cdots(n-r+1)}{r!}$의 우변의 분자와 분모에 똑같이 $(n-r)!$을 곱해 주었다. 그 결과 ${}_{n}C_{r}=\frac{n(n-1)\cdots(n-r+1)(n-r)!}{r!(n-r)!}$이 되었고, 분자는 $n!$과 같아져 ${}_{n}C_{r}=\frac{n!}{r!(n-r)!}$이 되는 것이었다.

우리는 이 공식에 따라 몇 개를 계산해 보았다.

$${}_{5}C_{1}=\frac{5!}{1!4!}=5$$

$${}_{5}C_{2}=\frac{5!}{2!3!}=10$$

$${}_{5}C_{3}=\frac{5!}{3!2!}=10$$

$${}_{5}C_{4}=\frac{5!}{4!1!}=5$$

$${}_{5}C_{5}=\frac{5!}{5!0!}=1$$

"가만 ${}_{5}C_{0}$은 왜 없지?"

왕이 물었다.

그러자 헤아리스가 조합의 수의 공식에서 $n=5$와 $r=0$를 대입했다.

$$ {}_5C_0 = \frac{5!}{0!(5-0)!} = \frac{5!}{0!5!} = 1 $$

왕은 이제야 만족한 듯 고개를 끄덕거렸다.

"조합의 수에 재미있는 성질이 있어요."

놀리스 교수가 소리쳤다.

"무슨 성질이 있다는 거지?"

왕은 나열된 조합 수의 공식을 유심히 바라보았지만 새로운 성질을 찾을 수 없었다. 그러자 놀리스 교수는 다음과 같이 두 개씩 짝을 지어 표시했다.

$$ {}_5C_0 = \frac{5!}{0!5!} = 1 \quad {}_5C_5 = \frac{5!}{5!0!} = 1 $$

$$ {}_5C_1 = \frac{5!}{1!4!} = 5 \quad {}_5C_4 = \frac{5!}{4!1!} = 5 $$

$$ {}_5C_2 = \frac{5!}{2!3!} = 10 \quad {}_5C_3 = \frac{5!}{3!2!} = 10 $$

같은 줄에 있는 조합의 수들은 모두 같은 값을 나타냈다.

"각각의 줄에서 r의 값을 보세요. 첫째 줄에서는 0과 5, 둘째 줄에서는 1과 4, 셋째 줄에서는 2와 3이지요? 이것을 다음과 같이 쓸 수도 있어요.

0과 $5-0$

1과 $5-1$

2와 $5-2$

그러니까 $_5C_r = {_5C_{5-r}}$이 성립해요."

놀리스 교수가 말했다. 모두 놀란 눈으로 다시 수식을 들여다보았다. 교수의 말은 정확했다. 우리는 $n=6$인 경우와 $n=7$인 경우에도 몇 개를 체크해 보았다.

$$_6C_2 = \frac{6!}{2!4!} = 15 \quad {_6C_4} = \frac{6!}{4!2!} = 15$$

$$_7C_3 = \frac{7!}{3!4!} = 35 \quad {_7C_4} = \frac{7!}{4!3!} = 35$$

교수가 발견한 성질은 일반적으로 모든 n에 대해 성립하는 게 틀림없었다. 우리는 이 성질을 놀리스 성질이라고 부르기로 했다. 정리는 헤아리스가 맡아서 했다.

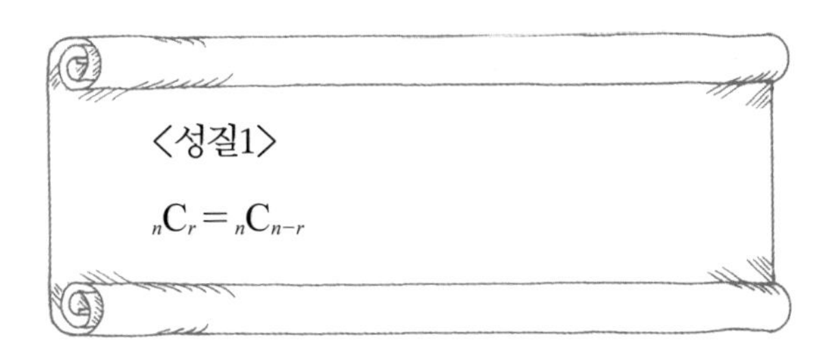

"왜 이런 성질이 있는 거지?"

왕이 〈성질1〉의 의미에 대해 호기심을 보였다.

"예를 들어 영심이, 하니, 길동이 중 2명은 당번으로 남고 1명은 집에 간다고 해 보죠. 이런 경우의 수는 3명 중 2명을 당번으로 뽑는 방법의 수나 3명 중 1명을 집에 가는 사람으로 뽑는 방법의 수나 같지요? 그래서 〈성질1〉이 항상 성립하는 것입니다."

놀리스 교수가 똑 부러지게 설명하자 왕은 고개를 끄덕였다.

우리는 임의의 n에 대해 다음 관계가 성립한다는 것도 알아냈다.

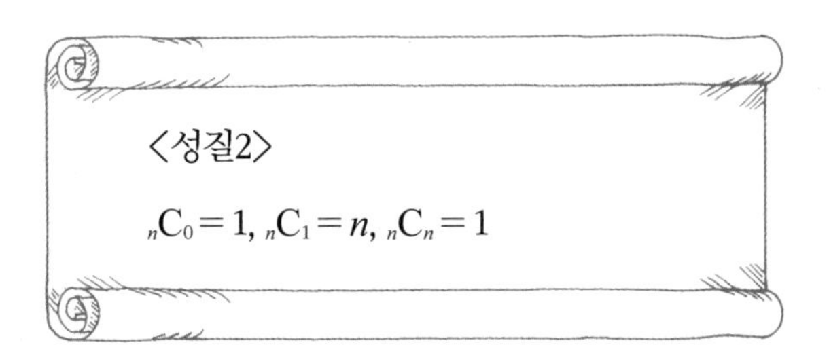

우리는 오전 내내 조합 공식을 가지고 놀았다. 그러던 중 뜻하지 않게 놀라운 성질을 발견했다.

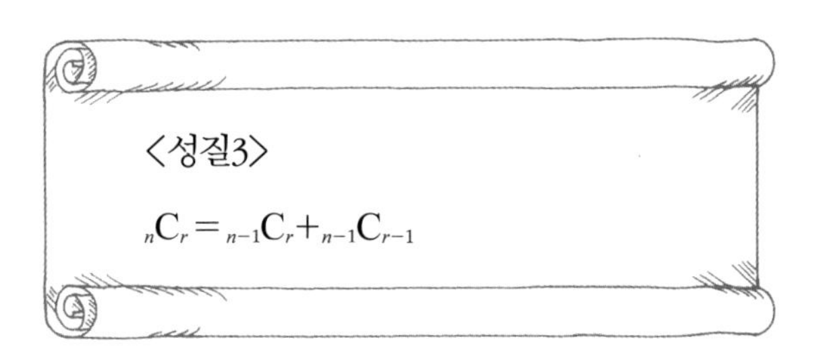

우리는 몇 개의 n과 r에 대해 이 공식이 성립하는지 여부를 확인해 보았다.

$${}_6C_2={}_5C_2+{}_5C_1$$

$${}_7C_3={}_6C_3+{}_6C_2$$

$${}_8C_4={}_7C_4+{}_7C_3$$

도저히 믿어지지 않는 성질이었다.

"${}_nC_r$은 n개 중에서 r개를 뽑는 조합의 수이군. ${}_{n-1}C_r$은 $(n-1)$개 중에서 r개를 뽑는 조합의 수이고 ${}_{n-1}C_{r-1}$은 $(n-1)$개 중에서 $(r-1)$개를 뽑는 조합의 수가 되는군. 그런데 왜 n개 중에서 r개를 뽑는 조합의 수가 $(n-1)$개 중에서 r개를 뽑는 조합의 수와 $(n-1)$개 중에서 $(r-1)$개를 뽑는 조합의 수의 합과 같은 거지? 혹시 우연히 어떤 n, r에 대해서 성립하는 게 아닌가?"

왕은 〈성질3〉에 대해 회의적이었다.

"우연히 〈성질3〉을 찾아내고 왜 이 성질이 성립해야 하는지를 알아냈어요. 예를 들어 $n=5$이고 $r=2$인 경우를 생각해 보죠. 이때 〈성질 3〉은 ${}_5C_2={}_4C_2+{}_4C_1$이 되지요. 5명의 학생 길동이, 호동이, 영심이, 하니, 진구 중 2명이 청소 당번이 되는 경우를 생각해 보죠. 이 중에서 2명을 당번으로 결정하는 방법의 수는 ${}_5C_2$예요. 이것을 하니를 기준으로 생각해 보죠. 그러면 다음과 같이 두 경우로 나눌 수 있어요.

1) 하니가 당번이다.

2) 하니는 당번이 아니다.

1) 하니가 당번이면 이제 하니를 제외한 4명 중에서 1명의 당번을 뽑으면 되고 그 경우의 수는 ${}_4C_1$가지예요.

2) 하니가 당번이 아니면 하니를 제외한 4명 중에서 2명의 당번을 뽑으면 되고 그 경우의 수는 ${}_4C_2$가지예요.

따라서 전체 경우의 수는 합의 법칙에 의해 ${}_4C_1+{}_4C_2$(가지)가 되지요. 그러니까 ${}_5C_2={}_4C_2+{}_4C_1$가 성립하는 것이지요."

놀리스 교수가 긴 설명을 마쳤다. 왕은 흐뭇한 미소를 지으며 박수를 쳤다. 조합의 수를 구하는 새로운 기호는 우리에게 많은 것을 알려 주었다.

n명의 사람이 서로 악수를 하는 방법은 n명 중에서 악수를 하는 두 사람을 뽑으면 되니까 ${}_nC_2$로 계산하면 되었다.

우리는 다시 원래 문제로 돌아왔다. 이제 새로운 기호를 이용하면 16개 팀이 풀리그를 벌일 때 치러야 하는 경기 수를 알 수 있었다. 그것은 16개 팀에서 2팀을 뽑는 모든 경우의 수를 구하면 되므로, ${}_{16}C_2=\dfrac{16!}{2!14!}=120$(경기)였다.

"뭐야? 120경기나 치러야 한다고? 토너먼트 방식으로 하면 15경기만 치르면 되잖아? 너무 경기 수가 많은 거 아니야?"

왕이 눈썹을 치켜세우며 계속 말했다.

"하루에 몇 경기를 치를 수 있지?"

"보통 3경기를 치를 수 있습니다."

헤아리스가 대답했다.

"그럼 40일이나 걸리잖아. 40일씩이나 경기를 치르면 사람들이 지겨워할 텐데……."

왕이 고민 섞인 목소리로 말했다.

"풀리그와 토너먼트를 함께 하면 어떨까요?"

놀리스 교수가 제안했다.

"어떻게?"

왕이 호기심을 보였다.

"16팀을 4개의 조로 편성하는 거예요. 각 조는 풀리그 방식으로 경기를 치러 1위 팀과 2위 팀이 8강전에 진출하는 거죠. 그리고 8팀이 토너먼트 방식으로 우승자를 가리는 거예요. 한 조에는 4팀이 있으니까 4팀이 풀리그 방식으로 경기를 할 때 경기 수는 ${}_4C_2=6$(경기)이 되지요. 4개의 조가 있으니까 예선 풀리그의 경기 수는 $6\times4=24$(경기)가 되고, 8팀이 토너먼트 방식으로 우승자를 가릴 때 경기 수는 $8-1=7$(경기)이니까 총 경기 수는 31경기가 되지요."

놀리스 교수가 설명했다.

"31경기면 11일이면 모두 끝마칠 수 있겠군. 그래, 좋은 생각이야."

왕이 흐뭇한 표정을 지었다.

빅발스 수상은 우리가 만든 제도에 흡족해했다. 며칠 후 이 나라에서는 16개 부족의 축구 대회가 열렸다. 4팀씩 4개 조로 나뉜 후 상위 두 팀이 8강에 진출하는 방식이었다. 발크족은 예선 풀리그 세 경기를 모두 이겨 8강에 진출, 8강전, 4강전, 준결승전까지 파죽지세로 승리했다. 결승전은 발크족과 롱레그족의 대결이었다. 발크족 선수들은 발은 크지만 키가 아주 작았다. 반면 롱레그족은 키가 월등히 컸다. 전반에 헤딩슛으로 세 골을 먹은 발크족은 우승의 꿈이 무너지는 듯했다. 그리고 후반전이 시작되었다. 발크 수상이 후반 시작 1분 만에 중거리 슛으로 만회 골을 성공시켰다. 키가 작은 발크족은 다리가 긴 롱레그족의 두 다리 사이로 패스를 하기 시작하더니 순식간에 동점을 만들었다. 그리고 종료 1초 전 빅발스 수상이 롱레그족의 수비수 다리 사이로 밀어 넣은 슛이 골키퍼의 두 다리 사이를 관통하면서 4 : 3으로 발크족이 우승했다. 축구 구경을 마친 후, 우리는 빅발스 수상이 마련해 준 숙소에서 잠시 휴식을 취했다. 하지만 신기한 조합 공식에 대한 문제를 더 풀어 보고 싶은 것이 우리 모두의 공통된 생각이었다.

"조합 공식을 이용하는 문제를 좀 더 풀어 봐야겠어. 누구든 문제를 내 봐. 제일 좋은 문제를 내는 사람에게는 특별 포상금이 지급될 테니까."

연습 벌레인 왕이 먼저 제안했다.

먼저 헤아리스가 문제를 냈다.

"남자 3명과 여자 4명이 있어요. 남자 중에서 2명을 뽑고 여자 중에서 1명을 뽑는 방법은 몇 가지일까요?"

"너무 쉬운 문제군. 남자는 3명인데 그중에서 2명을 뽑는 방법은 ${}_3C_2=3$(가지)이고 여자는 4명인데 그중에서 한 명을 뽑는 방법은 ${}_4C_1=4$(가지)이니까 구하는 경우의 수는 $3\times4=12$(가지)가 되는군. 문제가 너무 쉬워. 이 정도의 문제로 포상금을 받을 순 없을 텐데……."

왕은 혀를 끌끌 차며 말했다. 왕은 수준이 높은 문제를 원했다. 모두들 왕의 마음에 드는 문제를 만들기 위해 잠시 동안 고민했다. 이윽고 놀리스 교수가 엄지손가락과 가운뎃손가락을 퉁기며 말했다.

"이번 문제는 마음에 드실 겁니다. 남자 3명과 여자 4명이 있어요. 3명의 당번을 뽑을 때 적어도 여자가 1명 포함되는 경우의 수는 얼마일까요?"

"'적어도'에 대해서는 전에 순열에서 완벽하게 이해했잖아? 그러니까 (적어도 여자 한 명을 뽑는 경우의 수)=(3명을 뽑는 전체 경우의 수)−(모두 남자를 뽑는 경우의 수)가 되지. 아무 조건 없이 3명을 뽑는 방법은 ${}_7C_3=35$(가지)이고, 모두 남자를 뽑는 경우는 남자 3명 중에서 3명의 당번을 뽑는 경우의 수이니까 ${}_3C_3=1$(가지)이 돼. 그러니까 적어도 여자 한 명을 뽑는 방법의 수는 $35-1=34$(가지)가 돼."

왕은 못마땅한 표정을 지었다. 이번 문제도 왕에게는 너무 쉬웠기 때문이었다. 왕은 나를 쳐다보았다. 나에게 문제를 내 보라는 신호였다. 마지못해 나는 생각해 두었던 문제를 발표했다.

"남자 3명, 여자 4명이 있다고 하죠. 여기서 3명의 당번을 뽑는다고 해 보죠. 이때 특정한 두 명이 반드시 포함되는 경우의 수는 얼마일까요?"

"특정한 두 명이 반드시 포함?"

어휘력이 짧은 왕이 고개를 절레절레 흔들었다. 왕은 수학은 잘하지만 언어 능력에는 문제가 있었다. 수학에 미쳐 문학 작품을 하나도 읽지 않았기 때문이었다.

잠시 침묵이 흘렀다. 모두들 답을 모른다는 표정이었다.

"도저히 모르겠어. 새로운 유형의 문제인 거 같아."

왕이 기운 없는 표정으로 말했다.

"간단해요. 전체는 7명인데 특정한 2명이 당번에 반드시 포함되면 이제 남은 5명 중에서 당번 한 명을 결정하면 돼요. 5명 중에서 1명의 당번을 결정하는 방법은 ${}_5C_1=5$(가지)이니까 구하는 경우의 수는 5가지예요."

내가 간략하게 설명했다.

“간단한 문제였군. 하지만 문제가 신선해.”

왕은 나를 향해 엄지손가락을 들어 올렸다. 놀리스 교수와 헤아리스가 부러운 눈으로 나를 바라보았다.

바이스의 공격–크고 작은 사각형

갑자기 방 안에 어둠이 밀려왔다. 우리는 바이스의 공격이 시작되었음을 직감했다. 여러 번의 경험으로부터 터득한 감이었다. 예상대로였다. 잠시 후 우리는 주위가 뻥 뚫려 있는 들판 한복판에 있었다. 우리 주위에는 동그란 줄이 에워싸고 있었다. 하지만 줄은 바닥에 널브러져 있어 쉽게 밖으로 빠져나갈 수 있을 것처럼 보였다.

“뭐야? 이번에는 갇힌 게 아니잖아? 바이스의 마법도 다되었나 보군.”

왕이 마법사 헤아리스를 흘깃 보며 말했다.

헤아리스는 조심스러운 걸음으로 줄에 다가갔다. 그리고 한 발을 줄 밖으로 내미는 순간 “으악!” 하며 비명을 질렀다. 되돌아온 헤아리스는 머리가 번개 머리처럼 위로 치솟아 있었다.

“강한 전기가 흐르고 있어요. 원 밖으로 나가는 것은 불가능해요.”

헤아리스가 울먹거렸다.

모두들 공포에 질린 얼굴로 서로를 바라보았다.

잠시 후 공중에서 조그만 종이쪽지 한 장이 팔랑거리며 내려왔다. 놀리스 교수가 잽싸게 종이쪽지를 낚아챘다. 쪽지에는 예상대로 수학 문제가 쓰여 있었다.

다음 그림에서 크고 작은 사각형이 모두 몇 개인지 헤아려라. 시간은 한 시간이다. 단, 정답은 한 번만 말할 수 있다.

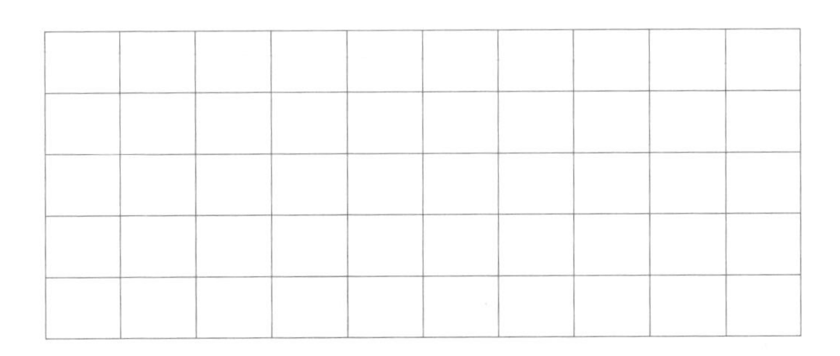

—『확률과 통계』의 완성을 싫어하는 바이스

잠시 후 공중에서 모래시계가 떨어졌다. 미처 피하지 못한 왕의 머리에 정통으로 부딪친 모래시계는 바닥에 똑바로 세워지더니 위쪽의 모래가 아래쪽으로 떨어지기 시작했다. 모래의 양으로 보아 한 시간 정도면 모래가 아래로 모두 떨어질 것 같았다.

"헤아리스, 빨리 헤아려 봐."

왕이 명령했다.

"가장 작은 정사각형은 50개이지만 다른 사각형 수를 헤아리다 자칫하면 빠뜨리겠어요. 원리를 찾아야 할 것 같아요."

헤아리스가 울먹거렸다.

"어떤 원리가 있다는 거야? 이건 경우의 수 문제가 아니라 도형 문제잖아."

왕이 눈꼬리를 올리고 헤아리스를 노려보며 말했다.

"어쩌면 원리를 찾을 수 있을 것 같아요."

두 사람의 감정이 격해지자, 놀리스 교수가 끼어들었다. 모두 눈을 크게 뜨고 놀리스 교수를 쳐다보았다. 놀리스 교수는 연습장에 세 개의 점을 그렸다.

그리고는 천천히 말했다.

"세 개의 점으로 만들 수 있는 서로 다른 직선의 수를 구해 보죠."

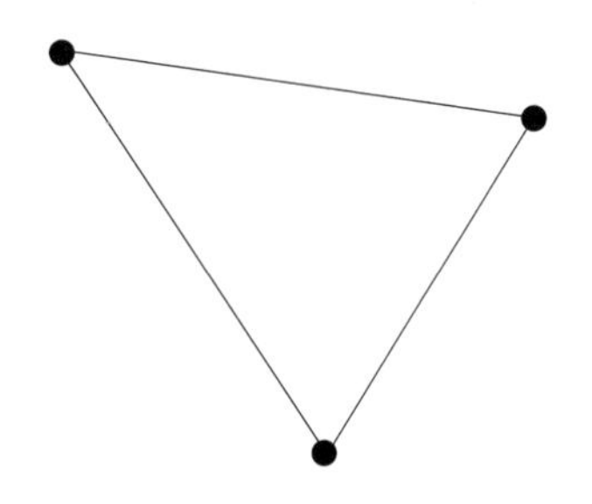

"3개잖아요."

헤아리스가 세 점을 직선으로 연결하며 말했다.

"맞아요. 세 점을 1, 2, 3으로 나타내 봐요."

놀리스 교수는 세 개의 점 옆에 1, 2, 3을 쓰고 세 개의 직선을 빨강, 노랑, 파랑으로 바꾸었다.

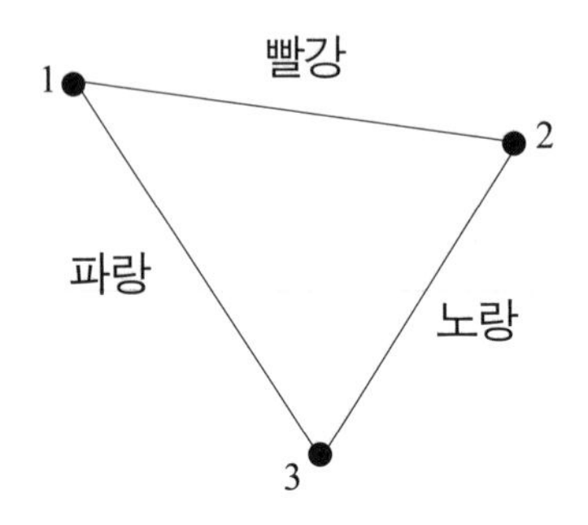

"빨간 직선은 점1과 점2를 택한 경우이고, 노란 직선은 점2와 점3을 택한 경우이고, 파란 직선은 점1과 점3을 택한 경우이지요. 이렇게 세 개의 점에서 2개의 점을 택하는 경우의 수가 세 점으로 만들 수 있는 서로 다른 직선의 수가 돼요. 이 경우 3개의 점에서 2개를 택하는 방법은 ${}_3C_2=3$(가지)이므로 직선의 수는 3개가 되지요."

놀리스 교수가 엄숙한 표정으로 말했다.

우리는 점이 4개인 경우도 테스트해 보았다.

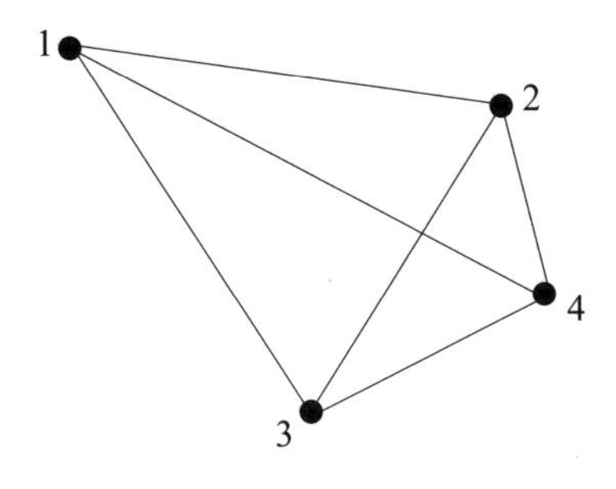

모두 6개의 직선이 만들어졌다. 물론 이 경우도 4개의 점에서 2개의 점을 택하는 경우의 수가 ${}_4C_2=6$(가지)이기 때문이었다.

그리하여 우리는 일반적으로 n개의 점이 있을 때 가능한 직선의 개수에 대한 공식을 얻을 수 있었다. 정리는 헤아리스가 맡았다.

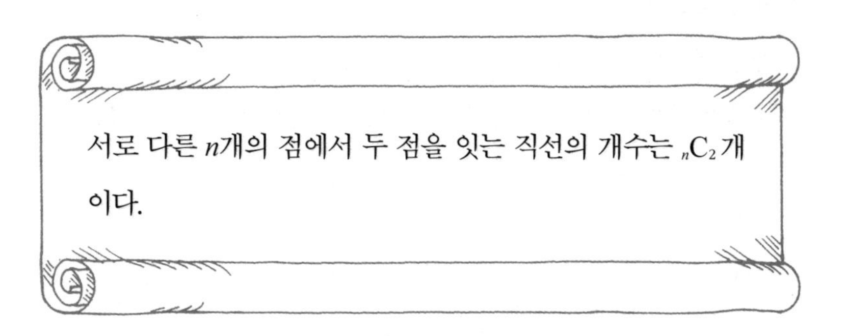

서로 다른 n개의 점에서 두 점을 잇는 직선의 개수는 $_nC_2$개이다.

그러자 왕이 갑자기 다음과 같이 그림을 그렸다.

"세 점이 일직선을 이룰 때는 직선이 한 개만 만들어지잖아?"

왕이 따지듯이 말했다.

"그렇네요."

놀리스 교수가 수긍했다. 결국 왕의 지적에 따라 우리는 공식을 다음과 같이 수정했다.

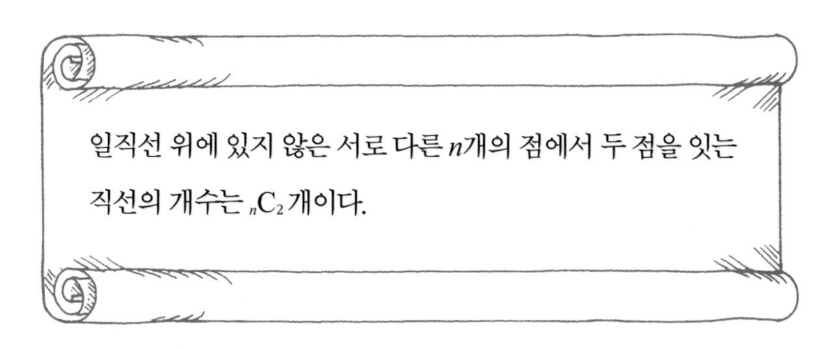

일직선 위에 있지 않은 서로 다른 n개의 점에서 두 점을 잇는 직선의 개수는 $_nC_2$개이다.

"기하 문제에도 조합 기호가 사용되는군. 좋아. 그럼 이번에는 삼각형에 도전해 볼까?"

왕이 재미를 붙인 듯 신이 난 목소리로 말했다.

"4개의 점으로 몇 개의 삼각형을 만들 수 있나 보죠."

놀리스 교수가 말했다.

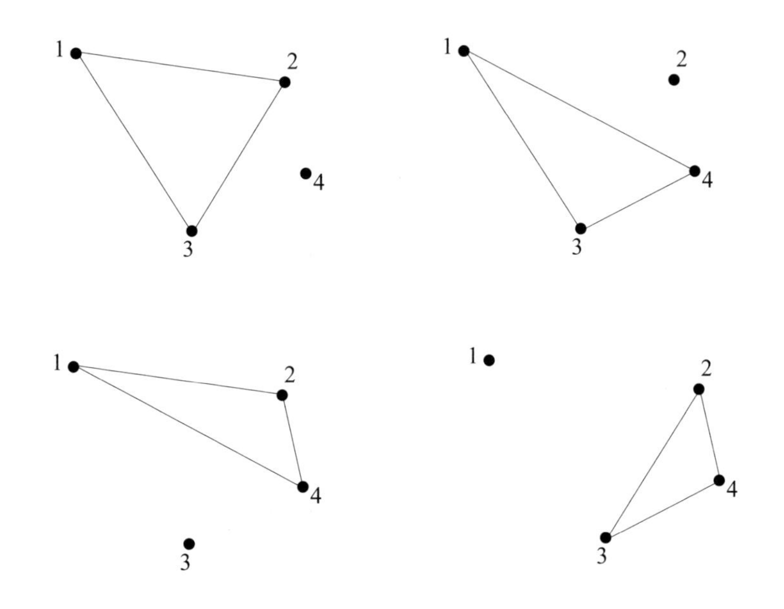

네 개의 점으로 만들 수 있는 삼각형은 모두 4개였다. 우리는 4개의 삼각형의 꼭짓점만을 써 보았다.

1 2 3

1 3 4

1 2 4

2 3 4

1, 2, 3, 4에서 3개를 뽑는 조합이었다.

"삼각형을 만들려면 세 개의 점이 필요하니까 4개의 점으로 만들 수 있는 삼각형의 수는 4개에서 3개를 뽑는 조합의 수가 돼요."

헤아리스가 결론을 내렸다.

"일직선 위에 있는 세 점은 삼각형이 안 되잖아."

왕은 일직선에 재미를 붙인 듯했다. 우리는 다음과 같은 일반적인 공식을 찾을 수 있었다.

일직선 위에 있지 않은 서로 다른 n개의 점에서 세 점으로 만드는 삼각형의 개수는 ${}_nC_3$(개)이다.

모래시계의 시간이 절반이 흘렀다. 이제 우리는 바이스가 낸 문제를 풀어야 했다. 우리는 규칙을 찾기 위해 좀 더 간단한 그림을 그려 보기로 했다.

우리는 일일이 헤아려 보기로 했다. 우선 가장 작은 사각형은 다음과 같이 6가지였다.

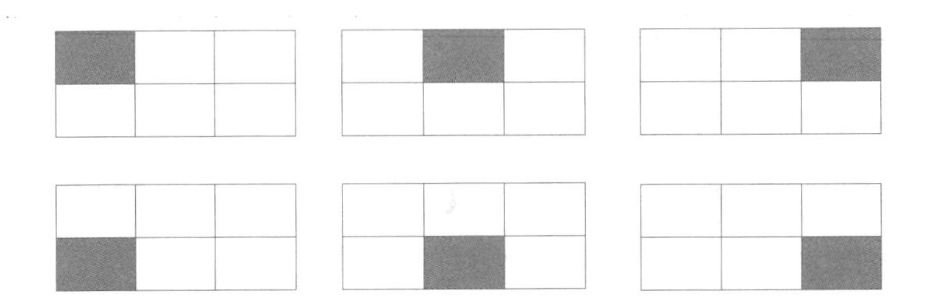

두 칸으로 이루어진 옆으로 길쭉한 사각형은 다음과 같이 4가지였다.

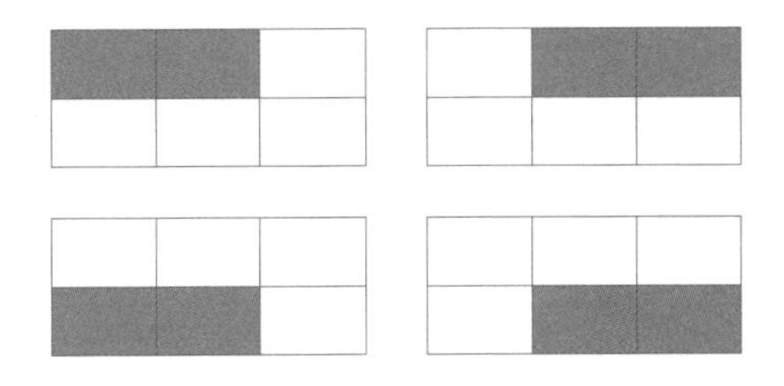

두 칸으로 이루어진 세로로 길쭉한 사각형은 다음과 같이 3가지였다.

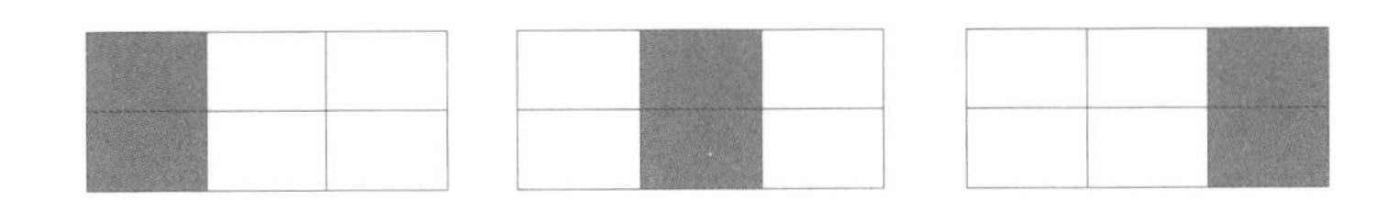

세 칸으로 이루어진 사각형은 다음과 같이 2가지였다.

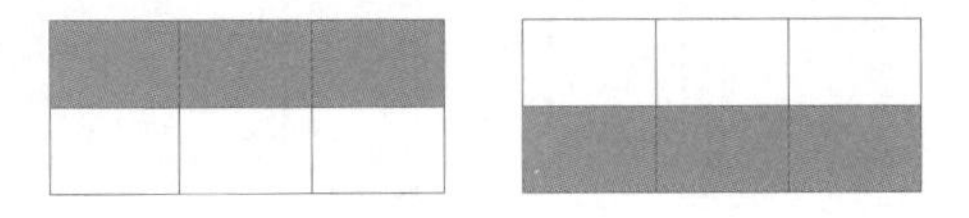

네 칸으로 이루어진 사각형은 다음과 같이 2가지였다.

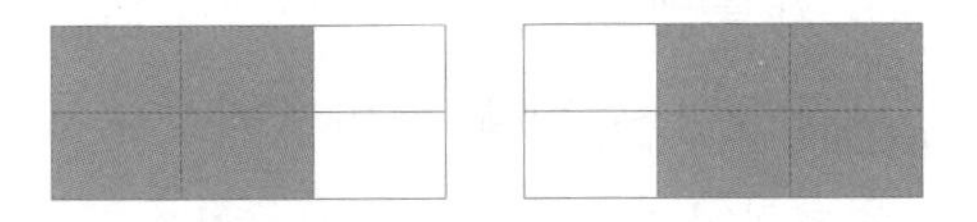

마지막으로 6칸으로 이루어진 사각형은 다음과 같이 1가지였다.

"만들 수 있는 사각형의 개수는 6+4+3+2+2+1=18(개)이 되는군요."

헤아리스가 잽싸게 사각형의 개수를 헤아렸다.

"눈으로 헤아리지 말고 원리를 찾아야지."

왕이 호통을 쳤다. 아직도 헤아리스가 못마땅한 표정이었다. 헤아리스는 입을 삐죽 내밀었다. 하지만 왕에게 더 이상 저항하지는 않았다. 그때 놀리스 교수가 조용한 목소리로 말했다.

"사각형은 두 개의 수평 직선과 두 개의 수직 직선으로 만들어져요. 그러니까 가로선을 점선으로 세로선을 직선으로 그려 보죠. 그러면 규칙이 나올지도 몰라요."

우리는 놀리스 교수의 말에 따라 선을 나타냈다.

놀리스 교수가 말을 이었다.

"점선 중에서 두 개를 택하고 직선 중에서 두 개를 택하면 사각형이 만들어져요. 예를 들어, 두 번째, 세 번째 직선과 첫 번째, 두 번째 점선을 택하면 한 칸짜리 사각형이 만들어지지요."

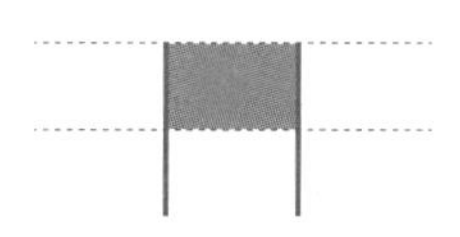

"그렇군. 그러니까 가로 선에서 2개를 뽑고 세로 선에서 2개를 뽑는 경우의 수가 만들어질 수 있는 사각형의 개수야."

왕이 너무 기뻐서 자리에서 벌떡 일어나 소리쳤다.

우리는 왕의 추측을 체크해 보았다. 가로 선은 3개이므로 이 중에서 2개의 선을 택하는 방법은 ${}_3C_2=3$(가지)이고, 세로 선은 4개이므로 이 중에서 2개의 선을 택하는 방법은 ${}_4C_2=6$(가지)이므로 만들 수 있는 사각형의 개수는 ${}_3C_2\times{}_4C_2=18$(가지)이 되었다. 이것은 헤아리스가 헤아린 사각형의 모든 개수와 일치했다. 우리는 드디어 일반적인 원리를 찾았다.

m개의 평행한 가로 줄과 n개의 평행한 세로 줄이 만날 때 생기는 사각형의 개수는 ${}_{m}C_{2} \times {}_{n}C_{2}$ 가지이다.

바이스가 낸 문제는 우리가 만든 공식으로 쉽게 해결할 수 있었다. 가로줄은 6개이고 세로줄은 11개이므로 구하는 사각형의 개수는 ${}_{11}C_{2} \times {}_{6}C_{2} = 825$(가지)가 되었다.

우리는 "825가지"라고 큰 소리로 정답을 외쳤다. 순간 우리는 인적이 없는 버스 정류장처럼 보이는 곳에 도착해 있었다. 정류장의 액정 화면에는 "10분만 기다리시오"라고 쓰인 메시지가 있었다.

그때 놀리스 교수가 새로운 제안을 했다.

"몇 개의 점이 일렬로 배열되어 있는 경우에는 삼각형이 몇 개 만들어질까요?"

"그게 무슨 말이지?"

왕이 물었다.

놀리스 교수는 다음과 같은 그림을 그렸다.

"다섯 개의 점 중에서 세 개의 점이 일직선을 이루고 있는 경우지요. 이때도 모든 직선의 수가 ${}_5C_2=10$(개)이 될까요?"

놀리스 교수가 모두에게 물었다.

"헤아려 보면 되지요."

헤아리스는 이렇게 말하더니 점과 점 사이를 선으로 연결했다.

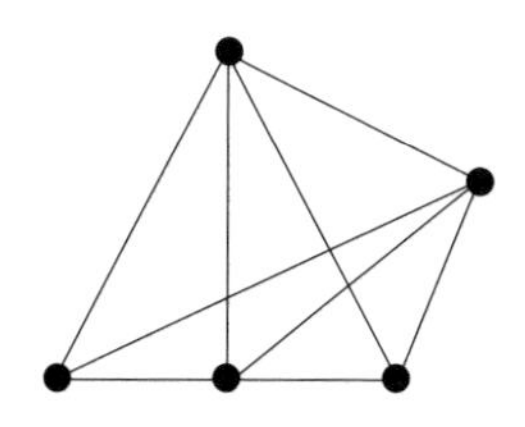

모두 8개의 직선이 만들어졌다.

"왜 2개가 줄어들었지?"

왕이 의아해했다.

"일직선을 이루는 세 점이 한 개의 직선만 만들기 때문이에요. 그러니까 전체 경우의 수인 10개에서 일직선을 이루는 세 점이 만드는 직선의 수인 ${}_3C_2=3$(개)을 빼주고 다시 1개를 추가해야 해요. 그러면 직선의 수는 $10-3+1=8$(개)이 되지요."

헤아리스가 설명했다.

"한 개는 왜 추가해 주지?"

왕이 다시 물었다.

"일직선을 이루는 세 점이 한 개의 직선을 만드니까요."

"그렇군."

왕이 고개를 끄덕였다.

이렇게 하여 우리는 점들이 일직선을 이루는 경우에도 원하는 도형의 개수를 조합 기호를 이용하여 구할 수 있게 되었다.

그때 우리 앞으로 한 남자가 걸어왔다.

분할 공식

"이제 여러분은 다음 장소로 이동해야 합니다. 나는 여러분의 이동을 도와줄 라피의 부하인 도우미쓰입니다."

남자가 자신을 소개했다. 그는 손가락 하나를 입술에 붙이더니 길게 휘파람을 불었다. 일순간 바람이 휑하고 불어오더니 마차 두 대가 우리 눈앞에 나타났다. 하나는 이인승이었고 또 하나는 삼인승이었다. 마차라고 했지만 말도 없고 마부도 없었다.

"내가 내는 문제를 맞히면 마차를 타고 갈 수 있지만 틀리면 여러분은 목적지까지 걸어가야 합니다."

도우미쓰가 진지한 어조로 말했다.

"말도 없는데 어떻게 움직이죠?"

헤아리스가 신기한 듯 마차를 보며 도우미쓰에게 물었다.

"마법의 마차입니다. 순식간에 여러분을 목적지로 보내 주지요."

도우미쓰가 말했다.

"걸어가면 얼마나 걸리죠?"

놀리스 교수가 눈을 가늘게 뜨고 물었다.

"아마도 일주일 정도."

도우미쓰가 말했다.

"일주일?"

우리는 동시에 소리질렀다. 일주일을 걸어갈 거리라면 어마어마하게 긴 거리이기 때문이었다.

"어떤 문제지?"

왕이 도우미쓰를 기분 나쁜 표정으로 보며 말했다. 그도 그럴 것이, 바이스와의 싸움에서 이겼는데 다시 골탕을 먹이는 것 같아 기분이 몹시 상했기 때문이었다.

"나까지 포함하면 우리는 다섯 명입니다. 이때 다섯 명을 두 개의 마차에 나누는 방법이 몇 가지인지 알아맞히시오."

도우미쓰가 무표정한 얼굴로 우리를 둘러보며 말했다.

그러자 놀리스 교수가 눈을 반짝거리며 말했다.

"한번 도전해 보죠. 일단 이 문제를 분할 문제라고 부르죠."

"5개를 3개와 2개로 나누는 문제가 되겠군. 몇 가지 경우가 있는 걸까?"

왕이 고민스러운 표정으로 중얼거렸다.

헤아리스는 두 개의 조그만 통과 1부터 5까지 쓰여 있는 구슬 다섯 개를 마법으로 만들었다. 그리고는 환하게 웃으며 말했다.

"이걸로 실험하면 될 거 같아요."

모두들 헤아리스가 가지고 온 구슬을 한 통에는 3개를, 다른 통에는 2개를 넣어 보면서 몇 가지 경우의 수가 가능한지를 따져 보았다.

"의외로 간단한 문제 같은데요."

놀리스 교수가 빙그레 웃으며 말했다.

"벌써 공식을 찾아냈다는 건가?"

왕의 눈이 휘둥그레졌다.

"5개 중에서 3개를 하나의 통에 넣는 방법은 ${}_5C_3=10$(가지)이 돼요. 그러면 남은 2개를 다른 통에 넣는 방법은 ${}_2C_2=1$(가지)이 되니까 5개를 3개와 2개로 나누는 방법은 ${}_5C_3 \times {}_2C_2=10$(가지)이 되지요."

놀리스 교수가 어깨를 으쓱거리며 말했다.

"그렇군. 그렇다면 9개를 2개, 3개, 4개로 나누는 경우에는 어떻게 되지?"

왕이 새로운 문제를 제기했다.

"간단하지요. 우선 9개 중에서 4개를 골라 하나의 통에 넣는 방법은 ${}_9C_4$(가지)예요. 그러면 남은 것은 5개이지요? 이 다섯 개를 3개와 2개로 나누는 방법의 수는 ${}_5C_3 \times {}_2C_2$(가지)이니까 전체 경우의 수는 ${}_9C_4 \times {}_5C_3 \times {}_2C_2$(가지)가 돼요."

놀리스 교수는 막힘없이 설명했다.

"가만, $5=9-4$ 이고 2는 $5-3$이네요."

헤아리스가 무언가를 발견한 듯 소리쳤다.

"그게 무슨 말이지?"

왕이 잘 이해가 되지 않는 듯 머리를 흔들며 물었다. 도우미쓰는 놀리스 교수가 쓴 공식을 다음과 같이 고쳐 썼다.

$${}_9C_4 \times {}_{9-4}C_3 \times {}_{9-4-3}C_2$$

"재미있는 규칙이 나올 것 같아. 서로 다른 n개를 p개, q개, r개 $(p+q+r=n)$의 세 묶음으로 나누는 방법의 수는 ${}_{n}C_{p} \times {}_{n-p}C_{q} \times {}_{n-p-q}C_{r}$ (가지)이 되는군."

왕은 자신이 일반화시킨 공식이 맘에 들었는지 기분이 매우 좋은 목소리였다.

"우리는 5개를 2개와 3개로, 9개를 4개, 3개, 2개로 나누는 경우를 생각했어요. 즉, 서로 다른 개수로 나누는 문제들이었지요. 그렇다면 두 개의 통에 같은 개수가 들어가면 어떻게 될까요? 그때도 이 공식을 쓸 수 있을까요?"

놀리스 교수가 새로운 문제를 꺼냈다.

"4개를 2개와 2개로 나누는 경우를 생각해 보지. 우선 4개 중에서 2개를 꺼내 하나의 통에 넣는 경우의 수는 ${}_{4}C_{2}$가지이고 남은 2개를 다른 통에 넣는 방법의 수는 ${}_{2}C_{2}$가지이니까 전체 경우의 수는 ${}_{4}C_{2} \times {}_{2}C_{2}$가지가 되는 거 아닌가?"

왕이 자신 없는 표정으로 말했다.

"같은 것이 있을 때의 순열은 같은 것이 없을 때의 순열 공식과 달라졌잖아요. 이 경우도 그렇지 않을까요?"

놀리스 교수가 반박했다. 하지만 교수도 자신의 가정에 확신은 없는 듯했다.

우리는 1, 2, 3, 4를 2개씩 나누는 모든 경우를 그려 보기로 했다. 다음과 같이 6가지 그림이 나타났다.

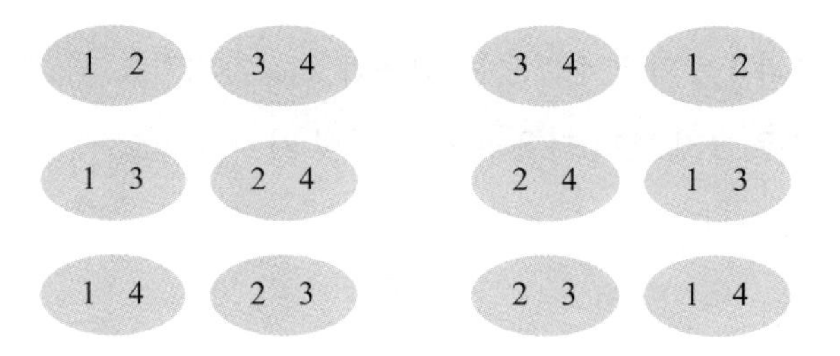

"1, 2와 3, 4로 나누는 것과 3, 4와 1, 2로 나누는 것은 마찬가지잖아?"

왕이 소리쳤다.

"그렇습니다. 1, 3과 2, 4로 나누는 것도 2, 4와 1, 3으로 나누는 것과 같고, 1, 4와 2, 3으로 나누는 것이나 2, 3과 1, 4로 나누는 것도 같아지므로 이렇게 2개, 2개로 나누는 경우에는 공식에 $\frac{1}{2}$을 곱해야 합니다. 즉, 다음과 같지요."

놀리스 교수가 다음과 같이 썼다.

$${}_4C_2 \times {}_2C_2 \times \frac{1}{2} \text{ 가지}$$

"같은 수의 두 묶음으로 나눌 때는 $\frac{1}{2}$을 곱하면 되니까 같은 수의 세 묶음으로 나누는 경우는 $\frac{1}{3}$을 곱하면 될까?"

왕이 생각 없이 툭 내뱉었다.

"확인을 해 봐야겠지요. 1, 2, 3, 4, 5, 6을 2개, 2개, 2개로 나누는 경우를 생각해 보죠. 이때 1, 2와 3, 4와 5, 6으로 묶는 경우는 다음 그림과 같지요. 그런데 이것은 3, 4와 1, 2와 5, 6으로 묶는 경우와도 같고, 5, 6과 1, 2와 3, 4로 묶는 경우와도 같아지지요. 즉, 같아지는 경우를 모두 그려 보면 다음과 같이 여섯 가지가 돼요.

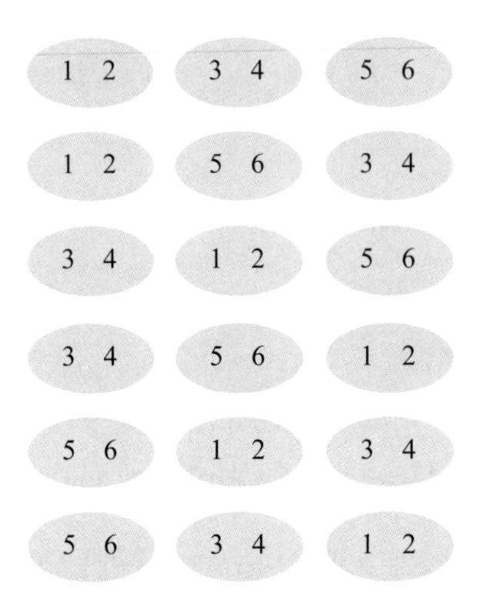

여기서 6은 3!이지요. 그러니까 6개를 2개, 2개, 2개로 나누는 방법은 ${}_6C_2 \times {}_4C_2 \times {}_2C_2 \times \frac{1}{3!}$가지가 돼요."

놀리스 교수가 완벽한 결론을 내렸다. $\frac{1}{3}$만 곱하면 될 줄 알았던 왕은 무안한 듯 조용히 눈을 감았다. 잠시 후 눈을 뜬 왕은 내게 이 결과를 정리하라고 했다. 이것은 분할 공식이라고 이름 붙여졌다.

분할 공식

서로 다른 n개를 p개, q개, r개 $(p+q+r=n)$의 세 묶음으

로 나누는 방법의 수는

1) $p,\ q,\ r$이 다르면 ${}_nC_p \times {}_{n-p}C_q \times {}_rC_r$

2) $p,\ q,\ r$ 중 두 수가 같으면 ${}_nC_p \times {}_{n-p}C_q \times {}_rC_r \times \frac{1}{2!}$

3) $p,\ q,\ r$ 이 모두 같으면 ${}_nC_p \times {}_{n-p}C_q \times {}_rC_r \times \frac{1}{3!}$이다.

우리가 문제를 완벽하게 해결하자 도우미쓰는 밝게 미소를 지으며 우리를 마차로 안내했다. 나와 도우미쓰가 이인승 마차에 타고

마티 왕, 놀리스 교수, 헤아리스가 삼인승 마차에 올라탔다. 잠시 후 두 마차는 흙먼지를 날리며 하늘로 날아올랐다. 마치 페가수스가 끄는 하늘을 나는 마차처럼. 눈 깜빡할 사이에 우리는 조그만 학교에 도착했다. 마차는 우리를 학교 기숙사로 보이는 작은 건물 앞에 내려 주었다. 도우미쓰는 우리에게 숙소를 안내해 주고는 사라졌다.

숙소는 이층 침대 두 개가 서로 마주 보고 있는 작은 방이었다. 방 한가운데에는 네 명이 둘러앉을 수 있는 둥근 테이블과 의자가 있었고, 테이블 위에는 갓 구운 듯한 바삭바삭한 비스킷이 접시에 놓여 있었다. 우리는 테이블에 둘러앉아 비스킷을 먹었고 그 맛은 입안에서 살살 녹았다. 하지만 비스킷에 수면제가 들어 있었는지, 우리는 한 입 베어 물자마자 잠이 몰려와 각자의 침대로 가서 깊은 잠에 빠져들었다.

EXERCISE

6

다음을 계산하라.

1) ${}_{3}C_{0}$

2) ${}_{7}C_{1}$

3) ${}_{10}C_{10}$

4) ${}_{5}C_{4}$

5) ${}_{8}C_{2}$

6) ${}_{8}C_{6}$

7) ${}_{10}C_{3}$

8) ${}_{7}C_{2}$

9) $\frac{{}_{8}C_{5}}{{}_{4}P_{2}}$

10) ${}_{4}C_{3} \times {}_{5}C_{2}$

11) ${}_{7}C_{4} - {}_{7}C_{3}$

12) ${}_{n}C_{1}$

13) ${}_{n}C_{2}$

14) ${}_{n}C_{3}$

15) ${}_{n}C_{n}$

16) ${}_{n}C_{0}$

17) ${}_{12}C_r = 66$인 r의 값을 구하라.

18) ${}_5C_r = 10$인 r의 값을 구하라.

19) ${}_nC_3 = 20$인 n의 값을 구하라.

20) ${}_8C_r = {}_8C_{r-4}$인 r의 값을 구하라.

21) ${}_nC_2 = 10$인 n을 구하라.

22) ${}_nC_2 = {}_nC_6$인 n을 구하라.

23) ${}_nP_2 + 4{}_nC_3 = {}_nP_3$인 n을 구하라.

24) ${}_nC_{n-2} + {}_nC_{n-1} = 21$인 n을 구하라.

25) ${}_nC_r = 55$, ${}_nP_r = 110$일 때 n과 r을 구하라.

26) 8명의 어린이가 있는 학급에서 2명의 위원을 뽑는 방법의 수를 구하라.

27) 8명의 어린이가 있는 학급에서 반장 1명, 부반장 2명을 뽑는 방법의 수는?

28) 8명의 어린이에서 3명의 부반장을 뽑는 방법의 수는?

5명의 남자와 4명의 여자 중 3명의 대표를 뽑을 때 다음 각 경우의 수를 구하라.

29) 남자 2명과 여자 1명을 뽑는 경우

30) 적어도 여자 한 명이 포함되는 경우

31) 특정한 2명이 모두 뽑히는 경우

32) 남녀 학생 12명인 동아리에서 3명의 대표를 뽑는데 적어도 한 명의 여학생이 뽑히는 방법의 수가 210일 때 여학생의 수를 구하라.

33) 남자 8명, 여자 4명에서 남자 대표 2명, 여자 대표 1명을 뽑는 방법의 수는?

34) 어떤 모임에서 회원끼리 서로 빠짐없이 한 번씩만 악수를 하였다. 총 악수 횟수가 45번일 때 회원 수를 구하라.

A, B를 포함해 7명 중에서 4명을 뽑을 때 다음 경우의 수를 구하라.

35) A, B 모두 포함

36) A, B를 모두 포함하지 않음

37) A, B 중 적어도 한 명 포함

38) 다섯 사람이 서로 빠짐없이 한 번씩만 악수를 할 때 총 악수 횟수는?

39) 여섯 팀이 리그전을 한다. 이때 경기 수는?

40) 볼록 n각형의 대각선의 개수를 구하라.

41) 볼록 5각형의 대각선의 개수를 구하라.

42) 4명이 보트 A, B에 나누어 타려고 한다. 각 보트의 정원은 3명이다. 이 보트에 4명이 나누어 탈 수 있는 방법의 수는?

43) 다음 그림과 같이 6개의 직선이 한 점에서 만날 때 맞꼭지각은 몇 개 생기는가?(단, 두 직선에 의해 생기는 맞꼭지각은 2개로 계산한다.)

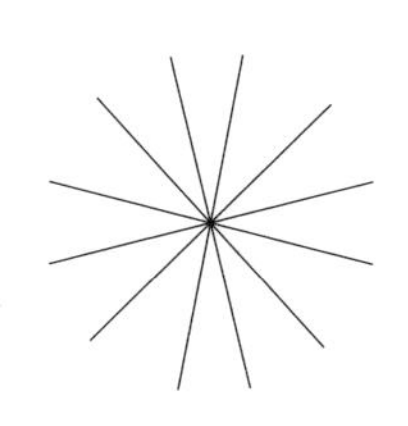

44) 그림과 같이 반원 위에 7개의 점이 있다. 이 중 3개의 점을 꼭지점으로 하는 삼각형의 개수를 구하라.

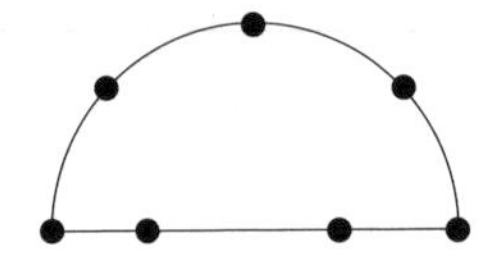

45) 다음 그림의 점들로 만들 수 있는 직선의 수와 삼각형의 수를 구하라.

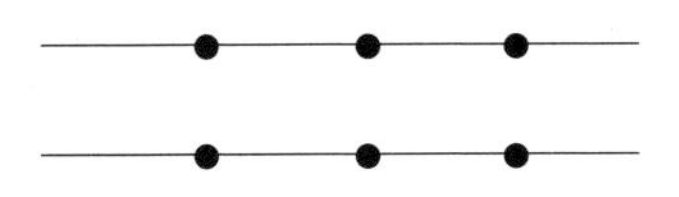

46) 다음과 같은 9개의 점에서 3개를 택해 만들 수 있는 삼각형의 개수는?

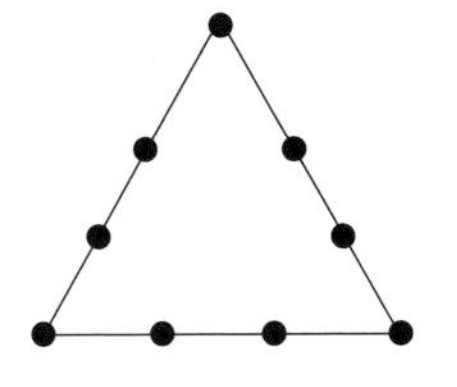

47) 다음과 같은 정오각형의 꼭지점을 연결하여 만들 수 있는 삼각형의 개수는?

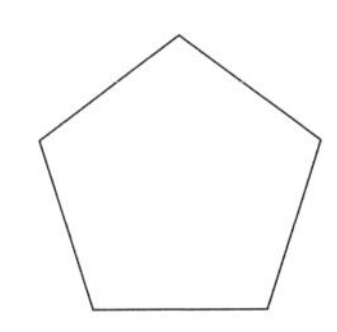

48) 다음과 같이 같은 간격으로 놓인 12개의 점 중 3개를 택해 만들 수 있는 삼각형은 모두 몇 개인가?

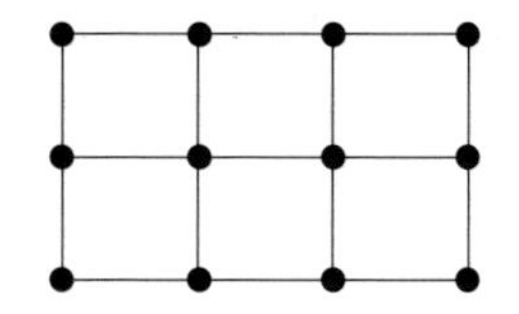

49) 다음과 같이 5개의 평행선과 4개의 평행선이 만날 때 이 평행선들로 만들 수 있는 평행사변형은 모두 몇 개인가?

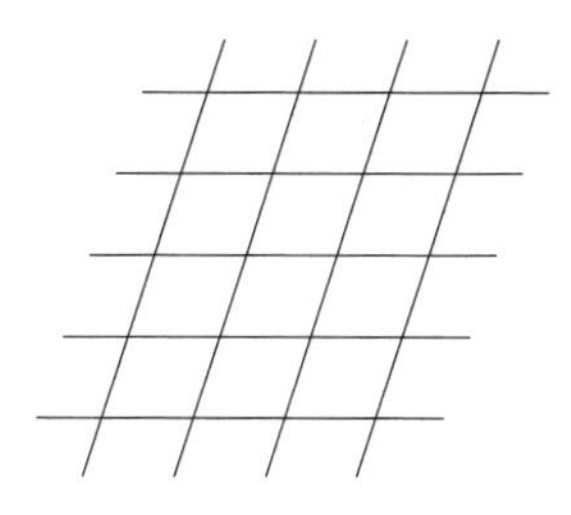

50) 원 위에 같은 간격으로 6개의 점이 있을 때 이 중에서 4개의 점을 택해 만들 수 있는 사각형은 모두 몇 개인가?

51) 다음 그림의 직선들로 만들 수 있는 정사각형이 아닌 직사각형의 개수는 몇 개인가?

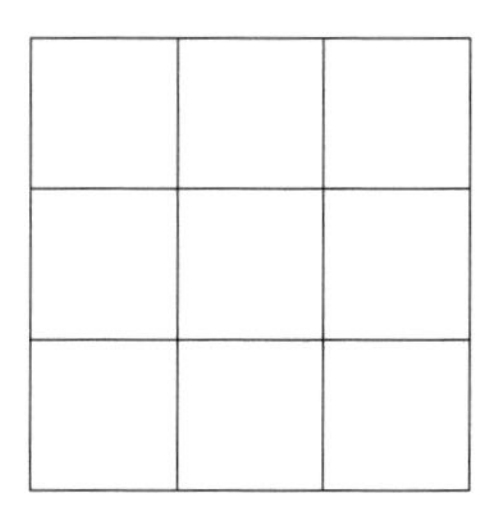

52) 8개 팀이 토너먼트 시합을 한다. 8개 팀 사이에는 실력의 차이가 너무 커서 시합이 붙으면 항상 실력이 뛰어난 팀이 이긴다고 하자. 이때 실력이 3번째인 팀이 결승전에 진출할 수 있는 방법의 수는?

53) 8개국이 출전한 토너먼트 대회에서 가능한 대진표의 종류는 몇 종류인가?

54) 5개의 평행선과 4개의 평행선이 수직으로 만나고 있다. 이들 평행선으로 만들어지는 직사각형의 개수를 구하라.

평면 위에 9개의 점 중 4개의 점이 일직선 위에 있을 때 다음을 구하라.(단, 이 4개의 점을 제외하고는 어느 점도 일직선 위에 있지 않다.)

55) 두 점을 이은 직선의 개수

56) 세 점으로 만드는 삼각형의 개수

57) 남자 5명, 여자 3명 중에서 남자 2명, 여자 2명을 뽑아 일렬로 배열하는 방법의 수는?

58) 남자 4명, 여자 5명 중에서 남자 2명, 여자 3명을 뽑아 원형으로 배열하는 방법의 수는?

59) 6권의 책을 3권, 2권, 1권으로 나누는 방법의 수는?

60) 6권의 책을 3권, 2권, 1권씩 세 사람에게 나누어 주는 방법의 수는?

61) 6권의 책을 2권씩 세 묶음으로 나누는 방법의 수는?

62) 6권의 책을 4권, 1권, 1권씩 세 사람에게 나누어 주는 방법의

수는?

63) 9권의 책을 4권, 3권, 2권으로 나누는 방법의 수는?

64) 9권의 책을 3권, 3권, 3권으로 나누는 방법의 수는?

65) 9권의 책을 3권씩 세 묶음으로 나누어 세 사람에게 나누어 주는 방법의 수는?

66) 9권의 책을 2권, 2권, 5권씩 세 사람에게 나누어 주는 방법의 수는?

7장

이항정리

두 개 항의 덧셈의 거듭제곱을 전개하면 어떤 항들이 나올까요? 이때 나오는 항들의 계수들 사이에는 어떤 관계가 있을까요? 이항정리와 다항정리에 대해 알아봅시다.

하이틴 국의 수학 교실

이튿날 이른 새벽, 태양이 첫 번째 햇살을 흩뿌리고 종달새가 지지배배 하루의 시작을 알릴 때 우리는 잠에서 깼다. 주위를 둘러보니 잠을 잤던 곳과 같은 장소였다. 우리가 아직 다른 장소로 이동하지 않은 것이 약간 당황스러웠다. 그때 문이 열리고 열대여섯 살 정도 되어 보이는 소년이 들어왔다. 소년은 왕에게 다가와 정중히 인사하더니 자신이 하이틴 국의 수상이라고 했다. 소년의 이름은 보이싱이었다.

"어떻게 어린 소년이 수상이 될 수 있지?"

왕이 잘 이해되지 않는 표정으로 보이싱 수상에게 물었다.

"우리 하이틴 국에는 아이들만 삽니다. 우리는 『피터팬』에 나오는 네버랜드에서처럼 영원히 늙지 않고 어린이의 상태로 남아 있지요."

보이싱 수상이 해맑은 미소를 지으며 말했다.

"네버랜드라……."

왕이 뭔가 생각에 잠긴 듯 중얼거렸다. 아마도 『피터팬』 이야기를 기억해 보려는 듯했다. 하지만 네버랜드와 피터팬 사이의 관계가 잘 연결되지 않는지 고개를 갸우뚱거렸다.

우리가 묵고 있는 곳은 학교 기숙사였다. 우리는 보이싱 수상을 따라 이 나라의 수업을 참관하기로 했다. 조그만 교실에 열 명의 학생과 한 명의 선생님이 수업을 하고 있었다. 칠판에 수식이 쓰여 있는 걸로 보아 수학 시간 같았다. 선생님은 학생들보다 한두 살은 더 많아 보였지만 여전히 어린 소년이었다.

"오늘은 전개 공식에 대해 공부하겠어요. $(a+b)^4$의 a^2b^2의 계수는 얼마일까요?"

선생님이 아이들에게 질문했다. 아이들은 이 식을 열심히 계산하고 있었다. 그때 한 소년이 손을 번쩍 들더니 "6입니다"라고 소리쳤다. 3초도 채 걸리지 않은 순간이었다. 우리는 놀라서 그 소년을 바라보았다. 제니우스라는 이름의 소년은 이 나라에서도 소문난 수학 영재였다. 소년의 머리 셈 능력은 어릴 때부터 소문이 자자해 나라의 복잡한 장부를 머리 셈으로 계산할 수 있을 정도였다.

수업 참관을 마치고 수상이 마련해 준 회의실에서 우리는 제니우스의 답이 맞는지 직접 확인해 보기로 했다.

제니우스가 말한 대로 $(a+b)^4$의 a^2b^2의 계수는 다음과 같이 6이었다.

$$(a+b)^2=a^2+2ab+b^2$$
$$(a+b)^3=a^3+3a^2b+3ab^2+b^3$$

$$(a+b)^4=a^4+4a^3b+6a^2b^2+4ab^3+b^4$$

우리는 그가 어떻게 단번에 이 답을 알아냈는지 궁금했다. 그때 놀리스 교수가 눈을 깜빡거리며 말했다.

"재미있는 성질이 있어요."

"뭐가?"

왕이 물었다.

"$(a+b)^1=a+b$이니까 이것까지 함께 넣으면 다음과 같이 돼요.

$$(a+b)^1=a+b$$

$$(a+b)^2=a^2+2ab+b^2$$

$$(a+b)^3=a^3+3a^2b+3ab^2+b^3$$

$$(a+b)^4=a^4+4a^3b+6a^2b^2+4ab^3+b^4$$

여기서 계수들만을 살펴보죠."

1 1

1 2 1

1 3 3 1

1 4 6 4 1

"수들 사이에 아무런 규칙이 없어 보이는데요?"

헤아리스가 성급하게 말했다.

"그럴까요?"

놀리스 교수는 빙긋 웃으며 다음과 같이 선을 그었다.

그리고는 말을 이었다.

"선으로 연결된 두 수를 더하면 아래쪽에 있는 수가 되지요."

"가만, $1+1=2$, $1+2=3$, $1+3=4$, $3+3=6$. 정말 그렇군."

왕이 선으로 연결된 두 수를 직접 더한 후 놀란 표정으로 말했다.

"왜 이런 규칙이 존재하죠?"

헤아리스도 관심을 보였다.

"$(a+b)^n$을 전개했을 때의 계수 속에 어떤 비밀이 숨어 있는 것 같아요."

놀리스 교수가 심각한 표정으로 말했다. 우리는 놀리스 교수가 제기한 계수의 비밀을 찾아보기로 했다.

우리는 다음 공식을 유심히 보았다.

$$(a+b)^2 = a^2+2ab+b^2$$

이 식은 다음과 같이 쓸 수도 있었다.

$$(a+b)^2 = a \cdot a+a \cdot b+b \cdot a+b \cdot b$$

"규칙이 나올 것 같아요."

별안간 교수가 소리쳤다.

"$(a+b)^2$을 전개하면 항은 두 개 문자의 곱이 돼요. 그러니까 다음과 같이 두 개의 빈 상자를 생각해 보죠.

여기서 b를 상자 속에 넣는 방법을 생각하죠. b가 오지 않는 곳은 a를 채우기로 하고요. b를 한 개도 뽑지 않은 경우에는 두 상자에 a가 채워지니까 이렇게 뽑는 경우의 수는 한 가지예요.

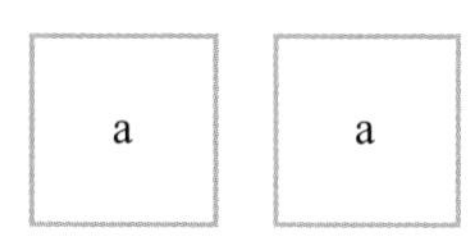

이 경우의 수가 바로 $a \cdot a = a^2$의 계수이죠."

우리는 놀리스 교수의 천재적인 생각에 놀라움을 금치 못했다.

놀리스 교수는 계속 말을 이었다.

"b를 한 개 뽑는 경우를 보죠. 첫 번째 상자가 b를 뽑거나, 두 번째 상자가 b를 뽑을 수 있으니까 이렇게 뽑는 경우의 수는 2가지예요.

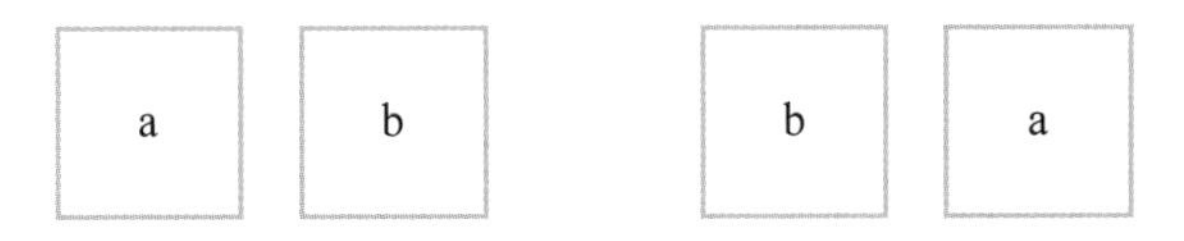

첫 번째 그림은 $a \cdot b$항을, 두 번째 그림은 $b \cdot a$항을 나타내는데 두 항이 합쳐지면 $2ab$가 되어, 이렇게 뽑는 경우의 수가 바로 ab항의 계수가 되는 거죠."

"신기한 규칙이군."

왕이 몹시 놀란 표정으로 말했다. 그러더니 무엇이 생각난 듯 다시 말을 이었다.

"a^2의 계수는 두 개의 상자에서 b를 0개 뽑는 경우의 수이니까 ${}_2C_0 = 1$이 되는군. ab의 계수는 두 개의 상자에서 b를 1개 뽑는 경우의 수니까 ${}_2C_1 = 2$가 되고. 그렇다면 b^2의 계수는 두 개의 상자에서 2개의 b를 뽑는 경우의 수이니까 ${}_2C_2 = 1$이 돼."

왕이 스스로 놀란 표정으로 자신이 관찰한 결과를 발표했다. 모두들 계수가 조합 기호로 나타내어지는 사실에 놀라워했다.

우리는 $(a+b)^3$에 대해서도 똑같이 체크해 보기로 했다. 이때는 상자 세 개가 필요했다.

이때 a^3의 계수는 3개의 상자에서 b를 0개 뽑는 경우의 수이므로 ${}_3C_0=1$이 되고, a^2b의 계수는 3개의 상자에서 b를 1개 뽑는 경우의 수이므로 ${}_3C_1=3$이 되고, ab^2의 계수는 3개의 상자에서 b를 2개 뽑는 경우의 수이므로 ${}_3C_2=3$이 되며, b^3의 계수는 3개의 상자에서 b를 3개 뽑는 경우의 수이므로 ${}_3C_3=1$이었다. 우리는 $(a+b)^4$에 대해서도 왕의 가설을 확인해 보았다. 여지없이 들어맞았다. 우리는 전개식을 다음과 같이 써 보았다.

$$(a+b)^2={}_2C_0\,a^2+{}_2C_1\,ab+{}_2C_2\,b^2$$
$$(a+b)^3={}_3C_0\,a^3+{}_3C_1\,a^2b+{}_3C_2\,ab^2+{}_3C_3\,b^3$$

우리는 $b^0=1$, $b^1=b$라는 사실을 이용해 위 식을 다음과 같이 써 보았다.

$$(a+b)^2={}_2C_0\,a^2b^0+{}_2C_1\,a^1b^1+{}_2C_2\,a^0b^2$$
$$(a+b)^3={}_3C_0\,a^3b^0+{}_3C_1\,a^2b^1+{}_3C_2\,a^1b^2+{}_3C_3\,a^0b^3$$

점점 재미있는 모습으로 변해 갔다. $(a+b)^2$에서 b의 지수는 0, 1, 2로 변해 가고 a의 지수는 반대로 2, 1, 0으로 변했다. 또한, $(a+b)^3$에서는 b의 지수가 0, 1, 2, 3으로 변해 가고 a의 지수는 반대로 3, 2, 1, 0으로 변했다.

"재미있는 관계가 있어요.

$3=3-0$

$2=3-1$

$1=3-2$

$0=3-3$

이라고 하면, $(a+b)^3$에서는 b의 지수는 0, 1, 2, 3으로 변해 가고, a의 지수는 반대로 $3-0, 3-1, 3-2, 3-3$으로 변해요."

놀리스 교수가 말했다. 우리는 놀리스 교수의 말대로 식을 바꾸어 썼다.

$$(a+b)^3 = {}_3C_0\, a^{3-0}b^0 + {}_3C_1\, a^{3-1}b^1 + {}_3C_2\, a^{3-2}b^2 + {}_3C_3\, a^{3-3}b^3$$

"그렇다면 합기호를 이용해서 나타낼 수 있겠군."

왕은 이렇게 말하며 다음과 같이 썼다.

$$(a+b)^3 = \sum_{r=0}^{3} {}_3C_r\, a^{3-r}b^r$$

"완벽한 공식이에요. 여기서 3을 n으로 바꾸면 $(a+b)^n$의 일반적인 공식을 얻을 수 있어요."

헤아리스가 제안했다. 일반적인 n에 대한 공식은 다음과 같은 모습이었다.

$$(a+b)^n = {}_nC_0\, a^n + {}_nC_1\, a^{n-1}b + {}_nC_2\, a^{n-2}b^2 + \cdots + {}_nC_n\, b^n$$

$$= \sum_{r=0}^{n} {}_nC_r\, a^{n-r}b^r$$

우리는 이렇게 구해진 전개식을 이항전개식이라고 부르고 ${}_{n}C_{0}$, ${}_{n}C_{1}$, ${}_{n}C_{2}$, $\cdots$, ${}_{n}C_{n}$을 이항계수, ${}_{n}C_{r}\,a^{n-r}b^{r}$을 이항전개식의 일반항이라고 부르기로 했다. 우리는 이항정리 공식에 $a=1$, $b=x$를 대입해 보았다. 그러면 $a^{n-r}=1^{n-r}=1$이므로 모양이 좀 더 간단해졌다.

$$(1+x)^{n}={}_{n}C_{0}+{}_{n}C_{1}x+{}_{n}C_{2}x^{2}+\cdots+{}_{n}C_{n}x^{n}=\sum_{r=0}^{n}{}_{n}C_{r}x^{r}$$

"이항계수들 사이에 재미있는 관계식이 성립하네요."

수식을 한참 들여다보던 헤아리스가 소리쳤다.

"어떤 관계지?"

왕이 물었다.

"식의 양변에 $x=1$을 넣어 보세요.

$(1+1)^{n}={}_{n}C_{0}+{}_{n}C_{1}+{}_{n}C_{2}+\cdots+{}_{n}C_{n}=\sum_{r=0}^{n}{}_{n}C_{r}$이 돼요. 그러니까, ${}_{n}C_{0}+{}_{n}C_{1}+{}_{n}C_{2}+\cdots+{}_{n}C_{n}=2^{n}$이 돼요."

헤아리스가 신이 나서 말했다.

"모든 이항계수의 합이 2^{n}이 되는군요. 정말 재미있는 성질이에요."

놀리스 교수도 헤아리스의 발견을 축하해 주었다.

나는 원래의 식을 다시 들여다보았다. 그리고는 모두에게 말했다.

"$x=-1$을 넣어도 새로운 관계식이 만들어져요."

"$(1+x)^{n}$에 $x=-1$을 넣으면 0이 되니 ${}_{n}C_{0}-{}_{n}C_{1}+{}_{n}C_{2}-\cdots+(-1)^{n}{}_{n}C_{n}=0$이 성립하는군."

왕이 내가 하려던 얘기를 가로챘다.

우리는 이항정리 공식을 이용하는 문제를 많이 풀어 보았다. 예를 들어 $(x+1)^8$의 x^4의 계수를 구하려면 $(x+1)^8$를 전개할 필요 없이 $(x+1)^8=\sum_{r=0}^{8} {}_8C_r x^r$을 이용하면 되었다. 이 경우 x^4의 계수는 ${}_8C_4=70$이 되었다. 우리는 좀 더 복잡한 문제를 풀어 보았다. 예를 들면 $(2x-1)^5$의 x^3의 계수를 구하는 문제였다. 이항정리 공식을 쓰면,

$$(2x-1)^5=\sum_{r=0}^{5} {}_5C_r\,(2x)^r(-1)^{5-r}$$

이고 이것을 정리하면,

$$(2x-1)^5=\sum_{r=0}^{5} {}_5C_r\,2^r(-1)^{5-r}x^r$$

이므로 x^3의 계수는 ${}_5C_3\,2^3(-1)^{5-3}=10\times8=80$이 되었다.

마티 왕의 특별 보너스

점심을 먹은 후 잠시 기숙사에서 휴식 시간을 가진 후 2시에 우리는 다시 회의실에 모였다. 모일 때는 각자 이항정리에 대한 새로운 문제를 만들어 오기로 했다. 만일 모든 사람들이 문제를 풀지 못하면 문제를 낸 사람이 우승하는 것으로 게임의 룰을 정했다. 우승하는 사람에게는 왕의 특별 보너스가 지급될 예정이었다.

$(x+\frac{1}{x})^8$을 전개할 때 x^4의 계수를 이항정리 공식을 이용해서 구하라.

헤아리스가 문제를 냈다.

"$\frac{1}{x}$이 있어서 어려워 보이는데."

왕이 조심스럽게 한마디 던졌다.

"일단 공식에 넣어 보죠. $a=x$, $b=\frac{1}{x}$이라고 하면 될 거예요."

놀리스 교수가 제안했다.

놀리스 교수가 말한 대로 계산해 보니,

$$(x+\frac{1}{x})^8=\sum_{r=0}^{8}{}_8C_r x^{8-r}(\frac{1}{x})^r$$

이 되었다. 여기서 $(\frac{1}{x})^r=x^{-r}$이므로 지수법칙을 이용하면,

$$(x+\frac{1}{x})^8=\sum_{r=0}^{8}{}_8C_r x^{8-2r}$$

이 되었다. x^4의 계수는 $x^{8-2r}=x^4$일 때의 계수이므로 이때 $8-2r=4$가 되어 $r=2$가 얻어졌다. 즉, $r=2$일 때 x^4항이 나온다는 것을 알게 되었다. 그러므로 $(x+\frac{1}{x})^8$의 전개에서 x^4의 계수는 ${}_8C_2=28$이 되었다.

헤아리스가 낸 문제는 이항정리 공식을 이용하여 깔끔하게 풀렸다.

왕과 내가 낸 문제 역시 헤아리스와 놀리스 교수가 쉽게 풀었다. 이제 놀리스 교수의 문제만 남아 있었다.

"교수는 어떤 문제를 준비했지?"

왕이 물었다.

놀리스 교수는 빙그레 웃으며 자신이 만든 문제를 내놓았다. 다음과 같은 문제였다.

11^{11}의 일의 자릿수, 십의 자릿수, 백의 자릿수를 구하시오.

"이건 이항정리 문제가 아니잖아?"

왕이 호통치듯 큰 소리로 말했다.

"이항정리 문제가 맞습니다."

놀리스 교수가 목에 핏대를 세우며 말했다.

"만일 이항정리 문제가 아니라면 이 문제는 무효야. 그리고 잘못된 문제를 출제한 놀리스 교수가 꼴등이 되는 거야."

왕이 성난 얼굴로 말했다.

"이항정리 문제가 아니라면 어떤 벌이라도 받겠습니다."

흥분을 가라앉힌 놀리스 교수가 점잖게 말했다.

우리는 놀리스 교수가 낸 문제를 뚫어지게 바라보았다. 하지만 도무지 감이 잡히지 않았다. 제한된 시간이 다 지나자 놀리스 교수가 말했다.

"아무도 못 풀었군요. 그럼 저의 우승이 맞지요?"

놀리스 교수는 왕을 흘깃 쳐다보았다.

"이항정리 문제가 맞다면……."

왕이 못마땅하다는 듯 말했다.

"$11=1+10$이라는 것을 이용하면 이항정리 공식을 쓸 수 있어요. $11^{11}=(1+10)^{11}$이므로 이것을 이항전개하면,

$$11^{11}=(1+10)^{11}={}_{11}C_0+{}_{11}C_1\times10+{}_{11}C_2\times10^2+\cdots+{}_{11}C_{11}\times10^{11}$$

이 되지요. 여기서 ${}_{11}C_0=1$, ${}_{11}C_1\times10=110$, ${}_{11}C_2\times10^2=5500$이 되고 그 다음 항들에서는 일의 자릿수, 십의 자릿수, 백의 자릿수가 모

두 0이 되지요."

놀리스 교수가 차분히 설명했다.

"왜 그런 거지?"

왕이 따지듯 물었다.

"$_{11}C_3\times10^3+_{11}C_4\times10^4+\cdots+_{11}C_{11}\times10^{11}$

$=_{11}C_3\times1000+_{11}C_4\times10000+\cdots+_{11}C_{11}\times10^{11}$

$=$(어떤 숫자)$\times1000$이 되지요.

어떤 숫자에 1000을 곱한 수의 일의 자릿수, 십의 자릿수, 백의 자릿수는 항상 0이에요. 예를 들어 $83\times1000=83000$이 되니까요. 그러니까 11^{11}은 다음과 같이 쓸 수 있어요.

$11^{11}=1+110+5500+\square\times1000=5611+\square\times1000$

그러니까 11^{11}의 일의 자릿수는 1, 십의 자릿수는 1, 백의 자릿수는 6이지요."

놀리스 교수가 설명을 마쳤다.

"수의 경우에도 이항정리 공식을 사용할 수 있군. 재미있는 문제야."

왕이 너털웃음을 지으며 말했다. 왕은 약속대로 궁으로 돌아가면 놀리스 교수에게 특별 보너스를 지급하기로 했다.

그때 갑자기 광풍이 휘몰아치더니 회의실 유리창이 덜컹거리기 시작했다. 번개가 번쩍거리더니 곧바로 우르릉 쾅 하는 천둥소리가 들려왔다. 방 안의 조명이 깜빡거리다가 이내 칠흑 같은 암흑이 밀려왔다. 잠시 후 어둠이 걷혔을 때 우리는 조그만 유리창이 하나 있는 작은 방 안에 갇혀 있었다. 바이스의 짓이라는 것을 우리 모두 눈치채고 있었다. 헤아리스는 작은 창 너머로 밖을 보더니 갑자기 얼굴이 하얗게 질렸다. 우리가 있는 곳이 높이가 10미터쯤 되는 탑 위의 방이었기 때문이다. 잠시 후 어디에선가 밝은 빛 한 점이 벽 한쪽을 비추더니 벽에 다음과 같은 글자가 새겨졌다.

우리는 괄호 안에 항이 세 개 있으므로 이 문제를 삼항정리라 불렀다. 항의 개수가 여러 개인 경우에는 다항정리라고 부르기로 했다.

"세 개의 항이 있어도 이항정리 공식처럼 멋진 공식이 나올까?"

왕이 회의적으로 말했다.

"이항정리 공식을 찾을 때 썼던 방법을 그대로 사용해 보죠"

놀리스 교수가 침착하게 제안했다.

"그게 뭐지?"

왕의 눈이 휘둥그레졌다.

"$(a+b)^2$을 전개하면 항은 두 개의 문자의 곱이 돼요. 그러니까 다음과 같이 두 개의 빈 상자를 생각했어요.

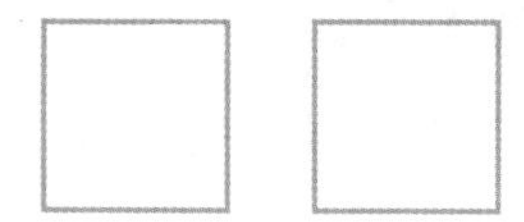

마찬가지로 $(a+b+c)^2$을 전개해도 항은 두 개 문자의 곱이 돼요. 직접 계산해 보면,

$(a+b+c)^2=a^2+b^2+c^2+2ab+2bc+2ca$

가 되지요. 그러므로 이 경우에도 두 개의 빈 상자를 생각해 보죠.

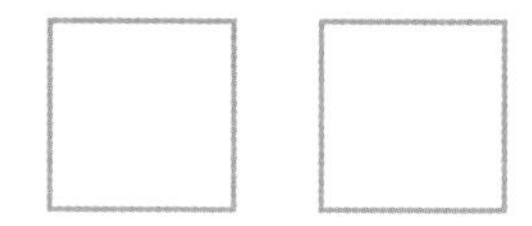

여기서 a^2항이란 두 상자 모두 a를 뽑는 경우이니까 한 가지예요. 그러므로 a^2의 계수는 1이지요."

"같은 것이 있을 때의 순열이군요."

헤아리스가 끼어들었다.

"그게 무슨 소리죠?"

놀리스 교수가 당황한 얼굴로 헤아리스를 바라보았다.

"a, a를 일렬로 배열하는 경우의 수는 같은 것이 2개이므로 $\frac{2!}{2!}=1$(가지)예요."

헤아리스가 간략하게 설명했다.

"같은 것이 있는 순열! 바로 그게 규칙이었어요."

놀리스 교수가 함박 웃으며 소리쳤다.

"뭐가 규칙이라는 거지?"

왕이 고개를 절레절레 흔들었다.

"이번에는 ab항을 보죠. 다음과 같이 두 경우가 생겨요.

이것은 바로 a, b를 일렬로 나열하는 2가지 방법을 나타내요. 이때는 같은 것이 없으므로 이때 경우의 수는 2! 가지가 되지요. 그게 바로 ab의 계수가 되는 거예요."

놀리스 교수가 설명했다.

"a^2항은 a가 2개, b가 0개, c가 0개 있다고 생각하고 2개와 0개와 0개를 일렬로 배열하는 방법의 수는 $\frac{2!}{2!0!0!}$이라고 쓸 수 있어요. 그리고 $a\ b$항은 a가 1개, b가 1개, c가 0개 있다고 생각하면 1개, 1개, 0개를 일렬로 배열하는 방법의 수는 $\frac{2!}{1!1!0!}$이 돼요. 그러면 규칙이 나오지 않을까요?"

헤아리스는 이렇게 말하고는 여섯 개의 항에 대해서 다음과 같이 썼다.

$$a^2\text{의 계수} = \frac{2!}{2!0!0!} = 1$$

b^2의 계수$=\frac{2!}{0!2!0!}=1$

c^2의 계수$=\frac{2!}{0!0!2!}=1$

ab의 계수$=\frac{2!}{1!1!0!}=2$

bc의 계수$=\frac{2!}{0!1!1!}=2$

ca의 계수$=\frac{2!}{1!0!1!}=2$

"환상적인 공식이야."

왕이 박수를 치며 헤아리스의 노고를 치하해 주었다.

우리는 헤아리스의 방법에 따라서 $(a+b+c)^3$의 전개식을 찾아보기로 했다. 실제로 계산해 본 결과 다음과 같았다.

$$(a+b+c)^3=a^3+b^3+c^3+3ab^2+3a^2b+3bc^2+3b^2c+3ac^2+3a^2c+6abc$$

여기서 a^3항의 계수는 a가 3개, b가 0개, c가 0개 있을 때 일렬로 배열하는 방법의 수이므로 그 계수는 $\frac{3!}{3!0!0!}=1$이 되고, a^2b의 계수는 a가 2개, b가 1개, c가 0개 있을 때 일렬로 배열하는 방법의 수이므로 그 계수는 $\frac{3!}{2!1!0!}=3$이 되었다.

우리는 모든 계수들을 이 방법으로 구해 보았다.

$$a^3\text{의 계수} = \frac{3!}{3!0!0!} = 1$$

$$b^3\text{의 계수} = \frac{3!}{0!3!0!} = 1$$

$$c^3\text{의 계수} = \frac{3!}{0!0!3!} = 1$$

$$a^2b\text{의 계수} = \frac{3!}{2!1!0!} = 3$$

$$ab^2\text{의 계수} = \frac{3!}{1!2!0!} = 3$$

$$b^2c\text{의 계수} = \frac{3!}{0!2!1!} = 3$$

$$bc^2\text{의 계수} = \frac{3!}{0!1!2!} = 3$$

$$ac^2\text{의 계수} = \frac{3!}{1!0!2!} = 3$$

$$a^2c\text{의 계수} = \frac{3!}{2!0!1!} = 3$$

$$abc\text{의 계수} = \frac{3!}{1!1!1!} = 6$$

완벽한 일치였다. 헤아리스가 직감으로 찾아낸 규칙은 다항전개의 일반적인 공식이었다. 우리는 이 사실로부터 일반적인 삼항전개식은 다음과 같이 주어짐을 알게 되었다.

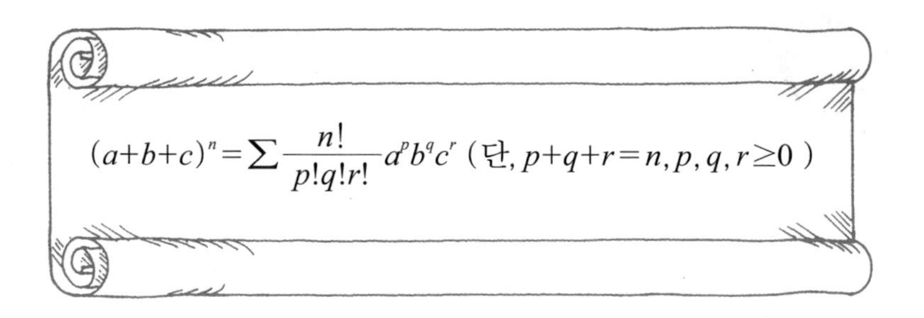

$$(a+b+c)^n=\sum\frac{n!}{p!q!r!}a^p b^q c^r \text{ (단, } p+q+r=n, p, q, r\geq 0 \text{)}$$

이번에도 무사히 바이스의 공격을 피할 수 있었다. 언제 또 바이스가 우리를 가두고 새로운 문제를 낼지, 그때마다 우리가 문제를 해결할 수 있을지 하는 고민 때문에 초조하기도 했지만, 우리가 힘을 합치면 못 해낼 것이 없다는 자신감이 생겼다. 그때 갑자기 바닥이 열리면서 우리는 아래로 추락했다. 우리는 동시에 "으악!" 하며 비명을 질렀고, 눈을 뜨니 또 다른 방에 있었다. 우리는 피곤한 몸을 이끌고 각자의 침대로 흩어졌고, 밀려오는 피로감에 머리를 누이자 바로 잠에 곯아떨어졌다.

EXERCISE 7

$(x+1)^5$을 전개했을 때 다음을 구하라.

1) 상수항

2) 1차항의 계수

3) 2차항의 계수

4) 3차항의 계수

5) 4차항의 계수

6) 5차항의 계수

7) $(2x+3y)^5$에서 x^3y^2의 계수를 구하라.

8) $(x-2y)^6$에서 x^4y^2의 계수를 구하라.

9) $(2x-\frac{1}{x})^8$의 상수항을 구하라.

10) $(x-\frac{a}{x^2})^6$의 상수항이 60일 때 a의 값을 구하라. (단 $a>0$)

11) $(x+1)^2(x+2)^5$의 전개식에서 x항의 계수를 구하라.

12) $(x+2)^3(x^2+1)^4$에서 x^2의 계수를 구하라.

13) $(1+x^2)+(1+x^2)^2+\cdots+(1+x^2)^{10}$의 전개식에서 x^4의 계수를 구하라.

14) $\frac{(1+2x)^6-1}{x}$에서 x^2의 계수를 구하라.

15) $1000 < {}_nC_1 + {}_nC_2 + \cdots + {}_nC_{n-1} < 2000$인 n의 값을 구하라.

16) $\log_4({}_{99}C_{50} + {}_{99}C_{51} + \cdots + {}_{99}C_{99})$의 값을 구하라.

17) ${}_nC_0 + {}_nC_1 + {}_nC_2 + \cdots + {}_nC_n = 2048$일 때 자연수 n의 값은?

18) $(2x+1)^4(x-1)^5$의 x^2의 계수를 구하라.

19) $(x^2+1)(x+\frac{1}{x})^8$의 x^4의 계수를 구하라.

20) $(x^2+\frac{1}{2x})^6$의 상수항을 구하라.

21) $(x^2+1)^{10}$의 각 계수들의 합은?

22) $(x-y-2z)^6$의 전개식에서 x^2yz^3의 계수를 구하라.

23) $(x^2+\frac{1}{x}+1)^6$의 전개식에서 x^3의 계수를 구하라.

24) 101^8의 일의 자릿수, 십의 자릿수, 백의 자릿수의 합을 구하라.

25) $(x+y+z)^{10}$을 전개했을 때 z가 포함되지 않는 항의 계수의 합은?

8장

확률의 뜻

동전을 여러 개 던질 때 모두 앞면이 나올 확률은 얼마일까요? 주사위를 던져 각 눈이 나올 확률은 얼마일까요? 확률의 정의에 대해 알아봅시다.

동전 게임

시끄러운 소리가 들려서 잠에서 깼다. 헤아리스는 코를 벌렁거리면서 곤하게 자고 있고, 왕과 놀리스 교수가 게임을 하고 있었다.

"무슨 게임을 하는 거죠?"

내가 놀리스 교수에게 물었다.

"동전 게임을 하고 있어요. 동전 두 개를 던져서 모두 앞면이 나오면 전하께서 10원을 받고 앞면이 한 개만 나오면 내가 10원을 받는 게임이지요."

놀리스 교수는 이렇게 말하고는 동전 두 개에 콧기름을 묻혀 앞면이 한 개 나오기를 기원하며 공중으로 던졌다. 최고점까지 올라간 두 개의 동전은 자유롭게 회전하다가 바닥에 떨어졌다. 하나는 앞면, 하나는 뒷면이었다.

"또 앞면이 하나다."

놀리스 교수가 흥분하여 소리쳤다.

"뭐야? 벌써 다섯 판 연속 앞면이 한 개만 나오잖아? 왜 앞면이 두 개 다 나오지 않는 거지?"

왕이 바닥에 떨어진 두 개의 동전을 주워 찬찬히 살펴보았다. 왕은 아직 한 판도 이기지 못했다고 했다.

"이 게임이 누구에게 유리한지 수학적으로 조사해 보면 어떨까요?"

내가 제안했다.

"게임에도 수학이 필요할까?"

왕은 회의적인 반응을 보였지만 흥미는 있는 듯했다. 그때 헤아리스가 잠에서 깨어 우리의 토론에 끼어들었다. 우리는 원탁에 둘러앉아 모닝커피를 마시며 토론을 시작했다. 우리는 먼저 동전 한 개를 던지는 경우부터 조사해 보기로 했다.

"용어를 만들어야겠어요. 한 개의 동전을 던지는 것처럼 같은 조건 아래서 반복될 수 있고 결과가 우연에 좌우되지만 가능한 모든 결과를 알 수 있는 실험이나 관찰을 '시행'이라고 부르는 게 어떨까요?"

놀리스 교수가 말했다.

모두들 놀리스 교수의 제안에 동의했다. 왕은 시행이란 단어가 어려운지 입으로 중얼거리면서 익숙해지려고 노력했다.

우리는 한 개의 동전을 던졌을 때 나오는 모든 경우를 나열했다. 다음과 같이 두 종류였다.

앞면이 나온다.

뒷면이 나온다.

우리는 놀리스 교수의 제안에 따라 몇 개의 새로운 용어들을 도입했다. 우선 한 개의 시행에서 나올 수 있는 모든 결과들의 집합을 표본공간이라고 부르기로 했다. 그러므로 동전 한 개를 던졌을 때 앞면이 나오는 사건을 H, 뒷면이 나오는 사건을 T라고 하면 이 경우 표본공간은 {H, T}가 되었다.

또한 표본공간의 부분집합을 사건이라고 불렀다. 즉, 이 경우 부분집합은 다음과 같이 네 경우였다.

ϕ, {H}, {T}, {H, T}

우리는 공집합에 대응하는 사건을 공사건이라고 부르기로 했다. 예를 들어 동전을 던지는 경우 동전의 앞면과 뒷면이 동시에 나오는 경우는 없으므로 이 사건은 공사건이었다. 또한 동전을 던졌을 때 앞면 또는 뒷면이 나오는 사건은 반드시 일어나는 사건이므로 이런 사건을 전사건이라고 부르기로 했다. 그리고 {H}, {T}처럼 한 개의 원소로만 이루어진 사건을 근원사건이라고 부르기로 했다.

낯선 용어들이 쏟아지자 왕이 머리가 아픈 표정을 지었다. 그러자 놀리스 교수가 제안했다.

"주사위를 한 개 던지는 시행에서 각각의 용어에 해당하는 사건을 찾아보는 게 어떨까요?"

놀리스 교수는 탁자 위에 큼지막한 주사위를 놓았다. 놀리스 교수의 주머니에는 주사위와 숫자 카드 등 잡동사니들이 항상 비치되어 있었다. 놀리스 교수는 아무 의미 없이 주사위를 휙 던졌다. 1의 눈이 나왔다.

“한 명씩 용어에 대해 말해 보기로 하죠. 우선 주사위 하나를 던지는 것은 시행이에요.”

놀리스 교수가 제일 먼저 말했다.

“주사위를 던졌을 때 나오는 눈은 1, 2, 3, 4, 5, 6이니까 ‘1의 눈이 나오는 것’을 1이라고 쓰기로 하면 표본공간은 {1, 2, 3, 4, 5, 6}이군요.”

헤아리스가 말했다.

“홀수의 눈이 나오는 사건은 집합 {1, 3, 5}로 나타낼 수 있어요. 이 집합은 표본공간의 부분집합이니까 사건이 맞아요.”

내가 말했다.

“1이 나오는 사건을 집합으로 나타내면 {1}이 되는군. 원소가 한 개이니까 이 사건은 근원사건이야.”

왕이 말했다.

“전사건과 공사건은 뭐지?”

왕이 고개를 갸우뚱거리며 물었다.

“전사건은 주사위 하나를 던졌을 때 1 또는 2 또는 3 또는 4 또는 5 또는 6의 눈이 나올 사건이에요. 그러니까 집합으로 나타내면 {1, 2, 3, 4, 5, 6}이 되어 표본공간과 같아지지요. 그리고 7의 눈이 나오는 사건은 일어날 수 없으니까 공사건이지요.”

놀리스 교수가 설명했다.

우리는 주사위를 한 번 던지는 시행을 통해 기본적인 용어들에 익숙해지기 시작했다.

"주사위를 던졌을 때 가능한 사건들은 어떤 게 있을까요?"

헤아리스가 말했다.

우리는 몇 가지 사건을 나열했다. 그리고 사건들을 A, B, C, D로 구분했다.

짝수의 눈이 나오는 사건 : A = {2, 4, 6}

홀수의 눈이 나오는 사건 : B = {1, 3, 5}

3의 배수의 눈이 나오는 사건 : C = {3, 6}

소수의 눈이 나오는 사건 : D = {2, 3, 5}

우리는 이 네 개의 사건을 가지고 이들로부터 파생되는 다른 사건들을 만들어 보기로 했다.

먼저 놀리스 교수가 말했다.

"3의 배수이면서 동시에 홀수인 눈이 나오는 사건은 {3}이에요."

"그건 $B \cap C$가 되는군요."

헤아리스가 말했다.

"맞아요. 3의 배수의 눈이 나오는 사건이 C이고 홀수의 눈이 나오는 사건이 B이니까 3의 배수이면서 홀수인 눈이 나오는 사건은 두 사건의 교집합이 돼요."

놀리스 교수가 말했다.

"그렇다면 3의 배수 또는 홀수인 눈이 나오는 사건은 {1, 3, 5, 6}이 되고 이것은 $B \cup C$가 되는군."

왕이 끼어들었다.

우리는 다음과 같은 중요한 사실을 알게 되었다.

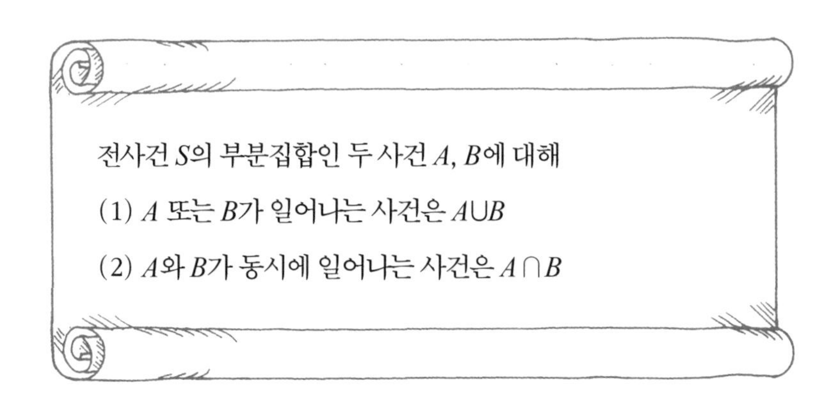

"짝수이면서 동시에 홀수인 눈이 나오는 경우는 없잖아?"

왕이 말했다.

"짝수인 사건 A와 홀수인 사건 B의 공통 원소가 없기 때문이에요. 즉 $A \cap B = \phi$이기 때문이지요."

놀리스 교수가 설명했다. 우리는 두 사건의 교집합이 공집합일 때 두 사건을 배반사건이라고 부르기로 했다. 물론 용어를 만들기 좋아하는 놀리스 교수가 제안한 용어였다. 우리는 두 사건이 배반사건일 때는 두 사건이 동시에 일어날 수 없다는 것을 알았다. 또한 사건 A에 대해 A가 일어나지 않는 사건을 A의 여사건이라 하고 A^c로 나타냈다.

예를 들어 짝수가 나오는 사건의 여사건은 홀수가 나오는 사건이다. 이때 A와 A^c는 배반사건이 되었다. 그것은 집합 연산의 기본 성질인 $A \cap A^c = \phi$이기 때문이었다.

"동전 게임에서 내가 왜 놀리스 교수를 이길 수 없었던 거지?"

50원을 잃은 것이 떠오른 왕이 불쾌한 표정을 지으며 물었다.

"동전 두 개를 던지는 시행에서 가능한 모든 경우를 나열해 보는 게 좋겠어요."

놀리스 교수가 제안했다. 우리는 두 동전을 던졌을 때 나오는 경우를 그림으로 그려 보았다.

모두 네 가지 경우였다. 우리는 동전의 앞면을 H, 뒷면을 T로 쓰고 이것을 앞면의 개수에 따라 세 개의 사건으로 나누었다.

앞면이 2개 나오는 사건 : $A = \{HH\}$

앞면이 1개 나오는 사건 : $B = \{HT, TH\}$

앞면이 0개 나오는 사건 : $C = \{TT\}$

전사건 : $U = \{HH, HT, TH, TT\}$

"뭐야? 앞면이 두 개 나오는 사건은 한 가지 경우이고, 앞면이 한 개 나오는 사건은 두 가지 경우잖아? 교수가 유리한 게임이었어."

왕이 놀리스 교수를 날카롭게 노려보았다.

"동의합니다, 전하. 이 게임은 공정하지 못했으므로 제가 딴 돈 50원은 돌려드리겠습니다."

놀리스 교수는 주머니에서 50원을 꺼내 왕에게 건네주었다. 왕은 당연히 그래야 한다는 듯 미안한 마음 없이 돈을 넙죽 받아 주머니에 넣었다.

그리고는 기분 좋은 표정으로 말했다.

"사건이 일어나는 경우의 수가 많을수록 그 사건이 일어날 가능성이 높겠군."

"지금 뭐라고 말씀하셨죠?"

놀리스 교수가 놀란 눈으로 왕에게 물었다.

"가능성이라고 했는데……."

왕은 영문을 몰라 어리둥절해했다.

"가능성은 영어로 probability예요. 이 용어를 새로운 수학에 도입하는 게 어떨까요?"

놀리스 교수가 제안했다.

"같은 영어 단어라도 수학에서는 다른 용어로 불러야 해요. 그러지 않으면 일반 사람들이 당황해할지도 몰라요."

헤아리스가 반박했다.

한 시간이나 생각한 끝에 우리는 probability를 '확률'로 번역하기로 했다. '각 사건의 경우의 수'의 '전사건의 경우의 수'에 대한 비율을 '그 사건이 일어날 확률'이라고 정의하고, 사건 A가 일어날 확률을 P(A)라고 쓰기로 했다. 우리는 두 개의 동전을 던졌을 때 일어나는 3개의 사건의 확률을 구해 보기로 했다.

앞면이 2개 나오는 사건 : A = {HH}
앞면이 1개 나오는 사건 : B = {HT, TH}
앞면이 0개 나오는 사건 : C = {TT}
전사건 : U = {HH, HT, TH, TT}

우리는 사건이 일어나는 경우의 수를 구했다. 그것은 각 사건을 나타내는 집합의 원소의 개수와 같았다.

앞면이 2개 나오는 사건 : A = {HH}, A의 경우의수 : $n(A) = 1$
앞면이 1개 나오는 사건 : B = {HT, TH}, $n(B) = 2$
앞면이 0개 나오는 사건 : C = {TT}, $n(\mathrm{C}) = 1$
전사건 : U = {HH, HT, TH, TT}, $n(U) = 4$

전사건의 경우의 수에 대한 각 사건의 경우의 수를 그 사건이 일어날 확률이라고 정의했으므로, 그 결과는 다음과 같았다.

앞면이 2개 나올 확률 : $\mathrm{P(A)} = \frac{1}{4}$
앞면이 1개 나올 확률 : $\mathrm{P(B)} = \frac{2}{4}$

앞면이 0개 나올 확률 : $P(C)=\frac{1}{4}$

확률로 표현하자 왕이 교수에게 질 수밖에 없었던 이유가 쉽게 납득이 되었다. 앞면이 한 개 나올 확률이 앞면이 두 개 나올 확률의 두 배나 되었다.

"가만, 각 사건의 확률을 모두 더하면 1이 되는데!"

왕이 이상한 것을 발견한 듯 소리쳤다.

헤아리스가 왕의 발견을 확인해 주었다.

$$\frac{1}{4}+\frac{2}{4}+\frac{1}{4}=1$$

"우연히 그런 건지도 모르잖아요."

내가 냉소적으로 말했다.

"다른 문제에서 확인해 보면 되지."

왕이 입을 삐죽 내밀며 말했다. 왕은 아무도 자신의 발견을 축하해 주지 않은 것에 대해 화가 난 듯했다.

그러자 헤아리스는 동전이 세 개인 경우도 따져 보기로 했다. 동전 세 개를 던졌을 때 앞면의 개수에 따라 사건을 나누면 다음과 같았다.

앞면이 3개 나오는 사건 : A = {HHH}

앞면이 2개 나오는 사건 : B = {HHT, HTH, THH}

앞면이 1개 나오는 사건 : C = {HTT, THT, TTH}

앞면이 0개 나오는 사건 : D = {TTT}

전사건 : U = {HHH, HHT, HTH, THH, HTT, THT, TTH, TTT}

전사건의 경우의 수가 8개이므로 각 사건의 확률은 다음과 같았다.

앞면이 3개 나올 확률 : $P(A) = \frac{1}{8}$

앞면이 2개 나올 확률 : $P(B) = \frac{3}{8}$

앞면이 1개 나올 확률 : $P(C) = \frac{3}{8}$

앞면이 0개 나올 확률 : $P(D) = \frac{1}{8}$

헤아리스는 각 사건이 일어날 확률을 더해 보았다.

$$\frac{1}{8} + \frac{3}{8} + \frac{3}{8} + \frac{1}{8} = 1$$

이번에도 왕의 추측이 맞았다. 왕은 어깨를 으쓱거리고는 나를 째려보았다. 나는 고개를 푹 숙인 채 왕과 시선을 마주치지 않으려고 노력했다.

상황을 눈치챈 놀리스 교수가 우리 두 사람을 번갈아 보며 입을 열었다.

“동전 세 개를 던지는 게임에서 전하가 앞면이 세 개 나오는 쪽을 택하고 제가 앞면이 하나 나오는 쪽을 택했다면 더 많이 잃었을 겁니다. 이 경우 앞면이 한 개만 나올 확률이 앞면이 세 개 나올 확률의 세 배이니까요.”

“그렇군. 하지만 게임은 공정해야 해. 그렇지 않으면 다시 내게 돈을 돌려주어야 할 테니까 말이야.”

왕은 돈을 돌려받은 것에 대해 여전히 기분이 좋은 듯했다. 놀리스 교수의 농담 섞인 얘기로 분위기는 다시 화기애애해졌다.

주사위 게임

놀리스 교수가 주사위 두 개를 탁자 위에 놓으면서 말했다.

“이번에는 주사위 게임을 해 보죠.”

“어떤 게임?”

왕이 호기심을 보였다.

이번에는 절대로 지지 않겠다는 의지가 담긴 목소리였다.

“주사위 두 개를 던져서 두 눈의 합을 맞히는 게임이에요. 주사위의 눈은 1부터 6까지이니까 두 눈의 합은 2부터 12까지이지요. 2부터 12까지의 수를 부르고 주사위 두 개를 던져서 맞힌 사람은 빠지고 못 맞힌 사람은 계속 남는 걸 반복해 꼴등을 결정하기로 하죠.”

“좋은 생각이야.”

왕이 전의를 불태웠다.

먼저 왕이 "2"를 외치고 주사위 두 개를 던졌다. 두 개의 주사위는 1과 6이었고 따라서 그 합은 7이었다. 왕은 매우 실망한 표정을 지었다. 놀리스 교수는 입가에 희미한 미소를 지으며 큰 소리로 "7"이라고 소리치고는 주사위를 던졌다. 이번에는 2와 5가 나왔다. 놀리스 교수는 환호성을 치며 좋아했다.

게임은 계속되었다. 왕은 혹시라도 외치는 수를 바꾸면 그 수가 나올 때 아쉬워할 것을 생각해서 계속 2만을 외쳤다. 시간이 흐를수록 한 사람 한 사람 빠져나가더니 결국 왕이 꼴등을 했다.

"오늘따라 왜 이렇게 게임이 안 되는 거지?"

왕이 투덜거렸다.

"2를 선택해서는 맞힐 가능성이 적어요."

헤아리스가 말했다.

"그건 왜지? 어느 수든 마찬가지 아닌가?"

"그렇지 않습니다. 하나의 주사위에서 나오는 눈의 종류는 여섯 가지이므로 두 개의 주사위를 던졌을 때 가능한 경우의 수는 $6 \times 6 = 36$가지예요. 이것을 두 눈의 합을 기준으로 해서 다시 쓰면 다음과 같지요.

두 눈의 합이 2인 경우 : (1, 1)

두 눈의 합이 3인 경우 : (1, 2), (2, 1)

두 눈의 합이 4인 경우 : (1, 3), (2, 2), (3, 1)

두 눈의 합이 5인 경우 : (1, 4), (2, 3), (3, 2), (4, 1)

두 눈의 합이 6인 경우 : (1, 5), (2, 4), (3, 3), (4, 2), (5, 1)

두 눈의 합이 7인 경우 : (1, 6), (2, 5), (3, 4), (4, 3), (5, 2), (6, 1)

두 눈의 합이 8인 경우 : (2, 6), (3, 5), (4, 4), (5, 3), (6, 2)

두 눈의 합이 9인 경우 : (3, 6), (4, 5), (5, 4), (6, 3)

두 눈의 합이 10인 경우 : (4, 6), (5, 5), (6, 4)

두 눈의 합이 11인 경우 : (5, 6), (6, 5)

두 눈의 합이 12인 경우 : (6, 6)

보시는 것처럼 두 눈의 합이 2가 되는 경우는 두 주사위 모두 1의 눈이 나오는 경우 하나뿐이지만, 두 눈의 합이 7이 되는 경우는 여섯 가지나 돼요. 각 사건의 경우의 수를 전체 경우의 수인 36으로 나누어 확률로 나타낼 수도 있어요.

두 눈의 합이 2일 확률 $= \frac{1}{36}$

두 눈의 합이 3일 확률 $= \frac{2}{36}$

두 눈의 합이 4일 확률 $= \frac{3}{36}$

두 눈의 합이 5일 확률 $= \frac{4}{36}$

두 눈의 합이 6일 확률 $= \frac{5}{36}$

두 눈의 합이 7일 확률 $= \frac{6}{36}$

두 눈의 합이 8일 확률 $= \frac{5}{36}$

두 눈의 합이 9일 확률 $= \frac{4}{36}$

두 눈의 합이 10일 확률 $= \frac{3}{36}$

두 눈의 합이 11일 확률 $= \frac{2}{36}$

두 눈의 합이 12일 확률 $= \frac{1}{36}$

그러니까 두 눈의 합이 7이 나올 확률이 $\frac{6}{36}$으로 제일 높고, 두 눈의 합이 2가 나올 확률이 $\frac{1}{36}$로 제일 낮지요."

헤아리스가 장황하게 설명했다.

"놀리스 교수에게 또 당했군."

왕이 입을 삐죽 내밀며 말했다.

브레이브 국의 활쏘기 대회

우리가 토론을 마칠 즈음 방문이 열리며 활과 화살집을 어깨에 둘러멘 남자가 들어왔다. 덩치가 크고 얼굴이 우락부락한 남자였다. 나와 헤아리스는 왕의 앞으로 나아가 왕을 보호했다. 혹시라도 있을지 모를 남자의 공격을 막기 위해서였다. 놀리스 교수는 겁에 질린 얼굴로 왕의 뒤에 숨어 고개를 숙이고 있었다.

"전하, 저는 브레이브 국의 코리지 수상입니다."

남자가 왕에게 다가와 허리를 90도로 숙이고 정중하게 인사했다. 그제야 우리는 남자에 대한 경계를 풀었다. 왕은 잠시 위축되어 있던 얼굴을 펴고 애써 의연하게 수상을 맞이했다. 그날 우리는 수상을 따라 활쏘기 대회장으로 향했다.

브레이브 국은 용맹한 전사들이 많이 모여 사는 나라였다. 이 나라에서 남자는 태어날 때부터 활과 가까이 지낸다. 따라서 이 나라의 가장 인기 있는 대회는 최고의 궁사를 뽑는 활쏘기 대회였다.

대회장에는 많은 사람들이 모여 있었다. 우리는 가장 전망이 좋은 로얄석에 앉아서 구경했다.

수상이 개회 선언을 하고, 두 사람이 양궁 대결을 펼쳤다. 번갈아 가면서 과녁에 화살을 쏘아 더 높은 점수를 낸 사람이 이기는 방식이었다. 과녁은 세 개의 동심원으로 이루어져 있고 각 영역은 색깔이 달랐다.

화살이 빨간색 부분에 맞으면 3점, 파란색 부분에 맞으면 2점, 노란색 부분에 맞으면 1점을 받게 되어 있었다.

"왜 점수가 다른 거지?"

왕이 망원경으로 과녁을 보며 궁금해했다.

"맞힐 확률이 다르기 때문이에요."

옆에 앉아 있던 놀리스 교수가 간결하게 대답했다.

"어떻게 맞힐 확률을 계산하지?"

"영역의 크기를 비교하면 돼요. 이 경우에는 빨간색 부분의 넓이, 파란색 부분의 넓이, 노란색 부분의 넓이를 비교하면 되지요. 영역의 넓이가 넓을수록 맞히기가 쉬우니까 맞힐 확률이 높아져요."

"재미있는 문제야. 연구해 볼 만한 가치가 있겠는데."

왕이 호기심을 보였다.

우리는 과녁의 각 영역의 넓이를 조사했다. 가장 안쪽 원의 반지름이 1, 두 번째 원의 반지름이 2, 세 번째 원의 반지름이 3이라고 가정했다. 그러자 다음과 같은 계산 결과가 나왔다.

빨간색 원의 넓이 $= \pi \times 1^2 = \pi$

파란색 원의 넓이 $= \pi \times 2^2 - \pi \times 1^2 = 3\pi$

노란색 원의 넓이 $= \pi \times 3^2 - \pi \times 2^2 = 5\pi$

전체 원의 넓이 $= 9\pi$

우리는 각 영역의 넓이를 전체 넓이로 나눈 것을 그 영역에 화살이 맞을 확률이라고 정의했다. 놀리스 교수가 이 확률은 기하와 관계 있으니 기하학적 확률이라고 부르자고 했다. 우리는 각 영역에 화살을 맞힐 기하학적 확률을 계산했다.

빨간색 원을 맞힐 확률$=\frac{1}{9}$

파란색 원을 맞힐 확률$=\frac{3}{9}$

노란색 원을 맞힐 확률$=\frac{5}{9}$

노란색 원을 맞힐 확률이 가장 높고, 빨간색 원을 맞힐 확률이 가장 낮았다. 즉, 노란색 원을 맞히기는 쉽고 빨간색 원을 맞히기는 어렵다는 뜻이다. 그러므로 어려운 일을 한 사람에게 점수를 더 주어야 한다는 원칙에 따라 빨간색 원이 점수가 제일 높고 노란색 원이 점수가 제일 낮게 책정된 것이었다.

우리는 도형과 관련된 문제에도 확률의 개념이 사용될 수 있다는 사실에 고무되었다. 왕도 왜 빨간색 원을 맞힐 때 점수가 더 높아야 하는지를 이해했는지 집중해 경기를 보았다. 10발을 모두 빨간색 영역에 맞힌 선수가, 9발을 빨간색 영역에 나머지 1발을 노란색 영역에 맞힌 선수를 이겼다. 10발 모두를 맞힐 확률이 낮은 빨간색 영역에 맞힌 선수에게 박수 세례가 쏟아졌다. 우리도 열렬히 그 선수의 이름을 연호하며 열심히 박수를 쳐 주었다.

코리지 수상은 우리를 야구장으로 데리고 갔다. 마침 매쓰피아 팀과 프로비 팀의 결승전이 열리고 있었다. 이번에도 우리는 야구장이 훤히 내려다보이는 로얄석에 앉았다. 팽팽한 투수전이 전개되면서 9회 초 프로비 팀의 공격까지 0 : 0이었다. 야구에 별 관심이 없는 왕은 연신 하품을 해 대며 지루해하는 표정이었다. 하지만 수상이 초청해 준 성의를 봐서 경기가 끝날 때까지는 자리를 뜰 수 없었다. 이제 9회 말 매쓰피아 팀의 마지막 공격만이 남았다.

선수들이 갑자기 안타를 몰아치면서 투아웃에 만루의 찬스가 되었다. 이제 안타 한 방이면 매쓰피아 팀의 승리였다. 매쓰피아 팀 응원단은 북과 꽹과리를 요란하게 때리면서 매쓰피아 팀의 안타를 기원했다. 만루에 등장한 선수는 이비실 선수였다.

전광판에는 이비실 선수 옆에 0.01이라는 숫자가 쓰여 있었다.

"0.01이 뭐지?"

왕이 물었다.

"이비실 선수의 지난 해 타율이에요."

야구 마니아인 헤아리스가 설명했다.

"타율? 그게 뭐지?"

"볼넷이나 몸에 맞는 볼 등과 같은 경우를 제외한 타석에서 안타를 친 횟수를 전체 타석 수로 나눈 거지요."

"안타를 칠 확률이라고 보면 되겠군."

"그렇습니다."

"뭐야? 저 선수의 타율이 0.01이면 안타를 칠 확률이 $\frac{1}{100}$이니까 100번 나와서 한 번 정도 안타 친다는 얘기잖아? 너무 못 치잖아."

왕이 입을 삐죽 내밀며 말했다.

그때 장내 아나운서가 이비실 선수 대신 나안타 선수가 나온다는 멘트를 전했다. 전광판에서 이비실 선수의 이름이 사라지고 대신 나안타 선수의 이름과 0.4라는 숫자가 떴다.

"우와! 타율이 0.4야. 그럼 $\frac{4}{10}$이니까 열 번 중에 네 번 안타를 치는 셈이네. 정말 이름대로 안타를 잘 치는 선수로군.”

왕도 타율의 개념을 이해한 듯했다.

‘까앙’ 하는 소리와 함께 나안타 선수가 친 공이 펜스를 넘어갔다. 만루 홈런이었다. 이렇게 두 팀의 팽팽했던 경기는 안타를 칠 확률이 높은(타율이 좋은) 나안타 선수의 대타 작전이 잘 맞아떨어져 매쓰피아 팀의 4 : 0 승리로 끝이 났다.

코리지 수상은 하루 종일 우리를 여러 경기장으로 데리고 갔다. 수상은 백성들의 용맹함을 우리에게 과시하려는 듯했다. 하지만 우리는 경기를 보는 것뿐 아니라 경기 속에서 새로운 확률의 개념을 찾아내느라 몹시 피곤했다. 이윽고 날이 어둑해지자 우리는 수상이 마련해 준 숙소에서 쉴 수 있었다.

EXERCISE 8

한 개의 주사위를 던질 때 홀수의 눈이 나오는 사건을 A, 3의 배수의 눈이 나오는 사건을 B라 할 때 다음 사건을 집합으로 나타내라. 예를 들어, 1의 눈이 나오는 사건은 {1}이라고 쓴다.

1) $A \cap B$

2) $A \cup B$

3) A^c

4) $A^c \cup B^c$

한 개의 주사위를 던질 때 2의 배수의 눈이 나오는 사건을 A, 소수의 눈이 나오는 사건을 B라 할 때 다음 사건을 집합으로 나타내라.

5) $A \cap B$

6) $A \cup B$

7) A^c

8) $A^c \cup B^c$

9) 동전 한 개를 던지는 시행에 대해 표본공간과 근원사건을 구하라.

10) 한 개의 주사위를 던질 때 다음 중 배반사건인 것을 말하라.

A : 짝수의 눈이 나오는 사건

B : 홀수의 눈이 나오는 사건

C : 6의 약수의 눈이 나오는 사건

11) 1개의 주사위를 던질 때 홀수의 눈이 나오는 사건과 배반인 사건의 개수를 구하라.

12) 2개의 주사위를 동시에 던질 때 눈의 수의 합이 9일 확률을 구하라.

13) 2개의 주사위를 동시에 던질 때 나온 눈의 합이 3의 배수일 확률을 구하라.

14) 3개의 동전을 동시에 던질 때 2개는 앞면, 1개는 뒷면이 나올 확률을 구하라.

15) 6개의 빨간 공과 3개의 흰 공이 있는 주머니에서 1개의 공을 뽑을 때 그것이 흰 공일 확률을 구하라.

빨간 구슬 4개와 흰 구슬 3개가 들어 있는 주머니에서 동시에 2개의 구슬을 꺼낼 때 다음 확률을 구하라.

16) 2개 모두 빨간 구슬

17) 빨간 구슬 1개, 흰 구슬 1개

18) 적어도 1개가 흰 구슬

흰 공 3개와 검은 공 6개가 들어 있는 주머니에서 동시에 3개의 공을 꺼낼 때 다음 확률을 구하라.

19) 흰 공 1개, 검은 공 2개

20) 3개 모두 같은 색

21) a, b, c, d, e, f, g의 7개의 문자를 원형으로 배열할 때 a, b가 이웃할 확률은?

22) a, b, c, d, e, f, g의 7개의 문자를 일렬로 배열할 때 a, b가 이웃할 확률은?

23) 주머니 속에 흰 공과 검은 공을 합쳐 6개가 있다. 이 주머니에서 2개를 꺼내 보고 다시 넣는 시행을 여러 번 반복했더니 5번에 1번 꼴로 2개 모두 흰 공이었다. 이 주머니에는 흰 공이 몇 개라고 생각할 수 있는가?

24) 주머니에 흰 공과 검은 공을 합쳐 8개가 들어 있다. 여기서 2개를 꺼내 보고 다시 넣는 시행을 여러 번 반복하였더니 14번에 5번 꼴로 2개 모두 흰 공이었다. 이 주머니에는 흰 공이 몇 개라고 생각할 수 있는가?

2개의 주사위를 동시에 던질 때 다음 확률을 구하라.

25) 2개의 눈이 같은 수

26) 두 눈의 곱이 완전제곱수

27) 두 눈의 차가 3 이상

A, B, C, D, E를 일렬로 세우는데

28) A가 맨 앞에 설 확률은?

29) A, B 사이에 다른 한 학생이 서 있을 확률은?

30) 어느 병원에서 간암 검사를 한 결과 10000명 중 9990명이 정상이었다. 어떤 사람이 간암에 걸릴 통계적 확률을 구하라.

31) A, B 두 사람이 이 순서로 동전을 던져 앞면이 먼저 나오는 사람이 이기는 것으로 한다. A가 동전을 2회까지 던져도 이기지 못하면 B가 이기는 것으로 할 때 A, B가 이길 확률을 구하라.

9장

확률의 연산

어떤 일이 일어나지 않을 확률과 일어날 확률의 관계는 무엇일까요? 확률의 덧셈 정리란 무엇일까요? 여러 가지 확률의 연산에 대해 알아봅시다.

다음 날 우리는 바다가 훤히 보이는 테라스가 있는 숙소에 있었다. 우리는 마치 바다가 있는 휴양지에 온 것 같은 기분이 들었다. 방 안에는 네 사람이 앉을 수 있는 식탁이 있었고, 그 위에는 아메리칸 스타일의 아침 식사가 차려져 있었다. 우리는 배가 너무 고파 정신없이 차려진 음식을 먹었다. 음식을 모두 먹어 치우자 음식 그릇이 사라지고 구수한 향이 감도는 차가 나왔다. 차를 마시면서 이 나라는 어떤 나라일까 궁금해하고 있는데, 왕이 모두를 둘러보더니 별안간 말했다.

"확률에 대해 좀 더 이론적인 체계를 세울 필요가 있을 것 같아."

"어떤 체계를 말하는 거죠?"

놀리스 교수가 왕의 의도를 잘 이해하지 못하겠다는 듯 물었다.

"글쎄…… 일반적인 공식들이나 법칙들 그런 거 말이야."

왕도 구체적으로 떠오르는 게 없는 듯했다.

하지만 우리가 확률을 새로운 수학 이론으로 만들어 수리덤 왕국의 사람들에게 가르치기 위해서는 왕의 제안대로 체계적인 이론을

만들어 내는 것이 필요하다는 데에 모두 뜻을 모았다. 그래서 며칠 동안 이 문제를 고민하기로 결정했다.

여사건의 확률

놀리스 교수가 1번부터 10번까지 숫자가 적힌 열 장의 카드를 준비해 왔다.

"뭔가 대상이 있으면 좋을 것 같아요. 그래서 카드를 준비했어요.

열 장의 카드에서 한 장을 임의로 뽑는 경우를 생각해 보죠. 여기서 홀수를 뽑을 확률을 구해 보아요."

놀리스 교수가 제안했다.

"간단해요. 홀수는 1, 3, 5, 7, 9의 다섯 가지이고 전체 경우의 수는 열 가지이니까 홀수를 뽑을 확률은 $\frac{5}{10}=\frac{1}{2}$이에요."

헤아리스가 말했다.

"짝수도 2, 4, 6, 8, 10의 다섯 가지이니까 짝수를 뽑을 확률도 $\frac{5}{10}$ $=\frac{1}{2}$이군."

왕이 잽싸게 말했다.

"좋은 생각이 있어요. 홀수가 나오는 사건을 A라고 해 보죠. 그러면 짝수가 나오는 사건은 A의 여집합인 A^c가 돼요. 그러니까 이 경우, $\mathrm{P}(A)=\frac{1}{2}$ 그리고 $\mathrm{P}(A^c)=\frac{1}{2}$이 되어 $\mathrm{P}(A)+\mathrm{P}(A^c)=1$이 돼요. 그러니까 어떤 사건의 여사건의 확률은 1에서 그 사건의 확률을 뺀 값이 돼요."

놀리스 교수가 신기한 것을 발견한 듯 신이 나서 말했다.

"우연히 성립한 건지도 모르니까 다른 경우도 헤아려 봐야 해요."

내가 침착한 어조로 말했다.

"헤아릴 필요 없어요. 증명을 할 수 있으니까요. 전체 경우의 수를 n이라고 하고 사건 A가 일어나는 경우의 수를 m이라고 하면 사건 A가 일어나지 않는 경우의 수는 $n-m$이 돼요. 그러니까 사건 A가 일어날 확률은 $P(A)=\frac{m}{n}$이 되고, 사건 A가 일어나지 않을 확률은 $P(A^c)=\frac{n-m}{n}$이 돼요. 그러므로 $P(A)+P(A^c)=\frac{m}{n}+\frac{n-m}{n}=\frac{n}{n}=1$이 돼요."

놀리스 교수가 입가에 미소를 띠며 말했다. 모두들 놀리스 교수를 존경스러운 눈빛으로 바라보았다. 신중론을 폈던 나도 더 이상 반박할 거리를 찾지 못했다. 놀리스 교수의 증명은 완벽했기 때문이었다. 우리는 이 공식을 여사건의 확률 공식이라고 불렀다.

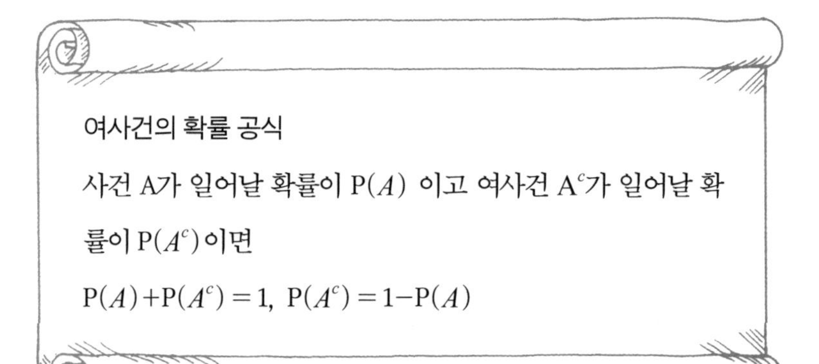

여사건의 확률 공식

사건 A가 일어날 확률이 $P(A)$ 이고 여사건 A^c가 일어날 확률이 $P(A^c)$이면

$$P(A)+P(A^c)=1,\ P(A^c)=1-P(A)$$

확률의 덧셈 정리

첫 번째 공식을 찾아낸 우리는 모두 들떠 있었다. 얽혀 있던 실타래가 풀리듯 술술 아이디어가 떠오르기 시작한 것이다. 헤아리스가 먼저 포문을 열었다.

“경우의 수를 공부할 때 합의 법칙과 곱의 법칙을 만든 게 떠올라요.”

“맞아. 확률에도 합의 법칙이나 곱의 법칙이 있을 것 같아. 그걸 만들어 보는 게 어때?”

왕이 들뜬 목소리로 말했다.

“합의 법칙은 ‘또는’과 관련되었던 것 같아요.”

내가 끼어들었다.

“카드 문제에서 2의 배수 또는 3의 배수가 나올 확률을 구해 보죠. 2의 배수가 나오는 경우는 2, 4, 6, 8, 10 의 다섯 가지이고 3의 배수가 나오는 경우는 3, 6, 9의 세 가지이니까 2의 배수 또는 3의 배수가 나오는 경우는 $5+3=8$(가지)예요. 그러니까 2의 배수 또는 3의 배수가 나올 확률은 $\frac{8}{10}$이지요.”

헤아리스가 자신만만한 표정으로 말했다.

“6은 2의 배수에도 3의 배수에도 포함되잖아?”

왕이 지적했다.

“이제 생각나요. 경우의 수의 합의 법칙에서도 공통으로 들어가는 경우의 수는 빼 주었던 게 기억이 나요. 이 경우에도 A 또는 B가 일어나는 경우의 수는 $5+3-1=7$(가지)가 돼요. 그러니까 2의 배수 또는 3의 배수가 나올 확률은 $\frac{7}{10}$이 되지요.”

놀리스 교수가 최종 결론을 내렸다. 우리는 이전에 경우의 수를 연구할 때의 기억을 떠올려 일반적인 법칙을 찾기로 했다. 우선 두 사건 A, B가 있고 전체 경우의 수가 n가지이고 사건 A가 일어나는 경우의 수가 m가지, 사건 B가 일어나는 경우의 수가 k가지, 사건 A와 사건 B가 동시에 일어나는 경우의 수가 p가지라고 하면 사건 A 또는 B가 일어나는 경우의 수는 $m+k-p$가 되었다. 그러므로 A 또는 B가 나올 확률은 $\frac{m+k-p}{n}$가 되었다. 우리는 이것을 다음과 같이 써 보았다.

$$\frac{m}{n}+\frac{k}{n}-\frac{p}{n}$$

이때 $\frac{m}{n}$은 사건 A가 일어날 확률이므로 $P(A)$라고 쓸 수 있고, $\frac{k}{n}$는 사건 B가 일어날 확률이므로 $P(B)$라고 쓸 수 있고, $\frac{p}{n}$는 사건 A와 B가 동시에 일어날 확률이므로 $P(A \cap B)$라고 쓸 수 있었다. 우리는 경우의 수의 합의 법칙과 구별하기 위해 이 법칙을 확률의 덧셈 정리라고 불렀다.

만일 두 사건이 배반사건이면 두 사건이 동시에 일어나지 않으므로 $P(A \cap B)=0$이 되어 A 또는 B가 일어날 확률은 A가 일어날 확률과 B가 일어날 확률의 합이 되었다.

그러므로 확률의 덧셈 정리는 다음과 같이 요약될 수 있었다.

확률의 덧셈 정리

1) $P(A \cup B)$: A 또는 B가 일어날 확률

A와 B 중 적어도 하나가 일어날 확률

2) $P(A \cap B)$: A와 B가 동시에 일어날 확률

3) $A \cap B \neq \phi$일 때

$P(A \cup B) = P(A) + P(B) - P(A \cap B)$

4) $A \cap B = \phi$일 때,

$P(A \cup B) = P(A) + P(B)$

마린 국의 시푸드 수상

그때 바다 쪽으로부터 경쾌한 엔진 소리가 들렸다. 모터보트가 다가오는 듯했다. 우리는 소리의 정체가 궁금해 테라스로 나가 보았다. 고급스러워 보이는 모터보트 한 대가 우리 쪽으로 다가오고 있었다. 보트가 테라스 바로 앞에서 멈추더니 부부로 보이는 두 사람이 배에서 내려 우리를 향해 걸어왔다.

"전하, 불편한 점은 없으셨나요?"

남자가 말했다.

"누구지?"

왕이 눈을 깜빡거리며 물었다. 모든 나라의 수상들이 자신을 왕으로 섬기는 사실을 잠시 잊은 듯했다.

"여기는 마린 국이에요. 저는 마린 국의 수상인 시푸드지요."

남자가 자신을 소개했다.

시푸드 수상 부부는 우리를 테라스에 마련된 널찍한 테이블로 안내했다. 그리고 이 나라에서만 맛볼 수 있는 진귀한 열대 과일들을 선보였다. 아침 식사를 방금 마친 후라 우리에게는 디저트인 셈이었다. 과일들은 대체로 달짝지근했지만 맛과 향이 일품이었다.

"확률 게임을 하는 게 어때요?"

시푸드 수상이 제안했다.

"게임? 그걸 왜 해야 하지?"

왕이 빈정거리는 투로 물었다.

"게임에서 이기고 지는 것은 모두 확률과 관계있으니까 여러분이 책을 쓰는 데 도움이 될 거예요."

수상이 빙긋 웃더니 가지고 온 조그만 주머니를 흔들었다. 구슬이 부딪는 소리가 들렸다.

"돈이 들어 있는 건가?"

왕이 물었다.

"구슬이 들어 있어요. 흰 구슬이 3개, 검은 구슬이 4개, 빨간 구슬이 5개 들어 있지요. 이제 게임을 하기로 하죠. 우리 부부가 같은 편이 되고 전하와 놀리스 교수가 한편이 되기로 해요."

놀리스 교수가 난처한 눈빛으로 나와 헤아리스를 바라보았다. 나와 헤아리스가 게임에서 빠졌기 때문이다. 나와 헤아리스는 약간 기분이 상했지만 그렇지 않은 척하며 심판을 보기로 했다.

"주머니에서 2개의 구슬을 꺼내서 서로 다른 색이 나오면 우리 팀이 이기는 걸로 하고, 같은 색이 나오면 전하의 팀이 이기는 걸로 하죠."

수상이 제안했다.

왕과 놀리스 교수는 재미있는 게임이라고 생각하며 서로 하이파이브를 했다. 나는 세 가지 색깔의 구슬이 개수가 다르다는 것이 좀 찜찜했다. 뭔가 공정하지 않은 듯한 기분이 들었기 때문이었다. 하지만 확신이 서지 않아 조용히 심판을 보기로 했다.

게임이 시작되었다. 9판 중에서 5판을 먼저 이기는 팀이 승리하는 것으로 정했는데 5 : 2로 수상 부부 팀이 이겼다.

"진 팀은 벌칙을 받아야죠?"

수상이 장난 섞인 소리로 말했다.

"이 게임은 당신 팀이 유리한 게임이에요."

놀리스 교수의 말에 왕은 안도하는 눈치였다.

"어째서 우리가 더 유리하죠? 두 개를 꺼냈을 때 같은 색이 나올 확률이나 다른 색이 나올 확률이나 모두 $\frac{1}{2}$이잖아요"

수상이 어리둥절해하며 물었다.

"차근차근 따져야 해요. 흰 구슬이 3개, 검은 구슬이 4개, 빨간 구슬이 5개 들어 있는 주머니에서 2개의 구슬을 꺼낼 때 2개가 모두 같은 색깔일 경우는 다음과 같이 세 종류예요.

A: 흰색 2개

B: 검은색 2개

C: 빨간색 2개

세 사건 A, B, C는 동시에 일어날 수 없으니까 배반사건이지요. 그러니까 같은 색깔이 되는 경우는 A 또는 B 또는 C가 일어나는 경우예요. 즉, $P(A\cup B\cup C)$를 구하면 되지요. 세 사건이 배반사건일 때는 $P(A\cup B\cup C)=P(A)+P(B)+P(C)$가 돼요. 구슬을 두 개 뽑는 전체 경우의 수는 ${}_{12}C_2$(가지)이고 흰 구슬 두 개를 뽑는 경우의 수는 흰 구슬 세 개에서 두 개의 구슬을 뽑는 경우의 수이므로 ${}_{3}C_2$(가지)이지요.

그러므로 흰 구슬 두 개를 뽑을 확률 $P(A)=\frac{{}_{3}C_{2}}{{}_{12}C_{2}}$가 돼요. 마찬가지로 검은 구슬 두 개를 뽑을 확률은 $P(B)=\frac{{}_{4}C_{2}}{{}_{12}C_{2}}$이고, 빨간 구슬 두 개를 뽑을 확률은 $P(C)=\frac{{}_{5}C_{2}}{{}_{12}C_{2}}$가 되지요. 그러니까 두 개의 구슬을 뽑았을 때 같은 색깔일 확률은 $P(A)+P(B)+P(C)=\frac{{}_{3}C_{2}}{{}_{12}C_{2}}+\frac{{}_{4}C_{2}}{{}_{12}C_{2}}+\frac{{}_{5}C_{2}}{{}_{12}C_{2}}=\frac{19}{66}$이 되고, 다른 색깔일 확률은 $1-\frac{19}{66}=\frac{47}{66}$이 되어 서로 다른 색깔의 구슬을 뽑을 확률이 더 높지요."

놀리스 교수가 장황하게 설명했다. 놀리스 교수의 설명 덕택에 모두들 조금 전에 했던 게임이 수상 팀에게 유리했다는 것을 알게 되었다.

상자 속 공

그때 우리 눈앞에서 바다의 모습이 희미해지기 시작했다. 우리는 어딘가로 향하는 강한 힘에 이끌렸다. 마치 성간 물질이 블랙홀에 끌려가듯이 우리는 무시무시한 속력으로 좁고 긴 터널 속으로 빨려 들어갔다. 우리는 너무 무서워 눈을 꼭 감았다. 태어나서 이렇게 빠르게 움직여 보기는 처음이었기 때문이다. 잠시 후, 몸이 더 이상 움직이지 않는다는 것을 알았을 때 우리는 조용히 눈을 떴다. 우리는 어두침침한 방 한가운데 있었다. 유리창도 문도 없이 사방이 막혀 있고 조명도 희미한 곳이었다. 우리는 이것이 바이스의 공격임을 알 수 있었다. 우리는 희미한 조명 아래 조그만 쪽지가 매달려 있는 것을 발견했다. 쪽지에는 다음과 같이 쓰여 있었다.

> 두 개의 상자 A, B가 있다. 상자 A에는 흰 공 3개, 검은 공 4개가, B에는 흰 공 4개, 검은 공 2개가 들어 있다. 이때 두 상자 중 하나를 임의로 택해 그 상자에서 2개의 공을 꺼냈더니 흰 공 1개, 검은 공 1개가 나왔다. 그때 선택된 상자가 A였을 확률을 구하라.
>
> —『확률과 통계』의 완성을 싫어하는 바이스

"도대체 문제가 무슨 뜻인지를 모르겠어. 말이 너무 길잖아."

왕이 짜증을 냈다.

놀리스 교수는 문제의 뒷부분을 따로 써 보았다.

> 두 상자 중 하나를 임의로 택해 그 상자에서 2개의 공을 꺼냈더니 흰 공 1개, 검은 공 1개가 나왔다. 그때 선택된 상자가 A였을 확률을 구하라.

"두 상자 중 하나를 임의로 택해 그 상자에서 두 개의 공을 꺼냈더니 흰 공 한 개, 검은 공 한 개가 나오는 사건을 C라고 하고 상자 A를 택하는 사건을 A라고 하면 이 문제는 사건 C가 일어났을 때 사건 A가 일어날 확률을 구하는 문제가 돼요."

놀리스 교수가 목에 힘을 주어 말했다.

하지만 모두들 민숭민숭한 표정이었다. 문제가 풀릴 기미가 보이지 않는다는 생각이 들어서였다.

"문제를 해결하는 데 큰 도움이 되는 분석 같지는 않군요."

헤아리스가 불만스럽게 말했다.

"그렇지 않아요. 어떤 조건을 만족할 때의 확률을 찾는 문제는 우리가 다루어 본 적이 없어요. 그것을 해내지 못한다면 바이스의 문제를 풀 수 없을 거예요."

놀리스 교수가 반박했다.

"조건을 만족할 때의 확률이라는 게 뭐지?"

왕이 호기심을 보였다.

"주사위 한 개를 던지는 경우를 보죠. 아무 조건도 없다면 나오는 눈의 경우의 수는 여섯 가지예요. 이때 3의 눈이 나올 확률은 $\frac{1}{6}$이 되지요. 이것을 문제로 쓰면 다음과 같이 돼요.

한 개의 주사위를 던져 3의 눈이 나올 확률은?

여기에 조건을 넣어 보죠. 예를 들면, 홀수의 눈이 나온다는 조건을 넣어 보죠. 그러면 문제는 다음과 같이 바뀌게 돼요.

한 개의 주사위를 던져 홀수의 눈이 나왔을 때 그것이 3일 확률은?

두 문제는 다른 문제가 돼요."

"어떻게 다르지?"

왕이 의아해했다.

"첫 번째 문제는 조건이 되는 사건이 없어요. 그러니까 확률이 3이 나오는 경우의 수를 전체 경우의 수로 나눈 값이 되지요. 하지만 두 번째 문제의 경우는 홀수의 눈이 나오는 경우만 고려하면 되므로 1, 3, 5 중 하나가 나왔을 때 그것이 3의 눈일 확률을 구해야 해요. 그러므로 두 번째 문제의 답은 $\frac{1}{3}$이 되지요."

놀리스 교수가 설명했다.

"주사위 한 개를 던졌을 때 확률은 분모가 6인 분수로 나타나잖아요. 이것도 그렇게 할 수 있나요?"

내가 물었다.

"$\frac{2}{6}$로 고치면 되잖아."

왕이 가볍게 말했다.

분위기가 썰렁해졌다. 아무 원리도 원칙도 없는 얘기였기 때문이다. 하지만 왕의 심기를 건드릴까 봐 아무도 그 사실을 입 밖으로 내지는 않았다. 잠시 침묵이 흐르고 놀리스 교수가 다시 말했다.

"우리가 찾아야 하는 것은 어떤 사건이 일어났을 때 다른 사건이 일어날 확률이에요. 그러니까 두 사건을 다음과 같이 두죠.

A: 홀수의 눈이 나온다.

B: 3의 눈이 나온다.

즉, 사건 A가 일어날 때 사건 B가 일어날 확률이지요. 이것을

$P(B|A)$라고 쓰지요. 그리고 조건이 붙어 있을 때의 확률이니까 조건부확률이라고 부르면 어떨까요?"

놀리스 교수가 모두를 둘러보았다. 모두 조용히 고개를 끄덕였다. 이름을 붙이는 것은 주로 놀리스 교수의 몫이었기 때문이다.

"각각의 사건에 대한 확률을 구하면 $P(A)=\frac{3}{6}$, $P(B)=\frac{1}{6}$이 돼요."

헤아리스가 말했다.

"$P(B)$를 $P(A)$로 나누면 $\frac{1}{3}$이 되네요."

내가 끼어들었다.

"그럼 $P(B|A)$는 $P(B)$를 $P(A)$로 나눈 값으로 정의하면 되는 건가?"

왕이 고개를 갸웃거렸다. 자신 없는 목소리였다.

"그럴지도 모르죠. 하지만 그렇지 않을지도 모르니까 좀 더 복잡한 문제를 다뤄 보죠."

놀리스 교수는 다음과 같은 문제를 냈다.

한 개의 주사위를 던져 짝수의 눈이 나왔을 때 그것이 소수일 확률은?

우리는 다음과 같이 두 개의 사건에 이름을 붙였다.

A : 짝수의 눈이 나온다.

B : 소수의 눈이 나온다.

주사위에서 짝수는 2, 4, 6의 세 가지이고 소수는 2, 3, 5의 세 가지이므로 각 사건의 확률은 다음과 같았다.

$$P(A)=\frac{3}{6}$$

$$P(B)=\frac{3}{6}$$

"$P(B)$를 $P(A)$로 나누면 1이 되잖아? 그럼 $P(B|A)$는 1인가?"

왕이 놀라 소리쳤다.

"그렇지는 않지요. 짝수가 나오는 경우는 2, 4, 6이고 이 중 소수인 경우는 2이니까 짝수의 눈이 나왔을 때 소수의 눈일 확률은 $\frac{1}{3}$이에요."

놀리스 교수가 예리한 눈빛으로 칠판을 보며 말했다.

"$P(B)$를 $P(A)$로 나눈 것을 $P(B|A)$로 정의할 수는 없군요."

내가 슬쩍 왕의 눈치를 보며 조용한 목소리로 말했다.

"사건을 집합으로 나타내 보죠.

$$A=\{2, 4, 6\}$$

$$B=\{2, 3, 5\}$$

이때 A와 B의 교집합의 원소는 2 하나뿐이군요.

$B\cap A=\{2\}$, 그러니까 $P(B\cap A)=\frac{1}{6}$이에요.

$P(B|A)$ 를 $P(B\cap A)$를 $P(A)$로 나눈 값으로 정의하면,

$$P(B|A)=\frac{\frac{1}{6}}{\frac{3}{6}}=\frac{1}{3}$$이 돼요."

놀리스 교수가 설명했다. 우리는 조건부확률을 계산하는 방법을 알게 되었다. 사건 A가 일어났을 때 사건 B가 일어날 조건부확률 $P(B|A)$는 다음과 같이 정의할 수 있었다.

$$P(B|A)=\frac{P(B\cap A)}{P(A)}$$

마찬가지로 사건 B가 일어났을 때 사건 A가 일어날 확률은 $P(A|B)=\frac{P(A\cap B)}{P(B)}$이고, $P(B\cap A)=P(A\cap B)$이므로 다음과 같은 결과를 얻을 수 있었다.

$$P(A\cap B)=P(B)\cdot P(A|B)\ =P(A)\cdot P(B|A)$$

우리는 A, B 상자를 택하는 사건을 각각 A, B라 하고 흰 공 1개, 검은 공 1개가 나오는 사건을 C라고 했다. 그러면 A에서 흰 공 1개, 검은 공 1개가 나올 확률은 $P(A\cap C)$이므로 $P(A\cap C)=\frac{1}{2}\times\frac{{}_3C_1\times{}_4C_1}{{}_7C_2}=\frac{1}{2}\times\frac{3\times4}{21}=\frac{4}{14}$이고, B에서 흰 공 1개, 검은 공 1개가 나올 확률은 $P(B\cap C)$이므로 $P(B\cap C)=\frac{1}{2}\times\frac{{}_4C_1\times{}_2C_1}{{}_6C_2}=\frac{1}{2}\times\frac{4\times2}{15}=\frac{4}{15}$이었다. 여기서 $\frac{1}{2}$을 곱해 주는 것은 두 상자 중에서 하나를 택할 확률

이 $\frac{1}{2}$이기 때문이었다. 이때 두 사건 A, B는 배반사건이므로, $P(C)=P(A\cap C)+P(B\cap C)$이 되었다. 그러므로 사건 C가 일어났을 때 A가 일어날 확률은 $P(A|C)=\frac{P(A\cap C)}{P(C)}=\frac{15}{29}$가 되었다.

공정하지 않은 게임

바이스가 낸 문제를 풀자, 우리를 가두었던 어두침침한 방은 사라지고 형형색색의 꽃들이 피어 있는 좁다란 오솔길이 나타났다. 우리가 오솔길을 따라 조금 걷자 아름다운 호수가 나타났다. 사방에 기암절벽이 병풍처럼 에워싼 환상적인 호수였다. 잠시 후 라피가 나타나 우리를 위해 만든 특별한 도시락을 건네 주었다. 치즈와 햄과 계란으로 만든 볶음밥이었는데 특별한 향료를 썼는지 입안에서 감칠맛이 돌았다. 식사를 끝낸 우리는 헤아리스가 마법으로 만든 원탁을 가장 전망이 좋은 위치에 펼치고 원탁 주위에 빙 둘러앉았다.

"이제 뭘 하지?"

왕은 경치 구경에 조금 지루해진 듯했다.

"게임을 하죠."

놀리스 교수가 제안했다.

"좋아. 어떤 게임이지?"

왕이 어린아이처럼 신난 표정으로 물었다. 놀리스 교수는 입가에

얇은 미소를 띠고는 배낭에서 흰 주머니를 꺼냈다.

"이 주머니 안에는 검은 구슬 2개와 흰 구슬 3개가 있습니다. 여기서 1개의 구슬을 꺼내 흰 구슬이 나오는 사람은 벌칙을 면제받고 검은 구슬이 나오는 사람은 벌칙을 받는 거예요."

놀리스 교수가 말했다.

"재밌겠군. 어떤 벌칙이지?"

왕이 다급한 표정으로 물었다. 빨리 게임을 하고 싶어 하는 눈치였다.

"검은 구슬을 뽑은 사람이 받는 벌칙은 코를 잡고 열 바퀴 도는 걸로 하죠."

놀리스 교수가 제안했다.

"엄청 어지럽겠어요."

게임에 자신이 없는 내가 불안한 표정으로 말했다.

드디어 게임이 시작되었다. 맨 처음 내가 구슬을 뽑았다. 흰 구슬이었다. 나는 겉으로 내색은 하지 않았지만 속으로 무척 좋아했다. 어지럼증이 있는 나로서는 벌칙을 면제받는 것이 너무나 기뻤기 때문이다.

우리는 꺼낸 공을 주머니에 도로 넣지 않았다. 그러므로 이제 주머니에는 흰 구슬 2개, 검은 구슬 2개가 있다. 다음으로 뽑은 사람은 헤아리스였다. 역시 흰 구슬이었다. 헤아리스는 환한 얼굴로 좋아했다. 이제 주머니 속에는 흰 구슬 1개와 검은 구슬 2개가 있었다. 놀리스 교수가 조용히 손을 넣어 구슬을 꺼냈다. 이번에도 흰 구슬이었다. 놀리스 교수는 큰 소리로 웃으며 좋아했다.

이제 주머니 안에는 검은 구슬 2개뿐이었다. 왕의 차례가 남아 있지만 어느 걸 뽑든지 간에 검은 구슬이 나올 수밖에 없었다. 그것을 안 왕의 얼굴이 창백해졌다.

"이 게임은 공정하지 못해."

왕이 투덜거렸다.

"왜죠?"

이미 흰 구슬을 뽑아 벌칙이 면제된 헤아리스가 물었다.

"흰 구슬을 뽑을 확률이 매번 달라지기 때문이야. 즉, 자신의 앞 사람이 어떤 색깔의 구슬을 뽑느냐에 따라 내가 흰 구슬을 뽑을 확률이 달라지잖아."

왕이 논리적으로 설명했다.

"옳습니다."

놀리스 교수가 공감했다. 흰 구슬을 이미 뽑은 나와 헤아리스는 왕이 벌칙을 받기 싫어 게임을 무효화시키는 것으로 여겨졌다. 약간의 논란이 일자 교수는 이 문제를 수학적으로 연구해 보자고 제안했다.

"이 게임에서 앞의 사람이 어떤 색깔의 구슬을 뽑는가에 따라 자신이 흰 구슬을 뽑을 확률이 달라져요. 맨 처음 사람이 흰 구슬을 뽑을 확률은 5개의 구슬 중 흰 구슬이 3개이니까 $\frac{3}{5}$이 되지만, 두 번째 사람이 흰 구슬을 뽑을 확률은 첫 번째 사람이 어떤 구슬을 뽑는가에 의존하지요. 두 번째 사람이 흰 구슬을 뽑는 사건을 B라고 하고 첫 번째 사람이 흰 구슬을 뽑는 사건을 A라고 해 보죠. 첫 번째 사

람이 흰 구슬을 뽑았을 때 두 번째 사람이 흰 구슬을 뽑을 확률은 $P(B|A)$가 돼요. 첫 번째 사람이 흰 구슬을 뽑으면 주머니에는 흰 구슬이 2개, 검은 구슬이 2개이니까 $P(B|A)=\frac{2}{4}$가 돼요. 반대로 첫 번째 사람이 검은 구슬을 뽑는 경우를 보죠. 이것은 첫 번째 사람이 흰 구슬을 뽑지 않은 경우이니까 이 사건은 A^c라고 할 수 있지요. 이 때 두 번째 사람이 흰 구슬을 뽑을 확률은 $P(B|A^c)$가 돼요. 첫 번째 사람이 검은 구슬을 뽑으면 주머니에는 검은 구슬 1개, 흰 구슬 3개가 있으므로 두 번째 사람이 흰 구슬을 뽑을 확률은 $P(B|A^c)=\frac{3}{4}$이 되지요."

놀리스 교수가 설명했다.

"$P(B|A)$와 $P(B|A^c)$가 달라지는군."

왕이 끼어들었다.

"그렇죠. A가 일어났을 때와 A가 일어나지 않았을 때 B가 일어날 확률이 달라져요. 즉, B가 일어날 확률은 A가 일어났는지에 따라 달라지지요. 다시 말하면, 사건 B는 사건 A에 종속되는 거예요."

놀리스 교수가 덧붙였다.

"이럴 때 두 사건을 종속사건이라고 부르면 되겠네요."

헤아리스가 이름을 만들었다.

"좋은 이름이군요."

놀리스 교수가 동의했다.

이렇게 우리는 $P(B|A)$와 $P(B|A^c)$가 다를 때 두 사건 A, B는 종속사건이라고 부르기로 했다.

그때 조용히 앉아 있던 내가 말했다.

“$P(B|A)=\frac{P(B\cap A)}{P(A)}$를 사용해도 같은 결과가 나올까요?”

“좋은 생각이네요. 한번 확인해 볼 필요가 있을 것 같아요.”

우리는 이 문제에 대해 $\frac{P(B\cap A)}{P(A)}$를 계산해 보기로 했다.

$P(B\cap A)$는 사건B도 일어나고 사건A도 일어나는 경우이므로 첫 번째 사람이 흰 구슬을 뽑고 두 번째 사람도 흰 구슬을 뽑을 확률이었다. 첫 번째 사람이 흰 구슬을 뽑을 확률은 $\frac{3}{5}$이고 이 경우 두 번째 사람이 흰 구슬을 뽑을 확률은 $\frac{2}{4}$이므로 $P(B\cap A)=\frac{3}{5}\times\frac{2}{4}=\frac{6}{20}$이었다. 한편, $P(A)$는 첫 번째 사람이 흰 구슬을 뽑을 확률이므로 $P(A)=\frac{3}{5}$이었다. 그러므로 $\frac{P(B\cap A)}{P(A)}=\frac{\frac{6}{20}}{\frac{3}{5}}=\frac{2}{4}$가 되어 앞에서 구한 $P(B|A)$와 일치했다.

어찌됐든 왕의 주장대로 이 게임은 앞선 사람이 어떤 색의 구슬을 뽑는가에 따라 두 번째 사람이 흰 구슬을 뽑을 확률이 달라지므로 공정한 게임이라고 볼 수는 없었다. 우리는 이 게임 결과를 무효로 하고 공정한 게임이 될 수 있는 방법을 고안했다.

잔잔한 호수에 드리워진 절벽의 그림자를 바라보며 생각에 잠겨 있던 놀리스 교수가 입을 열었다.

“꺼낸 공의 색깔을 확인하고 도로 넣으면 될 거 같아요.”

“왜 그렇게 되지? 아무튼 우리는 $P(B|A)$와 $P(B|A^c)$가 같아지는

경우에 공정한 게임을 할 수 있어."

왕이 말했다.

"공정하지 못한 이유는 꺼낸 구슬을 도로 넣지 않아 주머니 속의 검은 구슬과 흰 구슬의 비가 시시각각 달라지기 때문인 것 같아요."

내가 말했다.

"꺼낸 구슬을 도로 넣으면 공정해질까?"

왕이 고개를 갸웃거렸다.

"그 경우 $\mathrm{P}(B|A)$와 $\mathrm{P}(B|A^c)$가 같은지 다른지를 조사하면 되지요."

놀리스 교수가 간결하게 말하고는 다시 말을 이었다.

"두 번째 사람이 흰 구슬을 뽑는 사건을 B라고 하고 첫 번째 사람이 흰 구슬을 뽑는 사건을 A라고 해 보죠. 첫 번째 사람이 흰 구슬을 뽑았을 때 두 번째 사람이 흰 구슬을 뽑을 확률은 $\mathrm{P}(B|A)$가 되요. 첫 번째 사람이 흰 구슬을 뽑고 다시 주머니에 넣으면 주머니 안에는 다시 흰 구슬이 3개, 검은 구슬이 2개이니까 $\mathrm{P}(B|A)=\frac{3}{5}$이 돼요. 반대로 첫 번째 사람이 검은 구슬을 뽑는 경우를 보죠. 이것은 첫 번째 사람이 흰 구슬을 뽑지 않은 경우이니까 이 사건은 A^c라고 할 수 있지요. 이때 두 번째 사람이 흰 구슬을 뽑을 확률은 $\mathrm{P}(B|A^c)$가 돼요. 첫 번째 사람이 검은 구슬을 뽑은 후 도로 주머니에 넣으면 주머니에는 검은 구슬 2개, 흰 구슬 3개가 있으므로 두 번째 사람이 흰 구슬을 뽑을 확률은 $\mathrm{P}(B|A^c)=\frac{3}{5}$이 돼요. 이렇게 구슬을 도로 집어넣는 경우에는 $\mathrm{P}(B|A)=\mathrm{P}(B|A^c)$가 되지요."

"구슬을 도로 넣어야 게임이 공정해지는군."

왕이 신난 표정으로 말했다.

놀리스 교수는 두 사건 A, B가 $P(B|A)=P(B|A^c)$를 만족할 때 두 사건을 독립사건이라고 부르자고 했다. 모두들 놀리스 교수의 제안에 동의했다. 독립사건인 경우에는 A가 일어나든 일어나지 않든 B가 일어날 확률이 달라지지 않으므로 $P(B|A)=P(B|A^c)=P(B)$라고 말할 수 있었다.

그런데 $P(B|A)=\dfrac{P(B\cap A)}{P(A)}$이므로 $\dfrac{P(B\cap A)}{P(A)}=P(B)$가 되어 두 사건이 독립인 경우 두 사건이 동시에 일어날 확률은 $P(A\cap B)=P(A)P(B)$가 되었다.

이렇게 종속사건과 독립사건에 대한 조건부 확률을 알아낸 우리는 다시 공정한 게임을 하기로 했다. 그것은 꺼낸 구슬을 도로 넣기로 하고 검은 구슬이 나오는 사람이 벌칙을 받는 것이었다. 이번에는 왕이 먼저 구슬을 꺼냈다. 불행히도 검은 구슬이었다. 왕은 한숨을 쉬었다. 오늘따라 되는 일이 없었기 때문이다. 다른 세 사람도 차례로 구슬을 뽑았다. 나와 헤아리스는 흰 구슬을 뽑았고 놀리스 교수는 검은 구슬을 뽑았다. 결국 벌칙을 받을 두 사람은 놀리스 교수와 왕으로 결정되었다. 왕과 놀리스 교수는 한 손으로는 코를 쥐고 다른 한 손은 땅에 대고 열 바퀴를 돌았다. 그리고는 술에 잔뜩 취한 사람처럼 비틀거리다가 두 사람이 얼싸안고 바닥에 넘어졌다. 그 모습에 모두들 자지러지게 웃었다. 잠시 후 왕과 놀리스 교수는 정신을 차리고는 자리에 앉았다. 우리는 헤아리스가 만든 텐트를 호숫가에 설치하고 그곳에서 그날 밤을 지냈다.

EXERCISE 9

2개의 주사위를 동시에 던질 때 다음 확률을 구하라.

1) 적어도 하나가 짝수의 눈이다.

2) 서로 다른 눈이 나온다.

3) 흰 공 5개, 빨간 공 4개가 들어 있는 주머니에서 3개의 공을 꺼낼 때 흰 공이 적어도 하나 포함될 확률은?

1부터 12까지 적힌 정십이면체의 주사위를 1회 던졌을 때의 세 사건 A, B, C에 대해 다음을 구하라.

A: 12의 약수의 눈이 나오는 사건

B: 소수의 눈이 나오는 사건

C: 5의 배수의 눈이 나오는 사건

4) $\mathrm{P}(A \cup B)$

5) $\mathrm{P}(A \cup C)$

6) $\mathrm{P}(A \cap B)$

7) $\mathrm{P}(A^c)$

8) 3개의 당첨표가 있는 10개의 복권에서 동시에 3개를 꺼낼 때 2개 이상이 당첨일 확률은?

9) 빨간 공 5개, 검은 공 4개가 들어 있는 주머니에서 동시에 3개의 공을 꺼낼 때 세 개가 모두 같은 색일 확률은?

10) 1부터 6까지 쓰인 6개의 빨간 공과 1부터 5까지 적힌 5개의 파란 공이 있는 주머니에서 1개의 공을 꺼낼 때 그 공의 번호가 홀수이거나 파란 공일 확률은?

11) 흰 공 3개, 검은 공 4개, 빨간 공 5개가 들어 있는 주머니에서 2개의 공을 꺼낼 때 2개가 모두 같은 색일 확률은?

12) 1부터 100까지의 카드 중에서 한 장을 뽑을 때 3의 배수 또는 4의 배수가 나올 확률은?

13) 10개의 제비 중 3개의 당첨 제비가 들어 있다. 이 중 3개의 제비를 뽑을 때 적어도 한 개가 당첨 제비일 확률을 구하라.

14) 하니는 네 명의 친구 A, B, C, D에게 카드 네 장을 쓰고 친구들의 이름이 적힌 네 개의 봉투에 아무렇게나 넣었다. A, B 봉투에 모두 다른 사람의 카드가 들어갈 확률은?

1개의 주사위를 던질 때 짝수가 나오는 사건을 E, 5이상의 눈이 나오는 사건을 F, 소수의 눈이 나오는 사건을 G라고 할 때 다음을 구하라.

15) $\mathrm{P}(F|E)$

16) $\mathrm{P}(G|E)$

17) 한 개의 주사위를 던져 홀수의 눈이 나올 때 그것이 소수일 확률은?

18) 두 개의 사건 A, B에 대해 $P(B)=\frac{2}{5}$, $P(B|A)=\frac{2}{5}$, $P(A^c \cap B^c)=\frac{3}{10}$일 때 $P(A)$를 구하라.

19) 두 개의 사건 A, B에 대해 $P(A^c \cup B^c)=\frac{3}{4}$, $P(B|A)=\frac{1}{3}$일 때 $P(A)$를 구하라.

20) 세 명의 사수 A, B, C가 표적을 맞출 확률은 각각 $\frac{1}{2}$, $\frac{1}{3}$, $\frac{1}{5}$이다. 세 명이 표적을 한 번씩 쏠 때 세 명 모두 표적에 맞출 확률은?

흰 공 5개, 검은 공 3개가 들어 있는 주머니에서 한 개씩 두 번 공을 꺼낼 때 다음 각 경우에 대해 두 개가 모두 흰 공일 확률을 구하라.

21) 꺼낸 공을 다시 넣지 않는 경우

22) 꺼낸 공을 다시 넣는 경우

23) 주머니 속에 흰 공 5개, 검은 공 4개가 들어 있다. 꺼낸 공을 다시 넣지 않기로 하고 한 개씩 두 번 꺼낼 때 그것이 검은 공 흰 공의 순서로 나올 확률은?

10개 중 4개의 당첨표가 들어 있는 추첨표가 있다. A, B의 순서로 뽑을 때 다음 확률을 구하라.(단, 꺼낸 표는 다시 넣지 않는다.)

24) A, B가 모두 당첨될 확률

25) B가 당첨될 확률

26) 세 명의 사수 A, B, C가 표적을 맞힐 확률은 각각 $\frac{1}{2}$, $\frac{1}{3}$, $\frac{1}{5}$ 이다. 세 명이 표적을 한 번씩 쏠 때 두 명만 맞힐 확률을 구하라.

10장

평균과 분산

변량들의 평균은 어떻게 구할까요? 평균이 같으면 통계 분포가 같다고 말할 수 있을까요? 변량들이 평균 주위에 몰려 있을 때와 퍼져 있을 때 그 차이를 나타내는 양은 무엇일까요? 분산과 표준편차에 대해 알아봅시다.

왕립 저스티스 대학교의 국왕상

아침에 눈을 떠 보니, 우리는 거대한 건물들이 즐비하게 늘어선 곳에 도착해 있었다. 자세히 보니 대학교 캠퍼스 같았다. 그때 양복을 깔끔하게 차려 입은 30대 중반의 남자가 왕에게 다가와 공손하게 말했다.

"전하, 저스티스 대학교의 졸업식에 와 주셔서 영광입니다. 가장 성적이 우수한 사람에게 전하께서 상을 수여하시게 될 것입니다."

졸지에 왕은 대학교 졸업식에서 상을 수여하는 역할을 맡게 되었다. 캠퍼스의 넓은 잔디밭 사이에 고풍스러운 석조 건물들이 여러 채 있었고, 각각의 건물 외벽에는 오래된 담쟁이덩굴이 자라고 있었다. 잔디 위에는 졸업생과 가족들이 사진을 찍고 있었다.

우리는 상을 받을 학생을 결정하기 위해 총장실로 들어갔다. 총장은 괴로운 듯 얼굴을 잔뜩 찌푸리고 있었다.

"총장, 무슨 걱정거리가 있소?"

왕이 걱정스런 표정으로 물었다.

"국왕상을 받을 학생을 아직 결정하지 못했습니다."

총장이 침통하게 말했다.

"그게 무슨 말입니까? 졸업식이 한 시간밖에 안 남았잖아요."

헤아리스가 다그쳤다.

"성적이 좋은 학생이 두 명 있는데 누가 더 성적이 좋은지를 알 수가 없어요."

말하는 총장의 얼굴이 초췌했다. 밤새도록 이 문제로 고민한 듯했다.

왕립대학교에는 두 개의 학과가 있다. 하나는 창의학과이고 다른 하나는 고전학과이다. 창의학과는 새로운 학문을 주로 배우고 고전학과는 오래된 이론을 배우는 학과였다. 만일 국왕상이 두 명에게 수여된다면 각 학과의 1등에게 상을 주면 되었다. 총장의 설명을 들은 놀리스 교수가 말했다.

"하지만 국왕상은 하나이므로 각 학과의 1등 중에서 성적이 더 좋은 한 명을 결정해야죠."

"그게……."

총장이 머뭇거렸다.

"무슨 문제가 있나요?"

놀리스 교수가 다시 물었다.

"두 학과의 과목 수가 달라요."

총장은 비서에게 두 학생의 성적표를 가지고 오라고 했다.

"둘 다 100점이 하나씩 있군. 누가 더 점수가 좋은 거지?"

왕이 고민스러운 표정을 지었다.

"모든 과목의 점수를 더해 그 값이 더 큰 사람이 성적이 좋은 걸로 하면 되지 않을까요? 새로프스의 점수를 모두 더하면 360점이고 고루해쓰의 점수를 모두 더하면 440점이므로 고루해쓰가 상을 받아야 할 것 같은데요."

헤아리스가 말했다.

"그건 공정하지 못해요. 두 사람이 시험 친 과목 수가 다르잖아요."

놀리스 교수가 반박했다.

"그럼 어떡하지?"

왕이 놀리스 교수와 헤아리스를 번갈아 보며 난처해했다.

"전체 점수를 과목 수로 나눠 주면 어떨까요?"

내가 제안했다.

"그러면 뭐가 달라지나?"

"새로프스의 총점을 과목 수 4로 나누면 90이 돼요. 고루해쓰의 총점 440을 과목 수 5로 나누면 88이 되지요. 그러니까 새로프스는 과목당 90점을 받았고 고루해쓰는 과목당 88점을 받았으니까 새로프스의 성적이 더 좋은 거지요."

내가 설명했다.

"현명한 선택인 거 같아요."

놀리스 교수가 내 뜻을 지지해 주었다.

이리하여 국왕상은 창의학과의 새로프스에게 돌아갔다.

졸업식을 마치고 다시 주회의실로 돌아온 우리는 이번 문제를 수학적으로 좀 더 조사해 보기로 했다.

총점을 과목 수로 나눈 값은 놀리스 교수의 제안에 따라 평균이라고 부르기로 했다.

예를 들어, 어떤 학생이 영어, 수학, 국어 세 과목의 시험을 치렀을 때 영어 점수가 90점, 수학 점수가 80점, 국어 점수가 100점이라면 이 학생의 세 과목 점수의 평균은 세 과목 점수의 합을 과목 수로 나누어 준 값으로 계산할 수 있었다.

$$(90+80+100) \div 3 = 90(\text{점})$$

놀리스 교수는 점수는 그때그때 변하는 양이니 변량이라고 부르자고 했다. 놀리스 교수가 제안한 용어에 아무도 반대하지 않았다. 그러므로 평균은 변량의 합을 변량의 개수로 나누어 준 값이 되었다. 우리는 일반적인 결과를 다음과 같이 정리했다.

평균

n개의 변량 $x_1, x_2, x_3, \cdots, x_n$의 평균 m은 다음과 같이 정의된다.

$$m=\frac{x_1+x_2+x_3+\ \cdots\ +x_n}{n}$$

"같은 점수가 있을 땐 평균을 어떻게 계산할까? 예를 들어 10명의 학생이 있는 어떤 반에서 수학 시험을 치렀는데 10명의 학생 점수가 다음과 같다면 말이야."

왕은 10명의 학생의 점수를 써 내려갔다.

50, 70, 60, 70, 70, 70, 50, 60, 60, 70

"변량이 10개니까 10명의 점수를 모두 더해서 10으로 나누면 되겠네요."

헤아리스가 대답했다.

"변량은 변하는 양이라고 했잖아? 그렇게 생각하면 점수의 종류는 50점, 60점, 70점의 세 종류뿐이니까 변량은 50, 60, 70의 세 종류뿐 아닌가?"

왕이 심각한 어조로 말했다.

나는 말없이 고개를 끄덕거렸다. 안 그래도 같은 점수를 다른 변량으로 인정하는 것이 석연치 않았기 때문이다. 한참 동안 침묵이 흐른 후 놀리스 교수가 말했다.

"전하의 뜻대로 변량은 서로 다른 값으로 정의하기로 하지요. 그러니까 10명 학생의 점수(변량) 중 같은 점수를 받은 학생 수를 표로 만들면 다음과 같게 돼요."

점수(변량)	학생 수
50	2
60	3
70	5

"훨씬 보기가 좋군. 점수처럼 변하는 값을 변량이라고 하면 학생 수처럼 같은 변량을 갖는 자료의 수에도 일반적인 이름을 붙이는 게 좋겠군."

왕이 제안했다. 놀리스 교수의 의견에 따라 학생 수에 대응되는 일반적인 이름은 도수가 되었다. 그리고 변량과 도수를 함께 나타낸 표를 도수분포표라고 부르기로 했다.

이때 모든 학생의 점수의 합은 $50\times2+60\times3+70\times5=630$(점)이 되어, 각각의 변량과 도수의 곱을 모두 더한 값이 되었다. 그러므로 이 반의 수학 점수의 평균은 630을 10으로 나눈 63점이었다.

우리는 이 예로부터 일반적인 도수분포표에서 평균을 구하는 방법을 알아냈다. 그 결과를 정리하면 다음과 같았다.

도수분포표에서의 평균

변량 $x_1, x_2, x_3, \cdots, x_n$의 도수가 각각 $f_1, f_2, f_3, \cdots, f_n$일 때 이 변량의 평균을 m이라고 하면,

$$m=\frac{x_1f_1+x_2f_2+x_3f_3+\cdots+x_nf_n}{f_1+f_2+f_3+\cdots+f_n}$$

점심 식사 후 우리는 다시 주회의실에 모였다. 먼저 회의실에 온 헤아리스가 골이 난 표정으로 우리를 맞이했다.

"무슨 일 있어요?"

내가 다정하게 물었다.

"다섯 개의 변량의 평균을 구하는 연습을 하고 있었어요."

헤아리스는 이렇게 말하고는 다섯 개의 수를 모두에게 보여주었다.

998, 999, 1000, 1003, 1005

"이 다섯 수의 평균은 $\frac{998+999+1000+1003+1005}{5}$이 되잖아요? 큰 수의 덧셈이 잘 되지 않는지 매번 평균을 구할 때마다 값이 다르게 나와요. 평균을 구하는 것은 너무나 시간이 많이 걸리는 작업인 것 같아요."

헤아리스가 투정을 부렸다.

"가만, 좀 더 편리한 방법이 있을 것 같아요."

놀리스 교수가 갑자기 소리쳤다.

"어떻게요? 덧셈을 빨리 하는 새로운 방법이라도 있나요?"

헤아리스가 빈정거렸다.

"다섯 개의 수는 모두 1000에 가까워요. 그러니까 1000과 어떤 수의 덧셈으로 나타낼 수 있어요.

$998 = 1000 + (-2)$

$999 = 1000 + (-1)$

$1000 = 1000 + 0$

$1003 = 1000 + 3$

$1005 = 1000 + 5$

그러니까 평균은,

$$\frac{1000+(-2)+1000+(-1)+1000+0+1000+3+1000+5}{5}$$

라고 쓸 수 있고 분자에 1000이 다섯 번 나타나니까,

$$\frac{5\times1000+(-2)+(-1)+0+3+5}{5}$$

가 돼요. 이것은 다음 식과 같지요.

$$1000+\frac{(-2)+(-1)+0+3+5}{5}$$

그러니까 다섯 개의 수와 가장 비슷한 1000을 택해 변량에서 1000을 뺀 값의 평균을 1000에 더하면 다섯 개 수의 평균을 구할 수 있

어요. 이때 $\frac{(-2)+(-1)+0+3+5}{5}=1$이니까 다섯 개의 수의 평균은 $1000+1=1001$이 돼요."

놀리스 교수의 눈은 새로운 것을 발견한 희열감에 도취되어 있었다. 놀리스 교수는 신이 나서 말을 이었다.

"이때 1000은 대충 평균이 될 거라고 생각한 가짜 평균이니까 가평균이라고 하면 어떨까요?"

"가짜 평균? 가평균? 재미있는 이름이군."

왕이 동의하는 뜻을 보였다.

놀리스 교수의 새로운 평균 계산법은 큰 수들의 평균을 구할 때 요긴하게 사용할 수 있었다. 우리는 가평균을 이용하여 평균을 구하는 일반적인 방법을 다음과 같이 정리했다.

가평균을 이용한 평균의 계산

변량 $x_1, x_2, x_3, \cdots, x_n$의 가평균을 A라고 할 때 평균 m은

$m=\mathrm{A}+\frac{(x_1-\mathrm{A})+(x_2-\mathrm{A})+\cdots+(x_n-\mathrm{A})}{n}$와 같다.

왕립 초등학교의 평균이 같은 반

평균에 재미를 붙인 왕은 왕국의 모든 반 아이들의 수학 평균이 같아지게 반 편성을 하라고 지시했다. 그렇게 하면 어떤 교사가 어떤 반을 맡아도 같은 조건이 되어 공평할 거라는 생각에서였다. 왕국의 모든 학교는 한 반이 다섯 명의 학생으로 이루어져 있었다. 왕은 이렇게 지시를 내리고 학교들로부터 좋은 제도라는 칭찬을 듣게 될 것이라고 확신했다. 그런데 학교 측에서는 이 제도에 근본적인 문제점이 있다며 왕이 제안한 제도를 시행하지 않겠다고 선언했다.

우리는 이 문제를 심도 있게 논의하기로 했다.

"각 반의 수학 점수 평균이 같으면 공평한 거잖아. 그런데 무슨 문제가 있다는 거지?"

왕이 불만스런 표정으로 입을 삐죽 내밀며 말했다.

놀리스 교수는 왕립 초등학교에서 알려 온 문제점을 찬찬히 훑어보더니 천천히 입을 열었다.

"평균이 같게 수학 반을 편성하는 것은 문제가 있어요."

"그러니까 뭐가 문제냐고?"

왕이 짜증스러운 듯 평소보다 높은 소리로 말했다.

"두 반 A, B의 수학 점수가 다음과 같다고 해 보죠.

A반의 수학 점수 : 0, 10, 50, 90, 100

B반의 수학 점수 : 40, 45, 50, 55, 60

이때 두 반의 수학 점수의 평균을 구하면 똑같이 50점이 나와요. 그런데 B반은 성적이 비슷한 학생들이 모여 있어서 선생님이 가르치기 편하지만, A반은 학생들의 수학 성적이 평균으로부터 심하게 퍼져 있어서 선생님이 가르치기 힘들게 되지요. 그러니까 어떤 선생님도 A반은 맡지 않으려 할 거예요."

놀리스 교수가 차분한 어조로 말했다.

"A반 수업을 점수가 50점인 학생 수준에 맞추면 100점인 학생은 수업이 너무 쉽다고 할 것이고 0점인 학생은 너무 어렵다고 하겠군요. 하지만 B반의 경우는 50점인 학생 수준에 맞추면 모든 학생들이 이해할 수 있어요."

헤아리스가 자료 분석 결과를 발표했다.

"바로 그거예요. 점수들이 평균 주위에 모여 있도록 반을 편성해야 선생님이 가르치기가 수월하고 학생들도 수업 내용을 잘 이해할 수 있을 거예요."

놀리스 교수가 헤아리스에게 미소를 지으며 말했다.

"평균으로 반을 편성하는 게 아니었군."

왕이 낙담한 표정으로 말했다.

"변량들이 평균 주변에 모여 있는지 퍼져 있는지를 나타내는 양을 정의해야 해요."

놀리스 교수가 제안했다.

"어떻게?"

왕의 눈이 휘둥그레졌다.

"변량에서 평균을 뺀 값을 조사하면 어떨까요?"

헤아리스가 주장했다.

우리는 헤아리스의 주장에 따라 변량에서 평균을 뺀 값을 '편차'라고 부르기로 했다. 두 반의 경우 각 학생들의 편차를 나열하면 다음과 같았다.

A반	−50	−40	0	40	50
B반	−10	−5	0	5	10

B반의 점수가 평균 주변에 고루 분포해 있다는 것을 한눈에 알아볼 수 있었다.

"좋아. 편차의 평균을 비교하면 어느 반 점수들이 평균에 모여 있는지 퍼져 있는지를 알 수 있겠군."

왕은 이렇게 말하고는 두 반에 대한 편차들의 평균을 구해 보았다. 왕의 얼굴이 일그러지기 시작했다.

"어떻게 된 거지? 두 반 모두 편차의 평균이 0이 나오잖아? 그럼 두 반 모두 평균 주위에 점수들이 몰려 있는 거야?"

왕이 고개를 절레절레 흔들며 말했다.

"그건 아니지요. 편차를 정의할 때 변량에서 평균을 뺀 값으로 정의했기 때문에 평균보다 작은 변량의 편차는 음수가 되고 평균보다 큰 변량의 편차는 양수가 돼요. 그러다 보니 음수의 합과 양수의 합이 균형을 이루어 0이 나온 것이지요. 그러니까 편차의 제곱 값을 구해 그것의 평균을 구하면 평균 주위에 점수들이 퍼져 있는 정도를 알 수 있을 거예요."

놀리스 교수가 말했다.

우리는 놀리스 교수의 말대로 편차의 제곱들의 평균을 '분산'이라고 부르고 두 반에 대해 분산을 구해 보았다.

$$A\text{반의 분산} = \frac{(-50)^2+(-40)^2+0^2+40^2+50^2}{5} = 1640$$

$$B\text{반의 분산} = \frac{(-10)^2+(-5)^2+0^2+5^2+10^2}{5} = 50$$

A반의 분산이 훨씬 더 컸다. 그것은 A반 학생들의 점수가 평균에서 멀리 퍼져 있다는 것을 의미했다. 하지만 분산은 편차의 제곱의 평균이었으므로 단위에서 문제를 일으켰다. 예를 들어 점수의 단위는 '점'이지만 분산의 단위는 '점의 제곱'이 되기 때문이었다.

한참을 고민한 끝에 놀리스 교수가 분산의 제곱근을 취하자고 주장했다. 분산의 제곱근을 취한 값을 놀리스 교수는 '표준편차'라고 부르자고 했고, 모두들 그 단어를 좋아했다.

이제 두 반의 표준편차는 다음과 같았다.

$$A\text{반의 표준편차} = \sqrt{1640}\,(\text{점})$$

$$B\text{반의 표준편차} = \sqrt{50}\,(\text{점})$$

하지만 표준편차는 제곱근의 형태로 나타나므로, 어떨 때는 표준편차를 이용해 변량이 평균 주위에 퍼진 정도를 나타내고 어떨 때는 분산을 이용해 나타내기로 했다. 일반적인 분산의 공식은 다음과 같았다.

분산과 표준편차

변량 $x_1, x_2, \cdots, x_n$의 평균을 m이라고 할 때 표준편차를 σ라고 하면,

$$\sigma^2=\frac{(x_1-m)^2+(x_2-m)^2+\cdots+(x_n-m)^2}{n}$$

$$=\frac{{x_1}^2+{x_2}^2+\cdots+{x_n}^2}{n}-m^2$$

EXERCISE 10

다음 수들의 평균을 구하라.

1) 1, 1, 1

2) 1, 2, 3, 4

3) 30, 40, 50, 60, 70

가평균을 이용하여 다음 수들의 평균을 구하라.

4) 88, 92, 90

5) 55, 65, 70, 75

6) 90, 85, 95, 100, 80

7) 두 수 a, b의 평균은 10이고 세 수 c, d, e의 평균은 12일 때 a, b, c, d, e의 평균을 구하라.

8) 34, 36, 39, 41, 47에 대해 가평균을 40으로 택하면 평균은 $40+\frac{a}{5}$이다. 이때 a의 값은?

9) 변량 $x_1, x_2, \cdots, x_n$의 도수가 각각 $f_1, f_2, \cdots, f_n$이다. 이 도수분포표의 평균을 m이라고 할 때 다음을 만족하는 A를 m으로 나타내라.

$$(x_1-\mathrm{A})f_1+(x_2-\mathrm{A})f_2+\cdots+(x_n-\mathrm{A})f_n=0$$

10) 미나네 반은 여학생이 27명, 남학생이 23명이다. 여학생의 수학 평균이 85점이고 남학생의 수학 평균은 83점일 때 민지네 반의 수학 평균은?

11) 다음 표는 5명의 학생들의 몸무게이다. 몸무게의 평균이 45kg이면 B학생의 몸무게는?

학생	A	B	C	D	E
몸무게(kg)	38	x	43	46	50

12) 매년 가격이 오르는 어느 제품에 대한 가격 변동을 조사하기 위해 최근 10년간 전년과의 가격 차를 조사하여 평균을 구했더니 600원이었다. 이 중 한 개의 가격의 차가 다른 9개의 가격의 차에 비해 지나치게 커서 이를 제외한 나머지 9개의 가격 차에 대한 평균을 구했더니 300원이었다. 제외시킨 가격 차를 구하라.

13) $a_1 \le a_2 \le a_3 \le a_4 \le a_5$인 5개의 평균이 10이고 $a_3 = 12$일 때 $a_5 - a_1$의 최솟값은?

14) 다음 자료의 평균과 표준편차를 구하라.

1, 2, 2, 3, 3, 3, 4, 4, 4, 4

15) 변량 x_1, x_2, x_3, x_4, x_5의 평균이 7이고 표준편차가 2일 때 $2x_1^2$, $2x_2^2, 2x_3^2, 2x_4^2, 2x_5^2$의 평균은?

16) a, b, c의 평균이 x일 때 $a-x, b-x, c-x$의 평균을 구하라.

17) A반, B반 학생에 대해 수학 시험을 치른 결과 다음과 같았다. 두 반 학생을 합한 10명에 대한 수학 점수의 평균과 분산을 구하라.

반	인원	평균	분산
A	6	70	4
B	4	80	9

18) 지니는 국어, 영어, 수학 시험에서 국어 1점, 영어 2점을 땄다. 지니의 성적의 표준편차가 $\sigma=\frac{\sqrt{14}}{3}$일 때 수학 점수는?

19) 10개의 철사가 있다. 이들 철사의 길이의 평균은 40cm이고 표준편차는 8cm이다. 각 철사를 구부려서 각각 한 개의 정사각형을 만들었을 때 10개의 정사각형의 넓이의 평균을 구하라.

20) 다음은 다섯 명의 수학 성적을 75점을 기준으로 과부족을 나타낸 것이다. 다섯 명의 평균은?

학생	A	B	C	D	E
과부족	4	7	−5	8	1

21) 변량 $x_1, x_2, \cdots, x_n$의 평균이 m일 때 다음 변량의 평균을 구하라.

$ax_1+b, ax_2+b, \cdots, ax_n+b$

11장

독립시행과 기댓값

OX 문제나 객관식 문제가 여러 개 출제되었는데 아무렇게나 답을 찍었을 때 문제를 모두 맞힐 확률은 얼마일까요? 독립시행의 확률에 대해 알아봅시다.

퍼즐 국의 수상이 된 무시케스

우리의 다음 여행지는 퍼즐 국이었다. 이 나라 사람들은 퀴즈를 무척 좋아하기 때문에 퀴즈 우승자를 수상으로 뽑았다. 10년 동안 국민의 사랑을 받았던 인텔리스 수상이 서거하면서 새로운 수상을 뽑아야 했다. 우리는 마침 새로운 수상을 뽑는 시기에 이 나라를 방문하게 되었다. 수상이 되는 데에는 아무런 자격도 필요 없었다. 오로지 퀴즈 대회에서 챔피언이 되기만 하면 되는 일이었다. 우리는 퍼즐 국에서 마련해 준 숙소에서 지내면서 누가 수상이 될 건지 궁금해했다. 회의실에서 모닝커피를 마시고 있을 때 퍼즐 국의 내무 대신인 알리어쓰가 문을 활짝 열어 젖히고 들어왔다.

"전하, 사건이 터졌습니다."

"전쟁이 터졌나?"

왕이 놀란 토끼 눈을 뜨고 알리어쓰를 쳐다보았다.

"그게 아니라, 수상 선출 퀴즈 쇼에서 사건이 터졌습니다."

알리어쓰가 지친 숨을 몰아쉬며 말했다.

"알리어쓰, 좀 차근차근 설명해 봐요."

놀리스 교수가 채근했다.

"10개의 문제를 연속으로 틀리지 않고 맞춘 사람이 나타났습니다."

"그 사람이 수상이 되면 되잖아요? 그럼 축하해 줘야 할 일이잖아요."

헤아리스가 커피 한 모금을 마시며 대수롭지 않은 듯 말했다.

"누가 영광의 주인공이 된 거지?"

왕이 호기심 가득한 표정으로 물었다.

"무시케스입니다."

알리어쓰가 주위를 둘러보며 말했다.

"무시케스는 어떤 사람이지?"

왕이 물었다.

"무시케스는 아이큐 두 자리의 왕국 최고의 바보입니다. 그 사람이 수상이 된다는 건 말이 안 됩니다. 음모가 있는 게 틀림없어요."

알리어쓰가 흥분한 표정으로 말했다. 무시케스는 왕국 최고의 바보로 소문이 자자했다. 그는 2까지만 수를 헤아릴 수 있고 2보다 큰 수는 모두 큰 수라고 읽었다. 1부터 5까지 수를 헤아리라고 하면 그는 '하나, 둘, 큰 수, 큰 수, 큰 수'라고 헤아렸다. 그런 그가 문제가 까다롭기로 소문난 수상 선출 퀴즈 쇼에서 10개 문제를 모두 풀었다는 것은 상상하기 힘든 일이었다. 모두들 근심스런 얼굴이었다. 잠시 후 침묵을 깨고 헤아리스가 말했다.

"경찰이 수사하고 있나요?"

"지금 담당 PD와 무시케스를 수사 중입니다."

무시케스는 무식하지만 물려받은 재산이 많아 왕국에서 열 손가락 안에 드는 부자였다. 그러므로 그가 수상이 되기 위해 돈으로 PD를 매수해 문제의 답을 미리 알아냈을지도 모른다는 것이 대부분 국민들의 생각이었다. 이 사건은 일파만파로 커졌다. 시민 단체에서는 퀴즈 쇼 PD와 무시케스를 구속하고 수상 선출 퀴즈 쇼를 다시 해야 한다고 주장했다.

"문제가 주관식인가요?"

놀리스 교수가 알리어쓰에게 물었다.

"아닙니다. OX 문제입니다."

알리어쓰가 말했다.

"OX 문제라면 한 문제를 맞힐 확률이 $\frac{1}{2}$이군요."

놀리스 교수가 모두를 둘러보며 말했다.

"열 문제를 모두 맞힐 확률을 계산해 보면 어떨까?"

왕이 제안했다.

"좋은 생각입니다. 우선 한 문제를 푸는 것은 시행이라고 부르기로 하지요. 이 경우 무시케스는 10개의 문제를 풀게 되니까 전체 시행의 개수는 10개입니다. 그런데 각각의 시행에서 정답을 맞힐 확률을 p라고 하고 틀릴 확률을 q라고 하면 OX 문제이므로 $p=\frac{1}{2}$, $q=\frac{1}{2}$이 됩니다. 즉, 각 시행에서는 두 경우만 일어나니까 $p+q=1$이 되지요. 무시케스가 첫 번째 문제를 맞힐 확률이 $\frac{1}{2}$이므로 두 문제를 연속으로 맞힐 확률은 $\frac{1}{2}\times\frac{1}{2}=\frac{1}{4}$이 됩니다."

놀리스 교수가 설명했다.

"왜 곱하지?"

왕이 의아해했다.

"첫 번째 문제를 맞히는 사건과 두 번째 문제를 맞히는 사건이 서로 독립이기 때문입니다. 이 경우 각 시행은 모두 독립이지요."

놀리스 교수가 설명했다.

"그럼 이 문제를 독립시행이라고 부르면 되겠네요."

내가 제안했다.

"좋은 이름이네요."

놀리스 교수가 동의했다. 결국 이 문제는 독립시행이라는 이름으로 결정되었다. 우리는 무시케스가 문제를 연속으로 맞힐 확률을 계산해 보았다.

1문제를 맞힐 확률 $=\frac{1}{2}$

2문제를 맞힐 확률 $=\frac{1}{2}\times\frac{1}{2}=\frac{1}{4}$

3문제를 맞힐 확률 $=\frac{1}{2}\times\frac{1}{2}\times\frac{1}{2}=\frac{1}{8}$

4문제를 맞힐 확률 $=\frac{1}{2}\times\frac{1}{2}\times\frac{1}{2}\times\frac{1}{2}=\frac{1}{16}$

5문제를 맞힐 확률 $=\frac{1}{2}\times\frac{1}{2}\times\frac{1}{2}\times\frac{1}{2}\times\frac{1}{2}=\frac{1}{32}$

6문제를 맞힐 확률 $=\frac{1}{2}\times\frac{1}{2}\times\frac{1}{2}\times\frac{1}{2}\times\frac{1}{2}\times\frac{1}{2}=\frac{1}{64}$

7문제를 맞힐 확률 $=\frac{1}{2}\times\frac{1}{2}\times\frac{1}{2}\times\frac{1}{2}\times\frac{1}{2}\times\frac{1}{2}\times\frac{1}{2}=\frac{1}{128}$

8문제를 맞힐 확률 $=\frac{1}{2}\times\frac{1}{2}\times\frac{1}{2}\times\frac{1}{2}\times\frac{1}{2}\times\frac{1}{2}\times\frac{1}{2}\times\frac{1}{2}=\frac{1}{256}$

9문제를 맞힐 확률 $=\frac{1}{2}\times\frac{1}{2}\times\frac{1}{2}\times\frac{1}{2}\times\frac{1}{2}\times\frac{1}{2}\times\frac{1}{2}\times\frac{1}{2}\times\frac{1}{2}$

$=\frac{1}{512}$

10문제를 맞힐 확률 $=\frac{1}{2}\times\frac{1}{2}\times\frac{1}{2}\times\frac{1}{2}\times\frac{1}{2}\times\frac{1}{2}\times\frac{1}{2}\times\frac{1}{2}\times\frac{1}{2}\times\frac{1}{2}$

$=\frac{1}{1024}$

문제의 수가 늘어날수록 확률이 줄어들었다. 무시케스가 아무렇게나 O나 X 중에서 하나를 말해 10개의 문제를 연속으로 맞힐 확률은 $\frac{1}{1024}$이었다.

"$\frac{1}{1024}$이라면 거의 불가능한 일 아닌가?"

왕이 고개를 절레절레 흔들었다.

"감이 안 오는군요. $\frac{1}{1024}$이 어느 정도 작은 확률인지?"

헤아리스가 고개를 갸우뚱거렸다.

놀리스 교수는 잠시 어딘가 가더니 네 장의 시험지를 가지고 왔다. 놀리스 교수가 가르치는 라틴어 시험 문제였다. 시험 문제는 모두 다섯 개로 네 개의 보기 중에서 정답 하나를 고르는 사지선다형 문제였다. 놀리스 교수는 네 장의 시험지를 우리에게 나누어 주고는 말했다.

"풀어 보세요."

"라틴어를 모르는데?"

왕이 찡그린 표정으로 말했다.

"4개의 보기 중의 하나가 정답이니까 대충 찍어 보세요."

놀리스 교수가 미소를 지으며 말했다.

우리는 놀리스 교수가 시키는 대로 아무렇게나 답을 선택해 동그라미를 쳤다. 왕은 귀찮아하는 표정으로 모두 3번에 동그라미를 쳤다. 교수는 네 장의 시험지를 걷어 가더니 재빠르게 채점했다. 왕은 5개 중 1문제도 맞히지 못했다. 0점이었다. 나는 5개 중 2개를 맞혔

고, 헤아리스는 3개를, 그리고 놀랍게도 알리어쓰는 5개 모두를 맞혔다.

"알리어쓰는 100점, 전하는 0점이군요."

놀리스 교수가 빙긋 웃으며 말했다.

왕은 고개를 떨군 채 아무 말도 하지 않았다. 아무리 대충 보는 시험이라도 0점은 왕의 체면이 서지 않는 점수였기 때문이다.

"알리어쓰는 문제 5개를 모두 맞혔어요. 이때 한 문제를 푸는 것을 시행이라고 하면, 이 독립시행의 전체 시행의 개수는 5개예요. 보기가 4개이고 정답은 한 개이므로 한 시행에서 문제를 맞힐 확률을 p라고 하면 $p=\frac{1}{4}$이 돼요. 문제를 맞히지 못할 확률을 q라고 하면 $q=\frac{3}{4}$이 되지요. 이 경우에도 $p+q=1$이라는 관계를 만족해요. 알리어쓰가 다섯 개를 모두 맞힐 확률은 $\frac{1}{4}\times\frac{1}{4}\times\frac{1}{4}\times\frac{1}{4}\times\frac{1}{4}=\frac{1}{1024}$이 돼요."

놀리스 교수가 친절하게 설명했다.

"$\frac{1}{1024}$이 또 나왔어."

왕이 소스라치게 놀라 소리쳤다. 모두들 경악한 표정이었다.

"보세요. 이런 일이 알리어쓰에게도 일어날 수 있잖아요? 그러니 최고 바보 무시케스에게 일어나지 말라는 법은 없지요."

놀리스 교수가 설명했다.

"가능한 일이었군."

왕은 이렇게 말하고는 알리어쓰에게 무시케스와 PD에 대한 수사를 중단하고 무시케스를 수상으로 인정하라고 지시했다. 이리하여 무시케스는 바보 출신의 최초의 수상이 되었다.

독립시행의 확률

독립시행의 확률 문제는 우리 모두에게 흥미를 불러일으켰다. 결국 오늘은 독립시행의 확률에 대한 일반적인 공식을 만들기로 했다.

"사지선다형 문제가 세 문제 있다고 해 보죠. 그러면 시행의 개수는 세 개가 돼요. 이때 한 시행에서 문제를 맞힐 확률은 $p=\frac{1}{4}$이고, 틀릴 확률은 $q=\frac{3}{4}$이 되어 $p+q=1$이 되지요. 세 문제가 출제되었을 때 나올 수 있는 모든 경우는 다음과 같이 네 가지예요."

놀리스 교수는 네 가지를 나열했다.

1) 0문제를 맞힘

2) 1문제를 맞힘

3) 2문제를 맞힘

4) 3문제를 맞힘

"0문제를 맞히는 경우는 세 문제를 모두 틀리는 경우이군요. 각각의 문제에서 문제를 틀릴 확률이 $\frac{3}{4}$이니까 세 문제를 모두 틀릴 확률은 $\frac{3}{4}\times\frac{3}{4}\times\frac{3}{4}$이 돼요."

헤아리스가 말했다.

"거듭제곱을 이용하는 게 좋을 것 같아요. 그러면 0문제를 맞힐 확률은 $\left(\frac{3}{4}\right)^3$이에요."

내가 제안했다. 모두들 내 제안에 찬성해 주었다.

"한 문제를 맞힐 확률은 $\frac{1}{4}\times\frac{3}{4}\times\frac{3}{4}$이 되겠군."

왕이 확신에 찬 표정으로 말했다.

"한 문제를 맞혔는데 그게 어느 문제일지 모르잖아요."

놀리스 교수가 반박했다.

"그게 무슨 말이지?"

왕이 의아해했다.

"시험 문제에는 번호가 있어요. 세 문제가 출제되었다면 1번 문제, 2번 문제, 3번 문제 이런 식으로 번호가 붙지요. 세 문제를 모두 틀리는 경우는 1번, 2번, 3번을 모두 틀리는 경우이니까 한 가지뿐이지만, 한 문제를 맞히는 경우는 다음과 같이 세 경우가 생겨요.

1번-맞음 2번-틀림 3번-틀림
1번-틀림 2번-맞음 3번-틀림
1번-틀림 2번-틀림 3번-맞음

각각의 경우 확률은 $\frac{1}{4}\times\left(\frac{3}{4}\right)^2$이고 이런 경우가 세 번 나타나니까 한 문제를 맞힐 확률은 $3\times\left(\frac{1}{4}\right)\times\left(\frac{3}{4}\right)^2$이 되어야 해요."

놀리스 교수가 차분하게 설명했다.

"여기서 3은 세 개 중에서 하나를 뽑는 조합의 수로군요."

내가 말했다.

"무슨 말이죠?"

놀리스 교수가 놀란 눈으로 내게 물었다.

"1, 2, 3, 세 개의 문제가 있는데 그중에서 맞은 문제 한 개를 뽑는 경우의 수라는 얘기에요. 즉 ${}_3C_1=3$이지요."

내가 다시 말했다.

"대단한 발견이에요. 그러니까 0문제를 맞히는 경우가 한 가지 나오는 것도 세 문제 중에서 맞은 문제 0개를 뽑는 경우의 수인 $_3C_0=1$이군요."

놀리스 교수가 내 아이디어를 0문제를 맞히는 경우에도 적용했다.

"두 문제를 맞히는 경우는 여러 경우가 생기겠네요."

헤아리스가 끼어들었다.

놀리스 교수는 고개를 끄덕이고는 두 문제를 맞히는 경우를 모두 나열했다. 모두 세 가지 경우였다.

1번-맞음 2번-맞음 3번-틀림

1번-맞음 2번-틀림 3번-맞음

1번-틀림 2번-맞음 3번-맞음

각 경우의 확률은 $\left(\frac{1}{4}\right)^2\times\frac{3}{4}$이었고 모두 세 가지 경우가 나타나므로 두 문제를 맞힐 확률은 $3\times\left(\frac{1}{4}\right)^2\times\frac{3}{4}$이 되었다.

이 경우 3도 세 개의 문제 중에서 맞힌 문제 두 개를 뽑는 조합의 수인 $_3C_2=3$으로 해석될 수 있었다.

우리는 마지막으로 세 문제 모두를 맞히는 경우를 다루었다. 이 경우 세 개의 문제 중에서 맞은 문제 세 개를 뽑는 조합의 수는 한 가지였다. 이것은 $_3C_3=1$의 결과였다. 그러므로 세 문제 모두를 맞힐 확률은 $\left(\frac{1}{4}\right)^3$이 되었다. 우리는 지금까지의 결과를 조합 기호를 이용해서 써 보기로 했다.

$$0\text{문제를 맞힐 확률} = {}_3C_0 \times \left(\frac{3}{4}\right)^3$$

$$1\text{문제를 맞힐 확률} = {}_3C_1 \times \frac{1}{4} \times \left(\frac{3}{4}\right)^2$$

$$2\text{문제를 맞힐 확률} = {}_3C_2 \times \left(\frac{1}{4}\right)^2 \times \frac{3}{4}$$

$$3\text{문제를 맞힐 확률} = {}_3C_3 \times \left(\frac{1}{4}\right)^3$$

“어떤 곳에는 $\frac{1}{4}$만 나타나고 어떤 곳에는 $\frac{3}{4}$만 나타나고 어떤 곳에는 $\frac{1}{4}$과 $\frac{3}{4}$이 모두 나타나는군요.”

헤아리스가 관찰한 결과를 발표했다.

“모두 $\frac{1}{4}$과 $\frac{3}{4}$이 나타나게 할 수 있어요.”

놀리스 교수가 단호하게 말했다.

“어떻게요?”

“지수법칙을 사용하면 돼요. 어떤 수 a에 대해 $a^0 = 1$이고 $a^1 = a$라는 성질을 이용하면 다음과 같이 쓸 수 있어요.”

$$0\text{문제를 맞힐 확률} = {}_3C_0 \times \left(\frac{1}{4}\right)^0 \times \left(\frac{3}{4}\right)^3$$

$$1\text{문제를 맞힐 확률} = {}_3C_1 \times \left(\frac{1}{4}\right)^1 \times \left(\frac{3}{4}\right)^2$$

$$2\text{문제를 맞힐 확률} = {}_3C_2 \times \left(\frac{1}{4}\right)^2 \times \left(\frac{3}{4}\right)^1$$

3문제를 맞힐 확률$= {}_3C_3 \times \left(\frac{1}{4}\right)^3 \times \left(\frac{3}{4}\right)^0$

"보기가 좋군. $\frac{1}{4}$의 지수와 $\frac{3}{4}$의 지수의 합이 항상 3이야."

왕이 흐뭇한 얼굴로 말했다.

"3은 총 시행 횟수이지요."

놀리스 교수가 말했다. 우리는 세 개의 사지선다형 문제에서 아무렇게나 답을 적었을 때 r개의 문제를 맞힐 확률이 ${}_3C_r \times \left(\frac{1}{4}\right)^r \times \left(\frac{3}{4}\right)^{3-r}$이 된다는 것을 알아냈다.

그날 우리는 문제가 네 개인 경우에도 같은 방법으로 따져 보았다. 그리고는 n개의 사지선다형 문제가 출제되었을 때 r개의 문제를 맞힐 확률은 ${}_nC_r \times \left(\frac{1}{4}\right)^r \times \left(\frac{3}{4}\right)^{n-r}$이 된다는 것을 알아냈다. 우리가 알아낸 결과는 흡사 이항계수의 모습을 닮았다. 이 사실로부터 총 시행 횟수가 n회인 독립시행의 각 시행에서 어떤 사건이 일어날 확률이 p이고 일어나지 않을 확률이 q라면 n번의 시행 중에서 r번 사건이 일어날 확률은 ${}_nC_r \times p^r \times q^{n-r}$이 되고 $p+q=1$이 성립했다. 사지선다형 문제에서는 $p=\frac{1}{4}$이고 $q=\frac{3}{4}$이 되지만, 만일 보기가 한 개 더 늘어나 오지선다형 문제가 되면 $p=\frac{1}{5}$이고 $q=\frac{4}{5}$가 되었다.

즉, 우리의 공식은 모든 독립시행에 대해 공통으로 적용되는 일반적인 공식이었다.

n번의 시행 중에서 사건이 r번 일어날 확률 $= {}_{n}C_{r} \times p^{r} \times q^{n-r}$

$p+q=1$(단, p는 어떤 사건이 일어날 확률, q는 어떤 사건이 일어나지 않을 확률)

EXERCISE 11

1) 한 개의 주사위를 네 번 던질 때 5의 눈이 두 번 나타날 확률은?

2) 동전을 열 번 던질 때 앞면이 네 번 나올 확률을 구하라.

3) 타율이 3할인 타자가 어떤 시합에서 5타석에 나서 안타를 한 개 칠 확률은?

4) 오지선다형 문제가 네 개 출제되었을 때 아무렇게나 답을 체크하여 한 개 이상 맞힐 확률을 구하라.

5) 한 개의 주사위를 계속 던지는데 2나 홀수의 눈이 나오면 멈추기로 한다. 던지는 횟수가 네 번 이하일 확률을 구하라.

6) 한 개의 동전을 던져 앞면이 나오면 20점을 얻고 뒷면이 나오면 10점을 잃는다. 동전을 여덟 번 던질 때 100점 이상이 되는 확률을 구하라.

12장

기댓값과 이항분포

OX 문제가 여러 문제 출제되었을 때 아무렇게나 찍어도 0점이 나오지 않는 이유는 무엇일까요? 오지선다형 문제에서 아무렇게나 답을 선택했을 때 나올 수 있는 점수의 기댓값은 얼마일까요? 독립시행에 대한 기댓값과 분산 및 표준편차에 대해 알아봅시다.

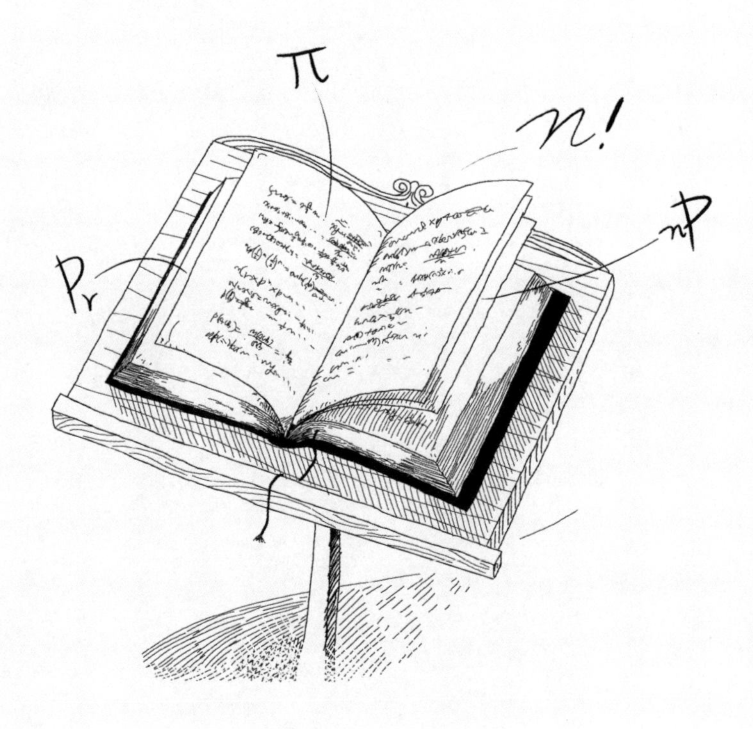

얼레리쓰의 사기

다음으로 우리가 방문한 나라는 게임토피아라는 나라였다. 이 나라의 노라바스 수상은 마침 초대형 카지노를 개장한다며 우리를 초대했다. 카지노는 축구장 100개를 합친 것보다 더 큰 곳으로 매일 수많은 게임들이 벌어지고 있었다. 포커, 블랙잭 같은 전문적인 도박사들의 게임도 있었지만, 심심풀이로 누구나 즐길 수 있는 동전을 이용한 간단한 게임도 있었다. 수많은 관광객들이 여기저기서 게임을 하고 있었고 우리는 그중에서 동전 두 개를 판에 던지고 있는 도박사를 만났다. 그 사람의 이름은 얼레리쓰였다. 그는 밑천이 없어 간단하게 동전 두 개로 할 수 있는 게임을 준비해 온 것이다.

"자! 돈 내고 돈 먹기입니다. 앞면이 나오면 그 동전을 드립니다."

얼레리쓰가 요란하게 소리쳤다.

얼레리쓰 앞에는 아무도 모여 있지 않았다. 관광객들에게는 다트나 룰렛, 블랙잭 같은 이름이 있는 게임이 인기가 있었기 때문이다.

"동전 두 개를 던지는 게임이라면 규칙을 몰라도 되잖아?"

왕이 호기심 어린 눈빛으로 얼레리쓰의 게임장을 바라보며 말했다.

"간단한 게임이네요. 운이 좋으면 돈을 딸 수 있고 운이 없으면 돈을 잃게 되겠지요."

헤아리스가 무덤덤하게 말했다.

"모든 게임이 그런 거 아닌가?"

"물론 그렇죠."

왕은 서둘러 얼레리쓰에게 다가갔다. 우리는 재빨리 왕을 뒤따라갔다. 네 사람이 다가오자 얼레리쓰의 목소리가 더욱 높아졌다.

"세 살짜리 어린아이도 할 수 있는 간단한 동전 게임입니다. 운이 좋으면 돈을 왕창 딸 수 있습니다."

"한 번 하는 데 얼마요?"

왕이 물었다.

"150원입니다."

얼레리쓰가 얼굴에 환한 웃음을 지으며 말했다. 우리가 그의 첫 손님인 듯했다.

100원짜리 동전 두 개를 동시에 던지는 게임이었다. 이때 앞면이 나온 동전을 손님이 가지고 가는 방식이었다.

"앞면 두 개가 나오면 내가 50원을 벌겠군."

왕은 자신이 돈을 딸 거라는 생각에 확신을 가진 듯했다. 왕은 얼레리쓰에게 150원을 건네고는 동전 두 개를 던졌다. 한 개는 앞면, 다른 한 개는 뒷면이 나왔다. 왕은 앞면이 나온 동전을 얻었다. 하지

만 이번 판에 50원을 잃은 셈이었다.

한참 동안 게임을 하던 왕의 얼굴이 점점 붉으락푸르락해졌다. 이제 동전이 아니라 지폐까지 도박사에게 빼앗겼기 때문이었다. 왕은 체면 불구하고 헤아리스에게 만 원을 빌려 게임을 계속했지만 결국 모두 잃고 말았다. 헤아리스의 만류로 게임을 중단한 왕은 숙소로 돌아와서는 투덜거렸다.

"왜 앞면 두 개가 자주 안 나오는 거지?"

"오늘 운이 안 좋았던 것 같습니다."

헤아리스가 슬쩍 왕의 눈치를 보며 말했다. 왕은 돈을 잃은 것에 기분이 몹시 상한 듯 얼굴이 굳어 있었다.

"헤아리스, 내가 얼마 빌렸지?"

왕의 목소리에는 노기가 서려 있었다.

"빌려 드린 만 원은 안 갚으셔도 됩니다."

헤아리스가 기어들어 가는 목소리로 말했다. 도무지 성난 왕에게 만 원을 받을 용기가 나지 않았기 때문이다.

"안 받겠다는 사람에게 줄 필요는 없지."

왕은 머쓱한 듯 턱수염을 만지작거렸다. 돈에 인색한 왕은 아마 속으로는 쾌재를 부르고 있었을 것이다.

잠시 후 놀리스 교수가 세미나를 끝내고 숙소로 돌아와 헤아리스로부터 자초지종을 들었다. 놀리스 교수는 두 개의 100원짜리 동전을 꺼내 혼자서 왕이 했던 게임을 직접 해 보았다. 몇 판 하지도 않았는데 놀리스 교수도 많은 돈을 잃었다. 그러자 놀리스 교수는 오른손으로 턱을 괴고 조용히 명상에 잠겼다. 흡사 로댕의 생각하는 사람 같았다.

심기가 불편한 왕은 소파에 기댄 채 눈을 지그시 감고 화를 삭이고 있었고, 놀리스 교수는 생각하는 조각상이라도 된 듯했으며, 왕의 눈치를 보던 헤아리스와 나는 여전히 침묵을 지키고 있었다.

"이건 사기예요."

갑자기 놀리스 교수가 소리쳤다.

"사기라뇨?"

헤아리스가 놀란 눈으로 놀리스 교수를 쳐다보았다.

"동전의 개수를 한 개로 줄여서 생각해 보죠. 100원짜리 동전 한 개를 던지는 거예요. 나랑 헤아리스가 게임을 한다고 해 봐요. 헤아리스가 주인이고 내가 손님이라고 해 보죠. 동전 하나를 던져서 나올 수 있는 경우는 앞면 또는 뒷면의 두 가지예요. 이 게임을 100원을 걸고 한다고 해 보죠. 이때 뒷면이 나오면 나는 100원을 잃고 헤아리스는 100원을 벌고, 앞면이 나오면 나는 0원을 벌고 헤아리스 역시 0원을 버니까, 각 경우에 대해 나와 헤아리스가 벌 수 있는 돈을 표로 만들면 다음과 같아요.

	놀리스 교수	헤아리스
뒷면이 나오는 경우	−100	+100
앞면이 나오는 경우	0	0

음수는 돈을 잃었다는 뜻이에요. 두 경우 모두에 대해 두 사람이 번 돈은,

놀리스 교수가 번 돈 = (−100) + 0 = −100

헤아리스가 번 돈 = (+100) + 0 = +100

이 되어, 한 판에 100원을 걸었을 때 이 게임은 헤아리스에게 유리해요. 즉, 매번 100원씩 걸고 게임을 계속하면 헤아리스는 돈을 벌고 나는 돈을 잃게 되지요."

놀리스 교수가 차분하게 설명했다.

"어떻게 해야 공정한 게임이 되지?"

왕이 두 사람의 대화에 호기심을 보였다. 사기 게임으로 판명되면 잃은 돈을 되찾을 수 있다는 생각이 들었기 때문이다.

"한 판에 50원을 거는 경우를 보죠. 이때 뒷면이 나오면 나는 50원을 잃고 헤아리스는 50원을 벌어요. 앞면이 나오면 나는 50원을 벌고 헤아리스는 50원을 잃지요. 이것을 표로 나타내면 다음과 같아요.

	놀리스 교수	헤아리스
뒷면이 나오는 경우	−50	+50
앞면이 나오는 경우	+50	−50

이때 두 판 동안 두 사람이 번 돈을 계산하면,

놀리스 교수가 번 돈 $=(-50)+(+50)=0$

헤아리스가 번 돈 $=(+50)+(-50)=0$

이 되어 같아지지요. 이 경우 공정한 게임이 되는 거예요."

놀리스 교수가 똑 부러지게 설명했다.

"50원은 어떻게 결정한 거지?"

왕이 물었다.

"그냥 생각이 난 거예요."

놀리스 교수가 자신 없는 듯 얼버무렸다.

우리는 주어진 게임에서 매 판 얼마의 돈을 걸어야 공정한 게임이 되는지를 알 수 있는 일반적인 방법을 찾기로 했다.

"확률을 이용하면 어떨까요?"

내가 제안했다.

"앞면이 나올 확률은 $\frac{1}{2}$이고 뒷면이 나올 확률도 $\frac{1}{2}$이에요. 이걸로 어떻게 50을 만들죠?"

헤아리스가 반문했다.

"확률이라고 했나요?"

놀리스 교수가 무언가 생각이 난 듯 내 얼굴을 뚫어지게 보았다. 나는 그 기세에 눌려 말없이 고개를 끄덕였다.

그러자 놀리스 교수가 빙긋 웃으며 말을 이었다.

"확률의 도입은 좋은 아이디어 같아요. 앞면의 개수에 따라 각각의 확률을 나타내면 다음과 같아요.

앞면의 개수가 0개일 확률 $= \frac{1}{2}$

앞면의 개수가 1개일 확률 $= \frac{1}{2}$

이것을 표로 만들기로 해요.

앞면의 개수	0	1
확률	$\frac{1}{2}$	$\frac{1}{2}$

앞면의 개수와 같이 그 값이 달라짐에 따라 각각의 확률이 달라지는 것을 확률변수라고 부르죠. 확률변수는 X로 나타내고 X가

0일 확률과 1일 확률을 각각 $P(X=0)$과 $P(X=1)$이라고 하면 다음과 같이 쓸 수 있어요.

$$P(X=0)=\frac{1}{2}$$
$$P(X=1)=\frac{1}{2}$$

그러니까 이 표는 확률변수 X가 가질 수 있는 모든 값과 그에 대응하는 확률을 나타낸 것이므로 확률분포표라고 부르기로 하죠."

놀리스 교수가 숨을 몰아쉬며 빠르게 용어들을 만들어 냈다. 마땅히 다른 이름이 떠오르지 않아 우리는 놀리스 교수가 지은 이름에 익숙해지기로 했다. 하지만 확률분포표를 만드는 것과 공정한 게임을 위해 한 판에 걸어야 하는 돈의 액수 사이에는 아무 관계가 없어 보였다. 그러자 헤아리스가 약간 짜증 섞인 투로 말했다.

"아무런 진전이 없는 것 같군요. 괜히 용어들만 많아졌잖아요?"

"그럴까요?"

놀리스 교수가 의미심장한 미소를 짓더니 말을 이었다.

"앞면의 개수는 0개 또는 1개예요. 그러므로 그 평균은 $\frac{0+1}{2}$이 되지요. 이것을 $0\times\frac{1}{2}+1\times\frac{1}{2}=\frac{1}{2}$과 같이 쓸 수 있어요. 즉, 각각의 확률변수 값에 확률을 곱해 모두 더한 값이지요."

"뭘 계산한 거죠?"

헤아리스가 눈을 치켜 놀리스 교수를 노려보며 물었다.

"한 개의 동전을 던졌을 때 앞면의 개수의 기댓값이에요. 즉, 앞면의 개수 평균과 같은 의미지요."

"기댓값? 그게 뭐지?"

왕이 관심을 보였다.

"한 개의 동전을 던졌을 때 앞면이 몇 개쯤 나올까 기대할 수 있는 값을 말하지요. 이 경우는 $\frac{1}{2}$개예요."

놀리스 교수가 설명했다.

"동전이 반으로 쪼개지는 것도 아니고, 어떻게 앞면이 $\frac{1}{2}$개가 나오죠? 그런 일은 있을 수 없어요."

헤아리스가 심하게 거부 반응을 나타냈다.

"앞면이 $\frac{1}{2}$개가 나온다고 말하지는 않았어요."

놀리스 교수가 반박했다.

하지만 헤아리스는 계속 심드렁한 표정을 지으며 놀리스 교수의 이론을 못마땅해했다.

"좋아요. 앞면의 개수의 기댓값이 $\frac{1}{2}$개라고 해 보죠. 그것과 50원과 무슨 관계가 있죠?"

"이 게임은 앞면에 해당하는 금액을 손님이 얻는 방식이에요. 그러니까 확률변수 X를 앞면이 나온 동전에 쓰여 있는 금액이라고 해 보죠. 뒷면이 나오면 $X=0$이고 앞면이 나오면 $X=100$이에요. 이제 이 확률변수에 대한 확률분포표를 만들어 보죠.

X	0(원)	100(원)
P	$\frac{1}{2}$	$\frac{1}{2}$

이 확률분포에서 기댓값을 구해 보죠. X의 값에 대응하는 확률을 곱해 모두 더하면 되니까 $0\times\frac{1}{2}+100\times\frac{1}{2}=50$(원)이 되지요. 이게 바로 이 게임의 기댓값이에요."

"50원이 나왔어."

왕의 눈이 당장이라도 튀어나올 듯했다. 놀리스 교수의 이론을 반박하던 헤아리스도 놀라움을 금치 못하는 표정이었다.

"그러니까 주인과 손님이 공정한 게임을 하려면 한 판에 거는 돈이 기댓값이 되어야 해요. 동전을 한 개 던지는 경우에는 물론 50원이지요."

모두들 교수의 말에 고개를 끄덕였다. 잠시 차를 마신 후 헤아리스는 지금까지 논의된 내용을 정리했다.

기댓값

한 시행에서 표본공간의 원소에 하나의 실수를 대응시키고 그 값을 가질 확률이 각각 구해지는 변수 X를 확률변수라 한다. 확률변수 X가 취할 수 있는 모든 값이 $x_1, x_2, \cdots, x_n$이고 각각의 확률이 $p_1, p_2, \cdots, p_n$이라 할 때 다음과 같이 표로 나타내는 것을 X의 확률분포 또는 확률분포표라 한다.

X	x_1	x_2	x_3	$\cdots$	x_n
P	p_1	p_2	p_3	$\cdots$	p_n

확률변수 X의 평균(또는 기댓값)을 $E(X)$ 또는 m으로 나타내고 다음과 같이 정의한다.

$$E(X)=x_1p_1+x_2p_2+\cdots+x_np_n=\sum_{k=1}^{n}x_kp_k$$

"그럼 내가 한 게임의 기댓값은 얼마지? 그게 150원이 아니라면 그놈을 사기죄로 고소할 거야."

왕이 비분강개한 표정으로 말했다.

"동전을 두 개 던지는 경우, 확률변수 X를 나오는 앞면의 개수라고 하면 이때 X의 확률분포표는 다음과 같아요.

X	0	1	2
P	$\frac{1}{4}$	$\frac{2}{4}$	$\frac{1}{4}$

이때 X의 기댓값은,

$$E(X)=0\times\frac{1}{4}+1\times\frac{2}{4}+2\times\frac{1}{4}=1(\text{개})$$

이 되지요. 그러니까 앞면이 한 개 정도 나오리라 기대할 수 있지요. 이번에는 확률변수 X를 앞면이 나온 동전에 쓰인 금액의 합이라고 하면 확률분포표는 다음과 같아요.

X	0	100(원)	200(원)
P	$\frac{1}{4}$	$\frac{2}{4}$	$\frac{1}{4}$

이때 X의 기댓값은,

$$E(X)=0\times\frac{1}{4}+100\times\frac{2}{4}+200\times\frac{1}{4}=100(\text{원})$$

이 되지요."

"뭐야? 50원이나 더 받았잖아!"

왕이 눈꼬리를 치키며 성난 얼굴로 말했다. 당장이라도 달려가 얼레리쓰의 얼굴에 주먹을 한 방 날릴 기세였다. 하지만 잠시 후 연회도 있고 왕의 체면도 있고 해서 이 문제를 조용히 해결하기로 했다. 놀리스 교수가 게임토피아의 불공정 게임 특별 단속반과 함께 얼레리쓰에게 가서 불법적으로 왕에게 딴 돈을 돌려받고, 얼레리쓰는 불공정 게임 행위 죄로 구속되었다.

우리는 같은 방법으로 확률분포표가 주어졌을 때 분산과 표준편차를 구할 수 있었다. 그 결과는 내가 다음과 같이 정리했다.

X의 기댓값이 $E(X)=m$일 때,

1) 분산은 $V(X)=\sum_{i=1}^{n}(x_i-m)^2p_i=\sum_{i=1}^{n}x_i^2p_i-m^2=E(X^2)-m^2$

2) 표준편차는 $\sigma(X)=\sqrt{V(X)}$이다.

페로의 수학경시대회

갑자기 주위가 어두워지며 하늘이 붉은색에서 노란색으로, 다시 푸른색으로 변하더니, 모든 색깔이 합쳐져 결국에는 눈부시게 빛나는 하얀 하늘로 바뀌었다. 우리는 하도 눈이 부셔서 눈을 질끈 감았다. 여러 번의 경험을 통해 우리는 다른 스토리로 이동하고 있다는 것을 직감했다.

사파이어처럼 푸른 태양이 대기 중의 먼지에 의해 산란되어 신비스러운 빛을 내고 있었다. 마치 깊은 바닷속을 여행하는 느낌이 들었다. 푸른 태양빛은 지구의 붉은 태양빛보다 서늘했다. 태양이 작렬하는 한낮인데도 불구하고 그리 덥지 않은 걸 보면.

"저길 봐요."

놀리스가 손가락으로 어딘가를 가리키며 소리쳤다.

우리는 놀리스가 가리키는 방향을 쳐다보았다. 요정 라피가 나타났다. 이번에는 얼굴만 라피의 모습이었고 몸은 토끼였다. 라피-아니 토끼-는 빨간 나비넥타이를 맨 정장 차림에 긴 지팡이를 들고 우리 쪽으로 걸어오고 있었다.

"안녕, 친구들."

라피가 큰 눈을 깜빡거리며 인사했다.

"너무 긴 여행이야. 우리가 언제 집으로 돌아갈 수 있지?"

왕이 라피에게 물었다.

"여러분은 많은 문제를 스스로의 힘으로 해결했어요. 이제 얼마 남지 않았어요. 하지만 그 전에 저를 도와줘야 할 일이 있어요."

라피가 눈을 반짝이며 말했다.

"뭔데?"

왕이 물었다.

"내가 가르치고 있는 페로라는 학생이 얼마 전에 수학경시대회에 나갔어요. 그런데 아쉽게도 예선전에서 탈락했어요. 수학경시대회에서는 예선전을 빨리 끝내기 위해서 OX 문제 10개를 내고 점수가 높은 사람이 예선을 통과하는 것으로 결정했대요. 10개의 고난이도의 명제가 옳은지 그른지를 가리는 방식이었지요. 명제가 옳으면 O를, 옳지 않으면 X를 기재하는 방식이었는데, 페로는 1번 문제가 옳다는 것을 증명하느라 시간을 다 소비해서 결국 1번 문제에만 O를 기재하고 나머지 문제는 답을 쓰지 못해 1점을 받아 예선에서 탈락했어요."

라피가 우울한 목소리로 말했다.

"10점 만점에 1점이면 탈락하는 게 당연하잖아."

놀리스 교수가 툭 내뱉었다. 대수롭지 않은 일이라고 여기는 것 같았다.

"예선 심사를 맡은 사람 중 하나가 내 친구인데, 놀랍게도 예선을 통과한 아이들은 문제를 풀 생각도 하지 않고 10문제 모두 O를 적거나, 모두 X를 적었대요."

"그럴 수가?"

놀리스 교수의 눈이 휘둥그레졌다. 무척 놀란 듯했다.

"10문제 중에 O가 정답인 문제가 5개, X가 정답인 문제가 5개였대요. 그러니까 모두 O만 기재하거나 모두 X만 기재하면 5점을 받게 되는 거지요."

라피가 낙담한 표정으로 말했다.

"뭐 그런 시험이 다 있어?"

왕이 흥분한 목소리로 말했다.

"OX 문제에서 답을 아무렇게나 기재했을 때 한 문제(시행)에서 문제를 맞힐 확률이나 틀릴 확률이나 모두 $\frac{1}{2}$이에요. 그리고 10개의 문제에서 몇 개의 문제를 맞힐 확률은 독립시행의 법칙을 따르지요. 가만 이것도 혹시 기댓값하고 관련된 거 아닐까요?"

내가 의문을 제기했다.

"그럴지도 몰라요. 10문제는 너무 많으니까 우선 3문제인 경우의 확률분포표를 만들어 보죠. 확률변수 X는 맞힌 문제의 개수로 하고."

헤아리스가 말했다.

"맞힌 문제의 개수는 0, 1, 2, 3이니까 X=0, 1, 2, 3이야. 그러니까 각각의 확률을 구하면 돼요."

헤아리스는 마법으로 공중에 칠판을 만들었다. 그리고는 다음과 같이 수식을 써 내려갔다.

$$P(X=0)={}_3C_0\left(\frac{1}{2}\right)^0\left(\frac{1}{2}\right)^3=\frac{1}{8}$$

$$P(X=1)={}_3C_1\left(\frac{1}{2}\right)^1\left(\frac{1}{2}\right)^2=\frac{3}{8}$$

$$P(X=2)={}_3C_2\left(\frac{1}{2}\right)^2\left(\frac{1}{2}\right)^1=\frac{3}{8}$$

$$P(X=3)={}_3C_3\left(\frac{1}{2}\right)^3\left(\frac{1}{2}\right)^0=\frac{1}{8}$$

우리는 X에 대한 확률분포표를 만들었다.

X	0	1	2	3
P	$\frac{1}{8}$	$\frac{3}{8}$	$\frac{3}{8}$	$\frac{1}{8}$

"그래프로 나타내는 것도 좋을 거 같아."

왕이 제안했다.

헤아리스는 손가락으로 표를 문지르고는 두 눈을 감고 주문을 외웠다. 그러자 표는 다음과 같이 그래프로 바뀌었다.

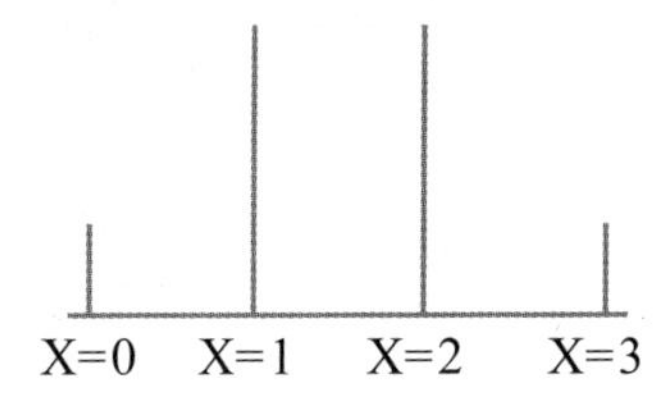

1문제 또는 2문제를 맞힐 확률이 제일 크고, 0문제나 3문제를 맞힐 확률이 제일 작았다. 우리는 이번에는 문제 수가 4개인 경우에 도전해 보았다. 이때 맞힌 문제의 수를 X라고 하면 X는 0, 1, 2, 3, 4가 가능했다. 그리고 각각의 확률은 독립시행의 확률 공식으로 쉽게 구해졌다.

$$\mathrm{P}(X=0) = {}_4\mathrm{C}_0\left(\frac{1}{2}\right)^0\left(\frac{1}{2}\right)^4 = \frac{1}{16}$$

$$\mathrm{P}(X=1) = {}_4\mathrm{C}_1\left(\frac{1}{2}\right)^1\left(\frac{1}{2}\right)^3 = \frac{4}{16}$$

$$\mathrm{P}(X=2) = {}_4\mathrm{C}_2\left(\frac{1}{2}\right)^2\left(\frac{1}{2}\right)^2 = \frac{6}{16}$$

$$\mathrm{P}(X=3) = {}_4\mathrm{C}_3\left(\frac{1}{2}\right)^3\left(\frac{1}{2}\right)^1 = \frac{4}{16}$$

$$\mathrm{P}(X=4) = {}_4\mathrm{C}_4\left(\frac{1}{2}\right)^4\left(\frac{1}{2}\right)^0 = \frac{1}{16}$$

이것을 확률분포표로 만들면 다음과 같이 되었다.

X	0	1	2	3	4
P	$\frac{1}{16}$	$\frac{4}{16}$	$\frac{6}{16}$	$\frac{4}{16}$	$\frac{1}{16}$

마찬가지로 다음과 같은 그래프가 얻어졌다.

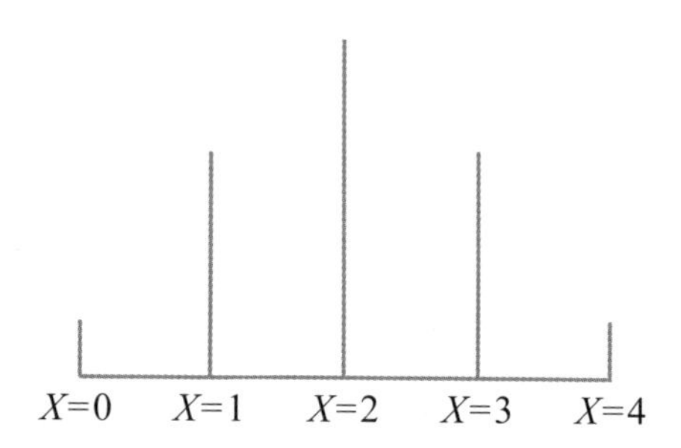

"가운데가 가장 확률이 높아."

왕이 말했다.

"전체 문제의 절반을 맞힐 확률이 가장 높군요. 좋아요, 이 분포를 이항분포라고 부르면 어떨까요?"

용어 제조기인 놀리스 교수가 제안했다.

"왜 이항분포지?"

왕의 물음에 놀리스 교수는 간단히 대답했다.

"이항정리 공식하고 비슷하게 확률이 계산되니까요."

"괜찮은 이름이군."

왕이 동조해 주었다. 우리는 독립시행의 확률분포를 이항분포라고 명명했다.

"이항분포에서 기댓값을 계산해 봐야겠어요. 3문제인 경우 기댓

값 E(X)는,

$$E(X)=0\times\frac{1}{8}+1\times\frac{3}{8}+2\times\frac{3}{8}+3\times\frac{1}{8}=1.5$$

가 되고, 4문제인 경우 기댓값은,

$$E(X)=0\times\frac{1}{16}+1\times\frac{4}{16}+2\times\frac{6}{16}+3\times\frac{4}{16}+4\times\frac{1}{16}=2$$

가 되는데요."

헤아리스가 잽싸게 계산 결과를 발표했다.

"기댓값이 문제 수의 절반이 되는군요. 3문제일 때의 기댓값은 3의 절반인 1.5가 되고 4문제일 때의 기댓값은 4의 절반인 2문제가 돼요."

내가 흥분해서 소리쳤다.

"우연의 일치인지도 모르잖아요?"

놀리스 교수가 차분한 어조로 말했다.

우리는 헤아리스의 마법 셈을 이용해 문제의 수가 5개, 6개, 7개, 8개인 경우의 기댓값을 계산해 보았다. 5문제일 때 기댓값은 2.5, 6문제일 때의 기댓값은 3, 7문제일 때의 기댓값은 3.5, 8문제일 때의 기댓값은 4가 되어, 모든 경우 문제 수의 절반이 기댓값이었다. 우리는 다음과 같은 결론에 도달했다.

n개의 OX 문제가 출제되었을 때 맞힌 문제 수의 기댓값은 $\frac{n}{2}$(개)이다.

그러므로 10개의 OX 문제가 출제된 시험에서 맞힌 문제의 기댓값은 10의 절반인 5문제이다. 이것은 아무렇게나 답을 적었을 때 5점 정도는 기대할 수 있다는 얘기였다.

"어떻게 하면 공정한 OX 시험을 치를 수 있는 거지?"

왕이 머리를 만지작거리며 말했다.

"10개의 OX 문제의 기댓값이 5점이라는 건 너무 부당해요. 그러니까 감점 제도를 도입해야 해요. 즉, 답을 기재했는데 맞으면 1점을 주고, 답을 기재하지 않았으면 0점을 주고, 답을 기재했는데 틀리면 -1점을 주어야 해요. 그러면 아무렇게나 OX를 쓴 학생의 기댓값은 0점이 되거든요. 그래야 공정한 시험이 되지요. 그랬다면 페로 군은 1점이 되고 O만 모두 썼거나 X만 모두 쓴 학생은 0점이 되어 페로 군이 예선을 통과했을 거예요."

놀리스 교수가 목에 힘을 주어 말했다.

"고마워요, 친구들. 여러분이 연구한 내용을 수학경시대회 본부에 얘기하겠어요. 그러면 재시험이 이루어질지도 몰라요."

가만히 우리의 얘기를 듣고 있던 라피가 밝은 표정으로 말했다. 그리고는 시험 방식의 부당함을 알리기 위해 시험 관리 본부를 향해 부리나케 뛰어갔다.

"OX 문제가 아니라 사지선다형이면 기댓값이 어떻게 될까?"

놀리스가 갑자기 새로운 제안을 했다.

우리는 OX 문제 때와 같은 방법으로 이 문제를 다루어 보기로 했다.

사지선다형인 경우 한 문제를 맞힐 확률은 $\frac{1}{4}$이고 틀릴 확률은

$\frac{3}{4}$

이다. 3문제 중 맞힌 문제의 개수를 X라고 하면, 이때 각각의 문제 개수에 대한 확률은 다음과 같다.

$$P(X=0)={}_3C_0\left(\frac{1}{4}\right)^0\left(\frac{3}{4}\right)^3=\frac{27}{64}$$

$$P(X=1)={}_3C_1\left(\frac{1}{4}\right)^1\left(\frac{3}{4}\right)^2=\frac{27}{64}$$

$$P(X=2)={}_3C_2\left(\frac{1}{4}\right)^2\left(\frac{3}{4}\right)^1=\frac{9}{64}$$

$$P(X=3)={}_3C_3\left(\frac{1}{4}\right)^3\left(\frac{3}{4}\right)^0=\frac{1}{64}$$

이것에 대해 확률분포표를 만들면 다음과 같이 되었다.

X	0	1	2	3
P	$\frac{27}{64}$	$\frac{27}{64}$	$\frac{9}{64}$	$\frac{1}{64}$

OX 문제와 달리 0문제를 맞히거나 1문제를 맞힐 확률이 제일 높았다. 우리는 정의에 따라 기댓값을 구해 보았다.

$$E(X)=0\times\frac{27}{64}+1\times\frac{27}{64}+2\times\frac{9}{64}+3\times\frac{1}{64}=\frac{3}{4}$$

이때는 기댓값이 문제 수를 절반으로 나눈 값이 아니었다. 이 경우에는 $\frac{3}{4}=3\times\frac{1}{4}$이 되어 문제 수에 한 문제를 맞힐 확률을 곱한 값이 기댓값이 되었다. 좀 더 많은 예를 통해 이 가설을 확인한 결과, 우리는 문제 수에 한 문제를 맞힐 확률을 곱하면 기댓값이 나옴을 알게 되었다.

이항분포의 기댓값

확률변수 X가 이항분포를 따를 때 X의 기댓값 $E(X)$는 다음과 같다.

$E(X) = np$

라피의 마지막 문제

집을 떠나 와 미지의 여러 나라들을 돌아다닌 지 어느덧 한 달이 넘었다. 우리는 모두 그리운 집으로 돌아가고 싶은 마음밖에 없었다. 마지막 나라에서 우리는 무료하게 하루하루를 보내고 있었다.

"도대체 우리는 언제 집에 갈 수 있는 거지?"

왕이 투덜거렸다.

그때 눈앞에 라피가 나타났다. 라피는 맨 처음 우리 눈앞에 나타났을 때의 모습 그대로였다.

"이제 여러분이 집으로 돌아갈 시간이군요."

라피가 눈웃음을 치며 말했다.

"정말 우리가 집에 가는 건가요?"

내가 두 눈을 부릅뜨고 라피에게 물었다.

"라피는 거짓말을 하지 않아요. 하지만 여러분이 집에 가기 전에 거쳐야 할 마지막 관문이 있어요."

라피가 말했다.

"그게 뭐죠?"

내가 다시 물었다. 왕과 헤아리스와 놀리스 교수는 우리 두 사람의 대화에 귀를 기울였다.

"확률 이야기의 마지막을 장식할 문제는 이항분포의 분산에 대한 공식을 찾아내는 것이에요. 문제를 해결하면 여러분이 있던 곳으로 되돌아갈 수 있습니다."

라피가 우리 모두를 둘러보며 말했다. 그리고는 '펑' 소리를 내며 자취를 감추었다. 라피가 사라진 후, 우리 모두 표정이 다시 밝아졌다. 이제 집으로 돌아갈 수 있다는 생각 때문이었다. 우리는 마지막 에너지를 이번 과제에 쏟아붓기로 하고 큰 소리로 "파이팅"을 외쳤다.

문제를 해결하기 위해 먼저 제안을 한 사람은 놀리스 교수였다.

"우리는 예를 통해서 이항분포의 기댓값 공식을 찾아냈어요. 그러니까 분산 공식도 예를 통해서 찾을 수 있을 거예요."

"어떤 예를 들죠?"

헤아리스가 물었다.

"사지선다형 문제가 3문제 출제되었고, 키키라는 학생이 세 문제 모두 몰라서 아무렇게나 답을 적는다고 해 보죠. 각각의 문제에서 문제를 맞힐 확률은 4개 중 답이 하나이니까 $p=\frac{1}{4}$이에요. 반대로 못 맞힐 확률은 $q=\frac{3}{4}$이지요. 즉 $p+q=1$이 만족되지요."

놀리스 교수가 침착하게 설명했다.

"그렇다면 맞힌 문제의 개수에 대한 확률을 구하면 되겠군."

왕이 눈을 가늘게 뜨고 굵직한 목소리로 말했다.

"맞아요. 전하. 맞힌 문제의 수를 확률변수라고 하면 X가 가질 수 있는 값은 X=0, 1, 2, 3이지요. 각 경우에 대한 확률은 다음과 같아요."

놀리스 교수는 다음과 같이 썼다.

$$\mathrm{P}(X=0)={}_3\mathrm{C}_0\left(\frac{1}{4}\right)^0\left(\frac{3}{4}\right)^3=\frac{27}{64}$$

$$\mathrm{P}(X=1)={}_3\mathrm{C}_1\left(\frac{1}{4}\right)^1\left(\frac{3}{4}\right)^2=\frac{27}{64}$$

$$\mathrm{P}(X=2)={}_3\mathrm{C}_2\left(\frac{1}{4}\right)^2\left(\frac{3}{4}\right)^1=\frac{9}{64}$$

$$\mathrm{P}(X=3)={}_3\mathrm{C}_3\left(\frac{1}{4}\right)^3\left(\frac{3}{4}\right)^0=\frac{1}{64}$$

우리는 이항분포의 기댓값 공식을 이용해 이 이항분포의 기댓값이 $\mathrm{E}(X)=3\times\frac{1}{4}$임을 알았다. 그리고 앞서 구한 분산 공식을 적용했더니, $\mathrm{V}(X)=0^2\times\frac{27}{64}+1^2\times\frac{27}{64}+2^2\times\frac{9}{64}+3^2\times\frac{1}{64}-\left(\frac{3}{4}\right)^2=\frac{9}{16}$라는 결과를 얻었다.

"뭐야? 아무 규칙도 없잖아?"

왕이 짜증 섞인 소리로 말했다.

"그렇지 않습니다. $\frac{9}{16}$는 $3\times\frac{1}{4}\times\frac{3}{4}$이에요. 그러므로 분산은 $\mathrm{V}(X)=3\times\frac{1}{4}\times\frac{3}{4}$이 되지요. 여기서 3은 시행의 수를, $\frac{1}{4}$은 각 시행에서 사건이 일어날 확률을, $\frac{3}{4}$은 각 시행에서 사건이 일어나지 않을 확률을 나타내지요. 그러므로 일반적으로 분산의 공식은 다음과 같이 돼요."

놀리스 교수가 공식을 정리했다.

이항분포의 분산

이항분포에서 시행의 수가 n이고 각 시행에서 사건이 일어날 확률이 p이고 일어나지 않을 확률이 q일 때 분산 V(X)는 다음과 같이 주어진다.

$\mathrm{V}(X)=npq$

완성된 『확률과 통계』

우리는 환호성을 질렀다. 마지막 문제를 가볍게 해결했기 때문이었다. 그때 갑자기 우리 주위의 광경이 희미해지기 시작했다. 그리고는 사방에서 희미한 빛들이 우리 눈을 자극하기 시작했다. 우리는 눈이 부셔 잠시 눈을 감았다. 그리고는 이내 몽롱한 상태가 되었다. 잠시 후 우리가 눈을 떴을 때 우리는 왕궁에 와 있었다. 모든 것이 왕궁을 떠나기 전과 같았다. 테이블 위에는 『확률과 통계』라는 제목의 책이 놓여 있었다. 우리를 이상한 세계로 보낸 바로 그 책이었다. 우리는 책을 보자 두려움에 몸을 떨었다. 이 책을 펼치면 다시 미지의 세계로 여행을 떠날 것 같은 불길한 느낌이 들었기 때문이다. 그때 창문을 통해 거센 돌풍이 불어와 책장을 넘겼다. 책 표지가

바람에 넘어가면서 책의 내용이 하나둘 나타났다. 놀랍게도 책은 깨알 같은 글씨와 수많은 법칙들로 가득 채워져 있었다. 놀란 마음에 나는 책장을 넘겨 보았다. 책의 모든 페이지가 빼곡이 채워져 있었다. 그것은 우리가 여행하면서 토론하고 알아낸 내용들이었다. 나는 조심스레 책을 덮어 보았다. 책 표지에 다음과 같이 쓰여 있었다.

『확률과 통계』
마티 왕, 놀리스 교수, 헤아리스, 파스칼로스 지음
라피 출판사

우리 네 사람이 지은 책이었다. 우리는 완성된 책을 보며 한 달여 동안의 수학 여행이 결코 헛되지 않았음을 느꼈다. 여독이 풀리지 않았던 우리는 어느새 달콤한 꿈나라로 빠져들었다.

EXERCISE 12

1) 흰 공 5개, 검은 공 3개가 있는 주머니에서 2개의 공을 동시에 꺼낼 때 나오는 흰 공의 개수를 X라 할 때 $P(X \geq 1)$을 구하라.

2) 불량품 2개와 우량품 5개가 들어 있는 상자에서 임의로 2개를 꺼낼 때 나오는 불량품의 개수를 X라고 할 때 $P(X \leq 1)$을 구하라.

3) 확률변수 X가 확률분포 $P(X=x)=kx(x=1, 2, \cdots, 10)$을 따를 때 k를 구하라.

4) 흰 공 2개와 검은 공 5개가 들어 있는 주머니가 있다. 이 중 2개의 공을 임의로 꺼낼 때 나온 흰 공의 개수를 X라고 할 때 X의 평균, 분산을 구하라.

5) 동전 2개를 던져 앞면 한 개에 대해서는 100원을 받고 뒷면 한 개에 대해서는 40원을 받는다. 이때 상금의 액수 X의 기댓값과 분산을 구하라.

6) 1이 1장, 2가 2장, 3이 3장, 4가 4장, 5가 5장 들어 있는 숫자 카드에서 한 장을 뽑을 때 나온 숫자를 X라 할 때 X의 기댓값을 구하라.

7) 사지선다형 문제 5개가 출제되었다. 각 문제마다 임의의 번호를 선택할 때 4문제 이상을 맞힐 확률을 구하라.

8) 타율이 3할인 타자가 네 번 타석에 나와 적어도 한 번 안타를 칠 확률은?

9) 한 개의 주사위를 90번 던져 5 이상의 눈이 나오는 횟수를 X라고 할 때 X의 평균, 분산을 구하라.

10) 한 개의 동전을 200번 던져 앞면이 나오는 횟수를 X라고 할 때 X의 평균과 분산을 구하라.

11) 흰 공이 30개, 검은 공이 70개 들어 있는 주머니에서 1개를 꺼내 보고 다시 넣는 일을 100번 할 때 나오는 흰 공의 개수 X의 평균과 분산을 구하라.

12) 어떤 이항분포에서 평균과 표준편차가 같은 값 0.95를 가진다. 이때 p와 n을 구하라.(여기서 n은 시행의 수이고 p는 각 시행에서 사건이 일어날 확률이다.)

13) 타율이 2할 5푼인 타자가 100타석에서 친 안타 수를 X라고 할 때 X의 평균과 분산을 구하라.

14) 어떤 병에 대한 치유율이 80%인 의약품으로 100명의 환자를 치료할 때 치료된 환자의 수 X의 기댓값을 구하라.

15) 동전 3개를 동시에 던지는 시행을 640번 할 때 2개는 앞면, 1개는 뒷면이 나오는 횟수 X의 기댓값을 구하라.

해답과 풀이

EXERCISE 1

1) **1가지**

2) **1가지**

3) **1가지**

4) **1가지**

5) **2가지**

두 동전을 A, B라고 하면 A가 앞면, B가 뒷면이거나 A가 뒷면, B가 앞면일 수 있으므로 두 가지 경우가 나타난다.

6) **3가지**

홀수는 1, 3, 5의 세 가지이다.

7) **3가지**

짝수는 2, 4, 6의 세 가지이다.

8) **2가지**

3의 배수는 3, 6의 두 가지이다.

9) **4가지**

두 사건 A, B를 다음과 같이 설정하자.

A : 2가 나온다.

B : 홀수가 나온다.

두 사건 A, B가 동시에 일어나지 않는다. 2가 나오는 경우의 수는 1가지. 홀수는 1, 3, 5의 3개이므로 홀수가 나오는 경우의 수는 3가지. 따라서 A 또는 B가 일어날 경우의 수는 합의 법칙에 따라 1+3=4(가지)이다.

10) **4가지**

두 사건 A, B를 다음과 같이 설정하자.

A : 2의 배수가 나온다.

B : 3의 배수가 나온다.

2의 배수가 나오는 경우의 수는 3가지, 3의 배수가 나오는 경우의 수는 2가지이다. 하지만 2의 배수이면서 동시에 3의 배수가 나오는 경우의 수가 1가지이므로 합의 법칙에 의해 구하는 경우의 수는 3+2−1=4(가지)이다.

11) **6가지**

서로 다른 주사위를 A, B라고 하자. 이때 눈의 합이 7이 되는 경우는 다음과 같다.

A	B
1	6
2	5
3	4
4	3
5	2
6	1

그러니까 답은 6가지이다.

12) **7가지**

두 주사위의 눈의 수를 A, B라고 하자.

두 눈의 수의 합이 3인 경우는 다음과 같다.

A	B
1	2
2	1

두 눈의 수의 합이 6인 경우는 다음과 같다.

A	B
1	5
2	4
3	3
4	2
5	1

합의 법칙에 의해 구하는 경우의 수는 $2+5=7$(가지)이다.

13) **5가지**

두 눈의 수의 합이 3인 경우는 다음과 같다.

A	B
1	2
2	1

눈의 합이 4가 되는 경우는 다음과 같다.

A	B
1	3
2	2
3	1

합의 법칙에 의해 구하는 경우의 수는 $2+3=5$(가지)이다.

14) **1가지**

두 눈의 수의 합이 2가 되는 경우는 두 눈의 수가 모두 1인 경우 뿐이다.

15) **7가지**

두 눈의 수의 합이 5의 배수인 경우는 5 또는 10인 경우이다.

두 눈의 수의 합이 5인 경우는 다음과 같다.

A	B
1	4
2	3
3	2
4	1

두 눈의 수의 합이 10인 경우는 다음과 같다.

A	B
4	6

5	5
6	4

합의 법칙에 따라 구하는 경우의 수는 4+3＝7(가지)이다.

16) **6가지**

두 눈의 수의 차가 4인 경우는 다음과 같다.

A	B
1	5
2	6
5	1
6	2

두 눈의 수의 차가 5인 경우는 다음과 같다.

A	B
1	6
6	1

합의 법칙에 따라 구하는 경우의 수는 4+2＝6(가지)이다.

17) **9가지**

두 눈의 수의 곱이 홀수이려면 두 눈의 수가 모두 홀수이어야 한다. 하나의 주사위의 눈의 수가 홀수일 경우의 수는 3가지이므로 곱의 법칙에 의해 구하는 경우의 수는 $3 \times 3 = 9$(가지)이다.

18) **6가지**

영어 참고서를 사는 방법의 수는 3가지, 수학 참고서를 사는 방법의 수는 2가지이므로 곱의 법칙에 의해 $3 \times 2 = 6$(가지)이다.

19) **24가지**

영어 참고서를 사는 방법의 수는 4가지, 수학 참고서를 사는 방법의 수는 3가지, 국어 참고서를 사는 방법의 수는 2가지이므로 곱의 법칙에 의해 $4 \times 3 \times 2 = 24$(가지)이다.

20) **5가지**

짝수는 2, 4, 6, 8, 10의 다섯 종류이다.

21) **3가지**

3의 배수는 3, 6, 9의 세 종류이다.

22) **7가지**

두 사건 A, B를 다음과 같이 설정하자.

A : 짝수가 나온다.

B : 3의 배수가 나온다.

짝수가 나오는 경우의 수는 5가지, 3의 배수는 3, 6, 9의 3종류이니까 3의 배수가 나오는 경우의 수는 3가지이다. 짝수이면서 동시에 3의 배수인 경우는 1가지이므로 짝수 또는 3의 배수가 나오는 경우의 수는 $5+3-1 = 7$(가지)이다.

23) **30가지**

2의 배수가 나오는 경우의 수 : 25(가지)

5의 배수가 나오는 경우의 수 : 10(가지)

2의 배수이면서 5의 배수(10의 배수)가 나오는 경우의 수 : 5가지

$25+10-5=30$(가지)

24) **8가지**

10의 배수가 나오는 경우의 수 : 5(가지)

13의 배수가 나오는 경우의 수 : 3(가지)

$5+3=8$(가지)

25) **20가지**

$50=2\times5^2$이므로 50과 서로소이려면 2의 배수도 아니고 5의 배수도 아니어야 한다.

2의 배수 또는 5의 배수의 개수는 $25+10-5=30$(장)이고 전체는 50장이므로 2의 배수도 5의 배수도 아닌 경우의 수는 $50-30=20$(가지)이다.

26) **24가지**

동전 한 개를 던질 때 나올 수 있는 경우의 수는 2가지, 주사위 한 개를 던질 때 나올 수 있는 경우의 수는 6가지이므로 곱의 법칙에 의해 구하는 경우의 수는 $2\times2\times6=24$(가지)

27) **72가지**

동전 한 개를 던질 때 나올 수 있는 경우의 수는 2가지, 주사위 한 개를 던질 때 나올 수 있는 경우의 수는 6가지이므로 곱의 법칙에 의해 구하는 경우의 수는 $2\times6\times6=72$(가지)

28) **24가지**

$540=2^2\times3^3\times5$이므로 540의 약수는 다음과 같은 꼴이다.

$2^a\times3^b\times5^c$($a=0, 1, 2$ $\ b=0, 1, 2, 3$ $\ c=0, 1$)

a는 3가지, b는 4가지 c는 2가지이므로

곱의 법칙에 따라 구하는 개수는 $3\times4\times2=24$(개)

29) **16가지**

540의 약수 중 2의 배수가 아닌 것은 $3^b\times5^c$의 꼴이므로 그 개수는 $4\times2=8$(개)이다.

전체에서 2의 배수가 아닌 것을 제외하면 2의 배수만 남으므로

2의 배수의 개수는 $24-8=16$(개)이다.

30) **12가지**

180을 소인수분해하면 $180=2^2\times3^2\times5$이므로

약수의 개수는 $(2+1)\times(2+1)\times(1+1)=18$(개)

이 중 3의 배수가 아닌 것은 $2^2\times5$의 약수들이므로 그 개수는

$(2+1)\times(1+1)=6$(개)

따라서 구하는 개수는 $18-6=12$(개)

31) **63가지**

1000원짜리를 내는 방법은 0, 1, 2, 3의 4가지. 500원짜리를 내는 방법은 0, 1, 2, 3의 4가지.

100원짜리를 내는 방법은 0, 1, 2, 3의 4가지.

따라서 지불 방법의 수는 $4\times4\times4-1=63$(가지)이다.

32) **39가지**

1000원짜리 3장을 500원짜리로 바꾸면 6장이므로 500원짜리 9개와 100원짜리 3개로 만들 수 있는 금액을 찾으면 된다. 500원짜리를 0개, 1개, 2개, …, 9개 낼 수 있으므로 500원짜리를 내는 방법의 수는 10가지. 100원짜리를 0개, 1개, 2개, 3개 낼 수 있으

므로 100원짜리를 내는 방법의 수는 4가지이다. 따라서 지불 금액의 가짓수는 $10\times4-1=39$(가지)이다.

33) **53가지**

지불할 수 있는 방법은 $(2+1)\times(5+1)\times(2+1)-1=53$(가지)

34) **29가지**

1000원짜리 2장은 500원짜리 4개이므로 500원짜리 9개와 100원짜리 2개로 지불할 수 있는 금액의 종류를 생각하면 된다.

$(9+1)\times(2+1)-1=29$(가지)

35) **6개**

$2\times3=6$(개)

36) **108가지**

짝수가 되려면 끝자리가 짝수여야 하므로 □□2, □□4, □□6의 세 종류가 가능하다.

(i) □□2의 경우

백의 자리에 올 수 있는 수는 6가지, 십의 자리에 올 수 있는 수는 6가지 $6\times6=36$(가지)

(ii) □□4의 경우 : $6\times6=36$(가지)

(iii) □□6의 경우 : $6\times6=36$(가지)

(i)(ii)(iii)의 결과를 모두 더하면 전체 경우의 수는

$36\times3=108$(가지)

37) **30가지**

짝수가 되려면 끝자리가 짝수여야 하므로 □□0, □□2, □□4의 세 종류가 가능하다.

(i) □□0의 경우

백의 자리에 올 수 있는 수는 4가지, 십의 자리에 올 수 있는 수는 3가지

$4 \times 3 = 12$(가지)

(ii) □□2의 경우

백의 자리에 올 수 있는 수는 3가지이고 십의 자리 숫자에 올 수 있는 수는 3가지

$3 \times 3 = 9$(가지)

(iii) □□4의 경우는 (ii)와 같이 9가지

(i)(ii)(iii)의 결과를 모두 더하면 전체 경우의 수는

$12+9+9=30$(가지)

38) **420가지**

(i) 맨 끝자리가 0인 경우, 각 빈칸에 올 수 있는 숫자의 개수를 곱하면 된다.

$6 \times 5 \times 4 = 120$(가지)

(ii) 맨 끝자리가 2 또는 4 또는 6인 경우는 다음과 같다.

$5 \times 5 \times 4 \times 3 = 300$(가지)

(i)(ii)에서 전체 경우의 수는 $120+300=420$(가지)

39) **4가지**

$2 \times 2 = 4$(가지)

40) **6가지**

$3 \times 2 = 6$(가지)

41) **6가지**

$2 \times 3 = 6$(가지)

42) **9가지**

$3 \times 3 = 9$(가지)

43) **24가지**

$2 \times 3 \times 4 = 24$(가지)

44) **60가지**

$3 \times 4 \times 5 = 60$(가지)

45) **144가지**

P를 한 번만 거쳐 가므로, 갈 때 P쪽으로 간다면 올 때는 Q쪽으로 오고 갈 때 Q쪽으로 간다면 올 때는 P쪽으로 와야 한다. 그러므로 다음과 같은 두 경우의 합의 법칙이다.

(i) $A \to P \to B \to Q \to A$

(ii) $A \to Q \to B \to P \to A$

(i)의 경우의 수를 보면 $2 \times 3 \times 4 \times 3 = 72$(가지)

(ii)의 경우의 수는 $3 \times 4 \times 3 \times 2 = 72$(가지)

(i), (ii)가 동시에 일어날 수 없으므로 전체 경우의 수는

$72 + 72 = 144$(가지)이다.

46) **22가지**

(i) A에서 B를 거쳐 D로 가는 방법 : $3 \times 4 = 12$(가지)

(ii) A에서 C를 거쳐 D로 가는 방법 : $2 \times 5 = 10$(가지)

따라서 전체 경우의 수는 $12 + 10 = 22$(가지)

47) **6가지**

세 주사위의 눈의 합이 5가 되는 경우는 다음과 같은 경우이다.

$(1, 1, 3), (1, 3, 1), (3, 1, 1)$

$(1, 2, 2), (2, 1, 2), (2, 2, 1)$

따라서 전체 경우의 수는 6가지이다.

48) **9가지**

A, B, C, D의 우산을 각각 a, b, c, d라고 하자.

A에 대해 생각해 보자. A는 a를 안 가지고 가므로 b, c, d 중 하나를 가져간다.

A가 b를 가져가는 경우 가능한 모든 경우는 3가지이다. A가 c, d를 가지고 가는 경우도 3가지씩 생기므로 전체 경우의 수는

$3\times3=9$(가지)

49) **58**

$n(M\cup N)=n(M)+n(N)-n(M\cap N)$ 이고 $n(M)=33$,

$n(N)=33$

18과 24의 최소공배수는 72이므로 $n(M\cap N)$은 600보다 작은 72의 배수의 개수이다.

따라서 $n(M\cap N)=8$이므로

$n(M\cup N)=33+33-8=58$

50) **7가지**

계수가 제일 큰 z에 $1, 2, 3\cdots$ 을 넣어 가능한 경우를 헤아리자.

(i) $z=1$이면 $x+2y=9$이므로

$y=1, 2, 3, 4$의 4가지 경우가 가능하다.

(ii) $z=2$인 경우 $x+2y=6$이므로

$y=1, 2$의 2가지 경우가 가능하다.

(iii) $z=3$인 경우 $x+2y=3$이므로 $y=1$만이 가능하다.

(iv) $z \geq 4$이면 가능한 자연수 쌍은 존재하지 않는다.

따라서 (x, y, z)의 쌍의 개수는 $4+2+1=7$(가지)

51) **3승1패**

B가 3승이므로

	A	B	C	D
A		×		
B	○		○	○
C		×		
D		×		

C가 4패이므로 모든 팀에게 한 번 이상씩 진 셈이다. 우선 3패만을 기록하면

	A	B	C	D
A		×	○	
B	○		○	○
C	×	×		×
D		×	○	

이제 A가 1승 2패이므로 A는 D한테 졌다. 또 A, B는 경기를 마쳤으므로 C의 남은 1패는 D에게 진 경기가 된다. 그러므로 D의 성적은 3승 1패가 된다.

	A	B	C	D
A		×	○	×
B	○		○	○
C	×	×		× ×
D	○	×	○ ○	

A와 B는 3경기를, C는 4경기를 하였으므로 D는 4경기를 하였다. 그리고 A, B, C 팀의 승수의 합은 4로 패수의 합인 6보다 2가 작으므로 D의 승수가 패수보다 2가 커야 한다. 그러므로 3승1패이다.

EXERCISE

2

1) 1

2) 3

3) 20

$_5P_2 = 5 \times 4 = 20$

4) 6

$_3P_3 = 3 \times 2 \times 1 = 6$

5) 120

$_6P_3 = 6 \times 5 \times 4 = 120$

6) 1

7) 1

8) 2

9) 6

10) 120

11) 6

$_{2n}P_3 = 2n(2n-1)(2n-2)$ 이고 $_nP_2 = n(n-1)$ 이므로 준 식은

$2n(2n-1)(2n-2) = 44n(n-1)$ ⋯ ①

$2n-2 = 2(n-1)$ 이므로 $4n(2n-1)(n-1) = 44n(n-1)$

n이 0이 아니므로 ①의 양변을 $4n$으로 나누면

$(2n-1)(n-1) = 11(n-1)$ ⋯ ②

${}_{n}P_{2}$가 정의되려면 n은 2 이상이니까 ②의 양변을 $n-1$로 나누면

$2n-1=11$에서 $n=6$이다.

12) **3**

${}_{2n}P_{2}={}_{n}P_{3}+24$에서 $2n(2n-1)=n(n-1)(n-2)+24$

전개하면 $4n^{2}-2n=n^{3}-3n^{2}+2n+24$

정리하면 $n^{3}-7n^{2}+4n+24=0$

인수분해하면 $(n-3)(n^{2}-4n-8)=0$

n은 정수이므로 $n=3$

13) **6**

${}_{n}P_{2}=30$에서 $n(n-1)=30=6\times5 \quad \therefore 6$

14) **5**

${}_{n}P_{2}={}_{n+1}P_{1}+14$에서 $n(n-1)=n+1+14$

정리하면 $n^{2}-n=n+15$, $n^{2}-2n-15=0$, $(n-5)(n+3)=0$

$n\geq0$이므로 $n=5$

15) **20가지**

서로 다른 5개에서 2개를 택하는 순열의 수이므로

${}_{5}P_{2}=5\times4=20$(가지)이다.

16) **60가지**

서로 다른 5개에서 3개를 택하는 순열의 수이므로

${}_{5}P_{3}=5\times4\times3=60$(가지)이다.

17) **6가지**

서로 다른 3개에서 3개를 택하는 순열의 수이므로

${}_{3}P_{3}=3!=6$(가지)이다.

18) **24가지**

$4! = 24$(가지)

19) **210가지**

7개 중 3개를 택하는 순열의 수이다.

${}_7P_3 = 7 \times 6 \times 5 = 210$(가지)

20) **24가지**

4명을 순서대로 배열하는 경우의 수이다. $4! = 24$

21) **870가지**

30명에서 2명을 택하는 순열의 수이다. ${}_{30}P_2 = 30 \times 29 = 870$

22) **24가지**

네 친구를 A, B, C, D라고 해 보자.

네 친구 집을 A B C D의 순서로 갈 수도 있고, B C A D의 순서로 갈 수도 있다.

그러니까 가능한 경우는 A, B, C, D를 일렬로 배열하는 방법의 수이다. $4! = 24$(가지)

23) **20종류**

예를 들어 다섯 개의 역이 서울, 대전, 대구, 부산, 진주라고 해 보자. 그러니까 5개 중 2개를 택해 순서대로 배열하는 방법의 수가 답이다.

그러니까 ${}_5P_2 = 5 \times 4 = 20$(종류)의 표를 준비해야 한다.

24) **360가지**

${}_6P_4 = 6 \times 5 \times 4 \times 3 = 360$(가지)

25) **6가지**

$3! = 6$(가지)

26) **6840가지**

${}_{20}P_3 = 20 \times 19 \times 18 = 6840$(가지)

27) **6가지**

$3! = 6$(가지)

28) **n(n-1)가지**

${}_nP_2 = n(n-1)$(가지)

29) **720가지**

남자를 a, b, c라고 하고 여자를 A, B, C, D라고 해 보자. 남자들끼리 이웃한다고 했으니까 (a, b, c)를 한 묶음으로 생각하자. 그럼 여자 A, B, C, D와 남자 묶음을 일렬로 세우는 방법은 5! 이고 남자 묶음 속에서 남자 세 명을 일렬로 세우는 방법 수는 3! 이다. 그러니까 전체 경우의 수는 $5! \times 3! = 720$(가지)이다.

30) **1440가지**

먼저 여자를 한 칸씩 떼어 세워 보자.

□ A □ B □ C □ D □

이런 방법으로 여자를 세우는 방법의 수는 4!가지이고 남자끼리 이웃하지 않으니까 남자들은 5개의 □ 중 세 곳에 들어가면 된다. 이 경우 ${}_5P_3$가지이므로 전체 경우의 수는 $4! \times {}_5P_3 = 1440$(가지)이다.

31) **2880가지**

남자 4명을 한 묶음으로 생각하자. 여자 4명과 남자 묶음을 일렬로 세우는 방법은 5!(가지)이고, 그 각각에 대해 남자 묶음 속에서 남자 4명을 일렬로 세우는 방법수는 4!이다.

그러므로 전체 경우의 수는 $5! \times 4! = 2880$(가지)

32) **1152가지**

다음 두 경우가 있다.

(i) 여－남－여－남－여－남－여－남

(ii) 남－여－남－여－남－여－남－여

(i)처럼 세우는 경우의 수는 여자 4명을 세우는 방법은 4!이고 남자 4명을 세우는 방법도 4!이니까 $4! \times 4!$(가지)

(ii)의 경우도 $4! \times 4!$(가지)

그러니까 전체 경우의 수는 $4! \times 4! \times 2 = 1152$(가지)

33) **960가지**

p와 s 사이에 두 개의 철자가 들어 있는 경우는 (p □□ s)를 하나의 묶음으로 생각하자. 우선 □□는 5개 중 2개의 숫자를 택한 순열이니까 경우의 수는 ${}_5P_2$이고 (p □□ s)꼴과 (s □□ p)의 꼴은 다르니까 방법의 수는 ${}_5P_2 \times 2$가 된다.

이 묶음과 나머지 3개의 철자의 순열의 수는 4개를 일렬로 배열하는 방법의 수인 4!가지이니까

구하는 경우의 수는 $4! \times {}_5P_2 \times 2 = 960$(가지)

34) **3600가지**

적어도 한쪽 끝에 모음이 오는 경우의 수를 구하려면, 전체 경우의 수에서 양쪽 끝에 모두 자음이 오는 경우의 수를 빼 주면 된다. 양 끝에 자음이 오는 경우의 수를 구하자. △□□□□□△의 꼴이고 △에는 자음만 와야 하므로 4개(p, r, m, s) 중 2개를 택하는

순열의 수는 $_4P_2$이고 □□□□□의 순열의 수는 5!이니까 양쪽 끝에 모두 자음이 오는 경우의 수는 $_4P_2\times5!$이 된다.

그러니까 구하는 경우의 수는 $7!-{}_4P_2\times5!=3600$(가지)이다.

35) **30가지**

23000보다 작으려면 1□□□□, 21□□□의 꼴이다.

1□□□□의 경우의 수는 4개의 숫자의 순열의 수이니까 4!

21□□□의 경우의 수는 3개의 숫자의 순열의 수이니까 3!

그러니까 전체 경우의 수는 $4!+3!=30$(가지)

36) **2890가지**

5의 배수는 일의 자릿수가 0 또는 5이다.

(i) 542■0꼴의 경우 : ■는 6, 7, 8, 9 중 하나이므로 4가지

(ii) 54■□0꼴의 경우 : ■는 3, 6, 7, 8, 9 중 하나이므로 5가지이고 □는 6가지이므로 $5\times6=30$(가지)

(iii) 5■□□0꼴의 경우 : ■는 6, 7, 8, 9 중 하나이므로 4가지이고 □□는 $_7P_2$(가지)이므로 $4\times{}_7P_2=168$(가지)

(iv) ■□□□▨꼴의 경우 : ■는 6, 7, 8, 9 중 하나이므로 4가지, ▨는 0 또는 5의 2가지이고 □□□는 $_8P_3$(가지)이므로 $4\times2\times{}_8P_3=2688$(가지)

따라서 전체 경우의 수는 $4+30+168+2688=2890$(가지)

37) **96가지**

□□□□의 순열의 수는 $_5P_4$이다. 그런데 이 중에는 0123과 같이 제일 앞자리에 0이 오는 수는 제외해야 한다. 맨 앞에 0이 오는 경우는 0□□□의 꼴이니까 0을 제외한 나머지 네 수에서 3개

를 뽑는 순열의 수인 ${}_4P_3$가지이니까 구하는 경우의 수는 ${}_5P_4-{}_4P_3=96$(가지)

38) **60가지**

짝수는 □□□0, □□□2, □□□4의 세 종류이다.

(i) □□□0의 경우는 0을 제외한 4개의 수 중 3개를 뽑는 순열의 수이니까 ${}_4P_3$가지

(ii) □□□2의 경우는 맨 앞에는 0이 올 수 없으니까 3가지이고 전체는 $3\times{}_3P_2$가지

(iii) □□□4의 경우는 맨 앞에는 0이 올 수 없으니까 3가지이고 전체는 $3\times{}_3P_2$가지

(i)(ii)(iii)을 모두 고려하면 전체 경우의 수는

${}_4P_3+3\times{}_3P_2+3\times{}_3P_2=60$(가지)

39) $$n\cdot{}_{n-1}P_{r-1}=n\cdot\frac{(n-1)!}{\{(n-1)-(r-1)\}!}$$
$$=\frac{n(n-1)!}{(n-r)!}=\frac{n!}{(n-r)!}={}_nP_r$$

40) **9! 가지**

9명을 일렬로 배열하는 순열의 수이므로 9!(가지)

41) **2**

${}_{10}P_n=90$인 n을 구하면 된다. $90=10\times9$이니까 $n=2$이다.

42) **240 가지**

■□□■의 꼴이고 ■에는 홀수가 와야 한다. 먼저 홀수 4개 중 2개를 선택해 앞뒤에 적는 방법은 ${}_4P_2$가지이고 남은 5개의 수 중 2개를 택해 가운데의 □□에 적는 방법의 수는 ${}_5P_2$가지이므로 전체

경우의 수는 ${}_4P_2 \times {}_5P_2 = 240$(가지)

43) **108가지**

두 팀의 출전 순서를 정하는 가지수는 $3! \times 3!$이다. 두 팀간의 경기수는 4경기이고 A팀의 전적은 3승 1패여야 하고 제 4경기는 A팀이 승리하였다. 이런 경우는 ×○○○, ○×○○, ○○×○ 세 가지 경우이므로 총 가지수는 $3! \times 3! \times 3 = 108$(가지)이다.

EXERCISE
3

1) 1

$_4\Pi_0 = 4^0 = 1$

2) 9

$_3\Pi_2 = 3^2 = 9$

3) 64

$_4\Pi_3 = 4^3 = 64$

4) 5

$_5\Pi_1 = 5^1 = 5$

5) 2^n

$_2\Pi_n = 2^n$

6) 5

$n^3 = 5^3 \quad \therefore n = 5$

7) 7

$n^1 = 7 \quad \therefore n = 7$

8) 100

$n^2 = 100^2 \quad \therefore n = 100$

9) 3

$n^n = 3^3 \quad \therefore n = 3$

10) 5

$2^r = 2^5 \quad \therefore r = 5$

11) **4**

$3^r = 3^4 \quad \therefore r = 4$

12) **7**

$10^r = 10^7 \quad \therefore r = 7$

13) **4가지**

2개 중 2개를 뽑는 중복순열이므로 ${}_2\Pi_2 = 2^2 = 4$(가지)

14) **64가지**

4개 중 3개를 뽑는 중복순열이므로 ${}_4\Pi_3 = 4^3 = 64$(가지)

15) **100가지**

세 자리의 자연수를 □□□라고 하면 맨 앞자리에는 0이 올 수 없다. 5개 중 3개를 택하는 중복순열은 ${}_5\Pi_3$이고 이 중 0□□꼴인 경우를 제외해야 한다. 0□□인 경우의 수는 5개 중 2개를 택하는 중복순열이고 ${}_5\Pi_2$이므로 구하는 경우의 수는

${}_5\Pi_3 - {}_5\Pi_2 = 5^3 - 5^2 = 100$(가지)

16) **500개**

${}_5\Pi_4 - {}_5\Pi_3 = 5^4 - 5^3 = 500$(개)

17) **8가지**

2개 중에서 3개를 뽑는 중복순열이므로 ${}_2\Pi_3 = 2^3 = 8$(가지)이다.

18) **81가지**

3개 중 중복을 허락하여 4개를 뽑는 중복순열이므로

${}_3\Pi_4 = 3^4 = 81$(가지)

19) **8가지**

세 유권자의 이름을 A, B, C라 하고 두 후보를 a, b라 하자.

유권자 A가 쓸 수 있는 모든 경우의 수는 a, b의 2가지

유권자 B가 쓸 수 있는 모든 경우의 수는 a, b의 2가지

유권자 C가 쓸 수 있는 모든 경우의 수는 a, b의 2가지

그러니까 전체 경우의 수는 $2\times2\times2=2^3$(가지)

즉 2개에서 3개를 뽑는 중복순열의 수인 ${}_2\Pi_3=2^3=8$(가지)이다.

20) **4^{10}가지**

4개 중 중복을 허락하여 10개를 뽑는 중복순열이므로

${}_4\Pi_{10}=4^{10}=1048576$(가지)

21) **9개**

1이 갈 수 있는 곳은 3, 4, 5 중 하나이므로 1을 Y의 원소에 대응시키는 방법은 3가지이고 마찬가지로 2가 갈 수 있는 곳도 3, 4, 5 중 하나이므로 2를 Y의 원소에 대응시키는 방법도 3가지이다.

그러므로 전체 경우의 수는 $3\times3=3^2=9$(가지)이다. 즉, 3개에서 2개를 택하는 중복순열의 수와 같다. 따라서 ${}_3\Pi_2=3^2=9$(가지)

22) **27개**

함수의 개수는 ${}_3\Pi_3=3^3=27$(개)

23) **6개**

일대일함수는 중복이 되면 안되므로 ${}_3P_3=6$(개)

24) **8가지**

2개의 우체통을 A, B라 하면 AAA, AAB , ABA 등이 있으므로 2개 중 중복을 허락하여 3개를 뽑는 중복순열과 같다.

${}_2\Pi_3=2^3=8$(가지)

25) **729가지**

3개 중 중복을 허락하여 6개를 뽑는 중복순열이므로

${}_3\Pi_6 = 3^6 = 729$(가지)

26) **125가지**

각 자리에 들어갈 수 있는 홀수는 1, 3, 5, 7, 9의 5개이므로 5개 중 중복을 허락하여 3개를 뽑는 중복순열이다.

${}_5\Pi_3 = 5^3 = 125$(개)

27) **6**

${}_3\Pi_n = 729$에서 $3^n = 3^6$이므로 $n = 6$

EXERCISE
4

1) **1가지**

$$\frac{3!}{3!}=1(\text{가지})$$

2) **6가지**

$$\frac{4!}{2!2!}=6(\text{가지})$$

3) **60가지**

$$\frac{6!}{3!2!}=60(\text{가지})$$

4) **60가지**

a가 2개, b가 3개, c가 1개이므로

$$\frac{6!}{2!3!}=60(\text{가지})$$

5) **1680가지**

$$\frac{8!}{2!2!3!}=1680(\text{가지})$$

6) **4989600가지**

m이 2번, a가 2번, t가 2번 나타나므로 순열의 수는

$$\frac{11!}{2!2!2!}=4989600(\text{가지})$$

7) **90720가지**

m 두 개의 위치는 양 끝으로 고정되었으므로 atheatics만 일렬로 배열하면 된다.

그 경우의 수는 $\frac{9!}{2!2!}=90720$(가지)

8) **720가지**

cellular에서 모음은 e, u, a의 3개이다. 이 3개의 문자를 하나로 생각하면 6개를 일렬로 배열하는 방법의 수는 $\frac{6!}{3!}$이고 이때 모음을 일렬로 배열하는 방법은 3!이므로 구하는 경우의 수는 $3!\cdot\frac{6!}{3!}=720$(가지)이다.

9) **10개**

1이 3개, 2가 2개이므로 $\frac{5!}{2!3!}=10$(가지)

10) **360개**

7개의 숫자를 나열하는 방법은 $\frac{7!}{3!2!}$가지

이 중 맨 앞자리에 0이 오는 경우(0□□□□□□의 꼴)는 1, 1, 1, 2, 2, 3을 배열하는 방법의 수이다. 즉, $\frac{6!}{3!2!}$가지의 경우는 7자리수를 만들지 못한다.

따라서 구하는 경우의 수는 $\frac{7!}{3!2!}-\frac{6!}{3!2!}=360$(가지)

11) **4480개**

0, 1, 1, 1, 2, 2, 3, 3, 3을 일렬로 배열하는 순열의 수는

$\frac{9!}{3!\,2!\,3!}$이고 이 중 0으로 시작하는 것이 $\frac{8!}{3!\,2!\,3!}$이므로

구하는 수는 $\frac{9!}{3!\,2!\,3!}-\frac{8!}{3!\,2!\,3!}=5040-560=4480$(가지)

12) **3개**

(i) (1, 1, 1)을 뽑은 경우 1가지

(ii) (0, 1, 1)을 뽑는 경우 $\frac{3!}{2!}-1=2$(가지)

따라서 구하는 수는 $1+2=3$(가지)

13) **120가지**

2, 4, 6의 순서가 변하지 않으므로 2, 4, 6을 같은 문자 a, a, a로 생각한다. 그럼 1, 3, 5, a, a, a를 배열하는 방법의 수와 같으므로

$\frac{6!}{3!}=120$(가지)이다.

14) **840가지**

a, b, c를 같은 문자로 생각하면 된다.

따라서 경우의 수는 $\frac{7!}{3!}=840$(가지)

15) **35가지**

$\frac{7!}{3!4!}=35$(가지)

16) **126가지**

$\frac{9!}{5!4!}=126$(가지)

17) **18가지**

A에서 P로 가는 경로의 수는 $\frac{3!}{2!}=3$

P에서 B로 가는 경로의 수는 $\frac{4!}{2!2!}=6$

이므로 구하는 경로의 수는 $3\times6=18$(가지)

18) **48가지**

전체 경로의 수는 $\frac{9!}{5!4!}=126$

A에서 P를 거쳐 B로 가는 경로의 수는 $\frac{3!}{2!}\times\frac{6!}{3!3!}=60$

A에서 Q를 거쳐 B로 가는 경로의 수는 $\frac{6!}{4!2!}\times\frac{3!}{2!}=45$

A에서 P를 거쳐 Q를 거쳐 B로 가는 경로의 수는

$\frac{3!}{2!}\times\frac{3!}{2!}\times\frac{3!}{2!}=27$

그러므로 A에서 P 또는 Q를 거쳐 B로 가는 경로의 수는

$60+45-27=78$

그러므로 P와 Q를 지나지 않는 경로의 수는 $126-78=48$(가지)

19) **102가지**

A에서 P로 가는 최단 경로의 수는 $\frac{4!}{2!2!}=6$(가지)

P에서 B로 가는 최단 경로의 수는 $\frac{7!}{4!3!}=35$(가지)

P에서 Q를 거쳐 B로 가는 최단 경로의 수는

$\frac{4!}{2!2!}\times\frac{3!}{2!}=18$(가지)

P에서 Q를 거치지 않고 B로 가는 최단 경로의 수는

$35-18=17$(가지)이므로 구하는 경로의 수는 $6\times17=102$(가지)

이다.

20) **105가지**

다음 그림과 같이 세 점 P, Q, R를 잡자.

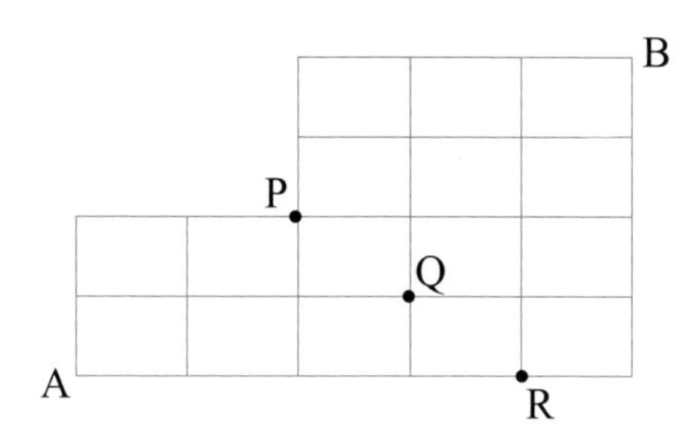

A에서 P를 거쳐 B로 가는 경우의 수는

$\frac{4!}{2!2!}\times\frac{5!}{3!2!}=60$(가지)

A에서 Q를 거쳐 B로 가는 경우의 수는

$\frac{4!}{3!}\times\frac{5!}{2!3!}=40$(가지)

A에서 R를 거쳐 B로 가는 경우의 수는

$1\times\frac{5!}{4!}=5$(가지)

따라서 구하는 경우의 수는 $60+40+5=105$(가지)이다.

21) **78개**

(i) 같은 숫자를 3개 포함하는 경우는 (1, 1, 1, 2), (1, 1, 1, 3), (2, 2, 2, 1), (2, 2, 2, 3), (3, 3, 3, 1), (3, 3, 3, 2)의 6가지 경우가 생기고 각 경우 일렬로 배열하는 순열의 수는 $\frac{4!}{3!}$이므로

$6\times 4=24$(가지)

(ii) 같은 숫자를 2개씩 포함하는 경우는 (1, 1, 2, 2), (1, 1, 3, 3), (2, 2, 3, 3)의 3가지 경우이고 각 경우 일렬로 배열하는 순열의 수는 $\frac{4!}{2!2!}$이므로 $3\times\frac{4!}{2!2!}=18$(가지)

(iii) 같은 숫자를 2개만 포함하는 경우는 (1, 1, 2, 3), (2, 2, 1, 3), (3, 3, 1, 2)의 3가지이고 각 경우 일렬로 배열하는 순열의 수는 $\frac{4!}{2!}$이므로 $3\times\frac{4!}{2!}=36$(가지)

따라서 전체 경우의 수는 $24+18+36=78$(가지)

22) **8가지**

1단 또는 2단을 갈 수 있다.

(i) (1단, 2단, 2단)으로 이루어진 경우는 $\frac{3!}{2!}=3$(가지)

(ii) (1단, 1단, 1단, 2단)으로 이루어진 경우 $\frac{4!}{3!}=4$(가지)

(iii) (1단, 1단, 1단, 1단, 1단)으로 이루어진 경우는 1가지

(i)(ii)(iii)을 모두 더하면 $3+4+1=8$(가지)

EXERCISE
5

1) **2가지**

3개의 원순열이므로 $(3-1)!=2!=2$ (가지)

2) **6가지**

4개의 원순열이므로 $(4-1)!=3!=6$(가지)

3) **24가지**

5개의 원순열이므로 $(5-1)!=4!=24$(가지)

4) **210가지**

$\frac{{}_{n}\mathrm{P}_{r}}{r}$에서 $n=7$, $r=4$이므로 $\frac{{}_{7}\mathrm{P}_{4}}{4}=210$(가지)

5) **240가지**

부모를 한 묶음으로 생각하면 나머지 식구는 5명이므로 6명을 원탁에 배열하는 원순열인 $(6-1)!$이 된다.

부모가 자리를 바꿀 수 있고 그 경우의 수는 2가지이므로 구하는 경우의 수는 $(6-1)!\times 2=240$(가지)이다.

6) **144가지**

여학생 3명을 하나의 묶음으로 생각하면 한 묶음과 남학생 4명의 원순열은 $(5-1)!$가지이고, 여학생 묶음 속에서 여학생들을 배열하는 방법은 $3!$이므로

전체 경우의 수는 $4!\times 3!=144$(가지)

7) **144가지**

A에 5명이 원형으로 앉는 방법의 수는 $(5-1)!$

B에 4명이 원형으로 앉는 방법의 수는 $(4-1)!$

따라서 전체 방법의 수는 $4! \times 3! = 144$(가지)

8) **24가지**

부모가 마주 보는 경우 아빠와 엄마의 자리가 고정되고 4자리가 빈 자리이다.

부모의 자리가 고정되었기 때문에 4개의 자리에 4명을 앉히는 방법은 원순열이 아니라 일렬로 배열하는 순열이다. 그러므로 $4! = 24$(가지)가 된다.

9) **24가지**

여학생 2명의 위치가 고정되므로 나머지 4명을 배열하는 방법은 원순열이 아니다.

따라서 $4! = 24$(가지)이다.

10) **1440가지**

우선 남학생 5명을 원탁에 앉힌다. 방법의 수는 원순열이므로 $(5-1)!$(가지)이다. 이제 남학생과 남학생의 사이는 5곳이고 그 곳에서 3군데를 택해 여학생을 앉히면 된다. 이때도 남학생들의 자리가 고정되었으므로 여학생을 앉히는 순열은 원순열이 아니다. 그러므로 방법의 수는 ${}_5P_3$(가지)이다. 따라서 구하는 경우의 수는 $(5-1)! \times {}_5P_3 = 1440$(가지)

11) **72가지**

우선 자녀 4명을 원탁에 앉히는 방법의 수는 $(4-1)!$이고 부모가 이웃하지 않으려면 부모는 네 개의 빈 곳 중 2곳에 앉아야 한다.

그 방법의 수는 ${}_4P_2=12$(가지)이므로

전체 경우의 수는 $3!\times12=72$(가지)

12) **96가지**

각 부부를 묶음으로 생각하면 4개의 묶음을 원순열시키는 방법은 $(4-1)!$이고 각각의 묶음에서 부부가 자리를 바꾸는 방법은 $2!$이므로 전체 경우의 수는 $(4-1)!\times2!\times2!\times2!\times2!=96$(가지)

13) **144가지**

어른 4명이 원탁에 둘러앉은 방법의 수는 $(4-1)!=3!=6$

어른과 어른 사이의 4개의 자리에 아이 4명을 앉히는 방법은 $4!=24$

따라서 구하는 방법의 수는 $6\times24=144$(가지)

14) **(12-1)!×3가지**

$(12-1)!\times3=119750400$

15) **(16-1)!×4가지**

$(16-1)!\times4=5230697472000$

16) **(8-1)!×4가지**

$(8-1)!\times\frac{8}{2}=20160$

17) **(12-1)!×6가지**

$(12-1)!\times\frac{12}{2}=239500800$

18) **240가지**

정삼각형에 6개를 배열하면 6!이고, 정삼각형을 돌렸을 때 같아

지는 경우를 제외해 주어야 하므로

$(6-1)! \times 2 = 240$

19) **30가지**

밑면에 한 가지 색을 칠하는 방법은 5가지이고 그 각각에 대해 옆면에 4가지 색을 칠하는 방법은 원순열이므로 $(4-1)!$이 된다.

따라서 전체 방법의 수는 $5 \times 3! = 30$(가지)

20) **30가지**

특정한 색을 윗면에 칠하면 아랫면을 칠하는 방법의 수는 5가지

옆면은 원순열을 이루므로 옆면을 칠하는 방법의 수는

$(4-1)! = 3! = 6$가지

따라서 구하는 방법의 수는 $5 \times 6 = 30$(가지)

EXERCISE 6

1) 1

2) 7

3) 1

4) 5

$${}_{5}C_{4} = {}_{5}C_{5-4} = {}_{5}C_{1} = 5$$

5) 28

$${}_{8}C_{2} = \frac{8 \times 7}{2 \times 1} = 28$$

6) 28

$${}_{8}C_{6} = {}_{8}C_{2} = 28$$

7) 120

$${}_{10}C_{3} = \frac{10 \times 9 \times 8}{3 \times 2 \times 1} = 120$$

8) 21

$${}_{7}C_{2} = \frac{7 \times 6}{2 \times 1} = 21$$

9) $\frac{14}{3}$

$$\frac{{}_{8}C_{5}}{{}_{4}P_{2}} = \frac{{}_{8}C_{3}}{{}_{4}P_{2}} = \frac{\frac{8 \times 7 \times 6}{3 \times 2 \times 1}}{4 \times 3} = \frac{14}{3}$$

10) **40**

$${}_4C_3 \times {}_5C_2 = 4 \times \frac{5 \times 4}{2 \times 1} = 40$$

11) **0**

$${}_7C_4 - {}_7C_3 = {}_7C_{7-4} - {}_7C_3 = {}_7C_3 - {}_7C_3 = 0$$

12) **n**

13) $\frac{n(n-1)}{2}$

14) $\frac{n(n-1)(n-2)}{6}$

15) **1**

16) **1**

17) **2, 10**

$66 = 6 \times 11 = \frac{12 \times 11}{2} = \frac{12 \times 11}{2!} = {}_{12}C_2 = {}_{12}C_{10}$이므로
$r = 2$ 또는 $r = 10$

18) **2, 3**

$10 = 5 \times 2 = \frac{5 \times 4}{2} = \frac{5 \times 4}{2!} = {}_5C_2 = {}_5C_3$이므로
$r = 2$ 또는 $r = 3$

19) **6**

$${}_nC_3 = \frac{n(n-1)(n-2)}{3!} = 20$$

$n(n-1)(n-2) = 120 = 6 \times 5 \times 4 \quad \therefore n = 6$

20) **6**

${}_8C_r = {}_8C_{r-4}$에서 $r \neq r-4$이므로 $r + r - 4 = 8 \quad \therefore r = 6$

21) **5**

$${}_nC_2 = \frac{n(n-1)}{2} = 10, n(n-1) = 20 = 5 \times 4 \quad \therefore n = 5$$

22) **8**

${}_nC_2 = {}_nC_{n-2}$이므로 ${}_nC_{n-2} = {}_nC_6$에서 $n-2=6 \quad \therefore n=8$

23) **5**

$$n(n-1)+4\times\frac{n(n-1)(n-2)}{3!} = n(n-1)(n-2)$$

양 변을 $n(n-1)$로 나누면

$$1+\frac{2}{3}(n-2) = n-2, 1 = \frac{1}{3}(n-2) \quad \therefore n=5$$

24) **6**

${}_nC_{n-2}+{}_nC_{n-1}=21$에서 ${}_nC_{n-2}={}_nC_2$, ${}_nC_{n-1}={}_nC_1$이므로

$$\frac{n(n-1)}{2}+n=21$$

양 변에 2를 곱하면

$n^2-n+2n-42=0$

정리하면 $n^2+n-42=(n+7)(n-6)=0 \quad \therefore n=6$

25) **11**

${}_nC_r = \frac{{}_nP_r}{r!} = 55$에서 ${}_nP_r = 110$이므로 $r! = 2 \quad \therefore r=2$

따라서 ${}_nP_2 = 110, n(n-1) = 11\times 10 \quad \therefore n=11$

26) **28가지**

8명에서 2명을 뽑는 조합의 수이다. ${}_8C_2 = \frac{8\times 7}{2\times 1} = 28$(가지)

27) **168가지**

8명에서 반장을 뽑는 방법은 $_8C_1$이고 나머지 7명에서 부반장 2명을 뽑는 방법의 수는 $_7C_2$이므로 구하는 방법의 수는

$_8C_1 \times {}_7C_2 = 8 \times \frac{7 \times 6}{2 \times 1} = 168$(가지)

28) **56가지**

8에서 3을 뽑는 조합의 수이다. $\therefore {}_8C_3 = \frac{8 \times 7 \times 6}{3 \times 2 \times 1} = 56$

29) **40가지**

남자 5명에서 2명을 뽑는 방법의 수는 $_5C_2$이고 그 각각에 대해 여자 4명 중 1명을 뽑는 방법의 수는 $_4C_1$이므로 전체 방법의 수는

$_5C_2 \times {}_4C_1 = 40$(가지)

30) **74가지**

전체 9명에서 3명을 뽑는 방법의 수는 $_9C_3$이고 모두 남자만 뽑는 방법의 수는 $_5C_3$이므로 적어도 여자 1명을 뽑는 방법의 수는

$_9C_3 - {}_5C_3 = 74$

31) **7가지**

특정한 2명을 결정하고, 나머지 7명 중 1명만 뽑으면 되므로

$_7C_1 = 7$(가지)

32) **7명**

(12명에서 3명 뽑는 방법 수)−(남학생 3명을 뽑는 방법 수)=210

이므로 남학생의 수를 n이라 하면 $_{12}C_3 - {}_nC_3 = 210$에서

$220 - {}_nC_3 = 210 \quad \therefore {}_nC_3 = 10$

$\frac{n(n-1)(n-2)}{3 \times 2 \times 1} = 10$에서

$n(n-1)(n-2)=60=5\times4\times3 \quad \therefore n=5$

따라서 여학생의 수는 $12-5=7$(명)이다.

33) **112가지**

${}_8C_2\times{}_4C_1=28\times4=112$(가지)

34) **10**

회원 수를 n명이라고 하면 ${}_nC_2=45$에서 $\frac{n(n-1)}{2}=45$,

$n(n-1)=90=10\times9 \quad \therefore n=10$

35) **10가지**

A, B를 제외한 5명 중 2명을 뽑아야 한다. $\therefore {}_5C_2=10$(가지)

36) **5가지**

A, B를 제외한 5명 중 4명을 뽑아야 한다. $\therefore {}_5C_4=5$(가지)

37) **30가지**

7명 중 4명을 뽑는 경우의 수에서 A, B 모두 포함하지 않는 경우의 수를 빼 주면 된다.

${}_7C_4-5=30$(가지)

38) **10가지**

5명 중 2명을 택하는 조합의 수이니까 ${}_5C_2=10$(가지)이다.

39) **15경기**

6개 중 2개를 택하는 조합의 수이므로 ${}_6C_2=15$

40) **${}_nC_2-n$(개)**

2개의 점이 하나의 선을 택하므로 ${}_nC_2$가지가 있고 이 중 n개의 변은 대각선이 아니니까 구하는 대각선의 개수는 ${}_nC_2-n$(개)이다.

41) **5개**

$_5C_2-5=10-5=5$(개)

42) **14가지**

(i) (3명, 1명)으로 나누어 타는 방법은

$_4C_3\times{}_1C_1\times2!=8$

(ii) (2명, 2명)으로 나누어 타는 방법은

$_4C_2\times{}_2C_2\times\frac{1}{2!}\times2!=6$

따라서 전체 경우의 수는 $8+6=14$(가지)

43) **30개**

6개 중 2개를 택하는 조합의 수는 $_6C_2=15$이고 이때 2개의 맞꼭지각이 생기므로 전체는 $15\times2=30$(개)가 생긴다.

44) **31가지**

7개의 점 중 3개를 택하는 방법의 수는 $_7C_3$이고 일직선 위의 4개의 점에서 3개를 택하면 삼각형을 이루지 못하므로

전체 삼각형의 수는 $_7C_3-{}_4C_3=31$(가지)이다.

45) **11개, 18개**

직선의 개수는 $_6C_2-2\times{}_3C_2+2=11$(개)

삼각형의 개수는 $_6C_3-2\times{}_3C_3=18$(개)

46) **72개**

9개의 점 중에서 3개를 택하는 방법의 수는 $_9C_3=84$(개)

일직선에 있는 4개의 점 중에서 3개를 택하는 방법의 수는

$3\times{}_4C_3=12$

구하는 삼각형의 개수는

$84-12=72$(개)

47) **10개**

${}_{5}C_{3}=10$(개)

48) **200개**

12개의 점 중에서 3개를 택하는 방법의 수는 ${}_{12}C_{3}=220$

세로 방향 일직선 위에 있는 3개의 점에서 3개를 택하는 방법의 수는 $4\times{}_{3}C_{3}=4$

가로 방향 일직선 위에 있는 4개의 점에서 3개를 택하는 방법의 수는 $3\times{}_{4}C_{3}=12$

대각선 방향 일직선 위에 있는 3개의 점 중에서 3개를 택하는 방법의 수는 $4\times{}_{3}C_{3}=4$

그러므로 구하는 삼각형의 개수는 $220-(4+12+4)=200$(개)

49) **60개**

${}_{5}C_{2}\times{}_{4}C_{2}=60$

50) **15개**

${}_{6}C_{4}=15$

51) **22개**

정사각형을 포함한 직사각형의 개수는 ${}_{4}C_{2}\times{}_{4}C_{2}=36$(개)

정사각형의 개수는 $1+4+9=14$(개)

정사각형이 아닌 직사각형의 개수는 $36-14=22$(개)

52) **90가지**

8팀을 2개 조로 나누자. 1위와 2위는 같은 조에 들어가고 3위는 다른 조에 들어가야 하므로 남은 5팀을 2팀과 3팀으로 나누어야 한다. 즉, ${}_5C_3 \times {}_2C_2 = 10$(가지)이다.

각 조에서 2명씩 나누는 방법은 $\frac{{}_4C_2 \times {}_2C_2}{2!} = 3$이므로 전체 경우의 수는 $10 \times 3 \times 3 = 90$(가지)가 된다.

53) **315가지**

1차전은 8팀을 2, 2, 2, 2로 나누는 방법의 수이므로

$${}_8C_2 \times {}_6C_2 \times {}_4C_2 \times {}_2C_2 \times \frac{1}{4!} = 105(\text{가지})$$

2차전은 4팀을 2, 2로 나누는 방법의 수이므로

$${}_4C_2 \times {}_2C_2 \times \frac{1}{2!} = 3(\text{가지})$$

3차전 이상은 한 가지 방법이므로 전체 경우의 수는

$${}_8C_2 \times {}_6C_2 \times {}_4C_2 \times {}_2C_2 \times \frac{1}{4!} \times {}_4C_2 \times {}_2C_2 \times \frac{1}{2!} = 315(\text{가지})$$

54) **60개**

$${}_5C_2 \times {}_4C_2 = \frac{5 \times 4}{2 \times 1} \times \frac{4 \times 3}{2 \times 1} = 60(\text{가지})$$

55) **31개**

두 점을 골라 만들 수 있는 직선의 개수는 ${}_9C_2$(개)이다. 그런데 일직선 위에 있는 4점 중 2점을 택해 만든 일직선은 모두 같으므로 한 번만 계산한다.

$${}_9C_2 - {}_4C_2 + 1 = 31(\text{개})$$

56) **80개**

세 점을 골라 만들 수 있는 삼각형의 개수는 ${}_9C_3$(개)이다. 그런데

일직선 위에 있는 4점 중 3점을 택하면 삼각형이 만들어지지 않으므로 ${}_9C_3-{}_4C_3=80$(개)이다.

57) **720가지**

남자 5명에서 2명을 뽑는 방법의 수는 ${}_5C_2$이고 여자 3명에서 2명을 뽑는 방법의 수는 ${}_3C_2$이므로 남자 2명과 여자 2명을 뽑는 방법의 수는 ${}_5C_2\times{}_3C_2$이다. 이렇게 뽑은 4명을 일렬로 배열하는 방법은 4!이므로 구하는 경우의 수는 ${}_5C_2\times{}_3C_2\times4!=720$(가지)

58) **1440가지**

남자 4명에서 2명을 뽑는 방법의 수는 ${}_4C_2$이고 여자 5명에서 3명을 뽑는 방법의 수는 ${}_5C_3$이므로 남자 2명과 여자 3명을 뽑는 방법의 수는 ${}_4C_2\times{}_5C_3$이다. 이렇게 뽑은 5명을 원형으로 배열하는 방법은 4!이므로 구하는 경우의 수는 ${}_4C_2\times{}_5C_3\times4!=1440$(가지)

59) **60가지**

3, 2, 1이 모두 다른 수이므로 방법의 수는 ${}_6C_3\times{}_3C_2\times{}_1C_1=60$

60) **360가지**

세 사람에게 나누어 줄 때는 세 개의 묶음에 순서를 매기는 것과 같으므로 3!을 곱하면 된다.

$\therefore {}_6C_3\times{}_3C_2\times{}_1C_1\times3!=360$

61) **15가지**

2권, 2권, 2권으로 나누므로 방법의 수는

$${}_6C_2\times{}_4C_2\times{}_2C_2\times\frac{1}{3!}=15$$

62) **90가지**

4권, 1권, 1권씩 나누는 방법의 수는 ${}_6C_4 \times {}_2C_1 \times {}_1C_1 \times \frac{1}{2!}$이고

그렇게 나눈 후 세 사람에게 나누어 주는 경우의 수는

${}_6C_4 \times {}_2C_1 \times {}_1C_1 \times \frac{1}{2!} \times 3! = 90$

63) **1260가지**

4, 3, 2가 서로 다른 수이므로 ${}_9C_4 \times {}_5C_3 \times {}_2C_2 = 1260$(가지)

64) **280가지**

${}_9C_3 \times {}_6C_3 \times {}_3C_3 \times \frac{1}{3!} = 280$(가지)

65) **1680가지**

${}_9C_3 \times {}_6C_3 \times {}_3C_3 \times \frac{1}{3!} \times 3! = 1680$(가지)

66) **2268가지**

${}_9C_2 \times {}_7C_2 \times {}_5C_5 \times \frac{1}{2!} \times 3! = 2268$(가지)

EXERCISE
7

1) **1**

$_5C_0=1$

2) **5**

$_5C_1=5$

3) **10**

$_5C_2=10$

4) **10**

$_5C_3=10$

5) **5**

$_5C_4=5$

6) **1**

$_5C_5=1$

7) **720**

$(2x+3y)^5$의 일반항은 $_5C_r(2x)^r(3y)^{5-r}={}_5C_r2^r3^{5-r}x^ry^{5-r}$이다.

$x^ry^{5-r}=x^3y^2$에서 $r=3$이므로 계수는 $_5C_3\,2^33^{5-3}=720$이다.

8) **60**

$(x-2y)^6$의 일반항은 $_6C_rx^r(-2y)^{6-r}={}_6C_r(-2)^{6-r}x^ry^{6-r}$이므로

x^4y^2항 계수는 $r=4$일 때 $_6C_4(-2)^{6-4}=60$이다.

9) **1120**

$(2x-\frac{1}{x})^8$의 일반항은 ${}_8C_r\,(2x)^{8-r}(-\frac{1}{x})^r={}_8C_r\,2^{8-r}(-1)^r x^{8-2r}$

상수항은 x^0항이므로 $8-2r=0$에서 $r=4$

따라서 상수항은 ${}_8C_4\,2^{8-4}(-1)^4=1120$

10) **2**

$(x-\frac{a}{x^2})^6$의 일반항은 ${}_6C_r x^r(-a)^{6-r}(\frac{1}{x^2})^{6-r}={}_6C_r\,(-a)^{6-r}x^{3r-12}$

상수항은 x^0항이므로 $3r-12=0$에서 $r=4$

그때 상수항은 ${}_6C_4\,(-a)^{6-4}=60,\ a^2=4$

$a>0$이므로 $a=2$가 답이다.

11) **144**

$(1+x)^2$의 일반항은 ${}_2C_r x^r$이고 $(x+2)^5$의 일반항은 ${}_5C_s\,2^{5-s}x^s$이므로 $(x+1)^2(x+2)^5$의 일반항은 ${}_2C_r x^r\times{}_5C_s\,2^{5-s}x^s={}_2C_r\times{}_5C_s\,2^{5-s}x^{r+s}$이다.

x항은 $r+s=1$이므로 $r=1, s=0$ 또는 $r=0, s=1$이고,

따라서 x항의 계수는 ${}_2C_1\times{}_5C_0\,2^{5-0}+{}_2C_0\times{}_5C_1\,2^{5-1}=144$이다.

12) **38**

$(x+2)^3$의 일반항은 ${}_3C_r\,2^{3-r}x^r$이고

$(x^2+1)^4$의 일반항은 ${}_4C_s\,(x^2)^s={}_4C_s\,x^{2s}$이므로

$(x+2)^3(x^2+1)^4$의 일반항은 ${}_3C_r\,2^{3-r}x^r\times{}_4C_s\,x^{2s}={}_3C_r\,{}_4C_s\,2^{3-r}x^{r+2s}$

$r+2s=2$에서 $r=0, s=1$ 또는 $r=2, s=0$이므로

x^2의 계수는 ${}_3C_0\,{}_4C_1\,2^{3-0}+{}_3C_2\,{}_4C_0\,2^{3-2}=38$이다.

13) **165**

$(1+x^2)+(1+x^2)^2+\cdots+(1+x^2)^{10}$

$=\dfrac{(1+x^2)\{(1+x^2)^{10}-1\}}{(1+x^2)-1}=\dfrac{(1+x^2)^{11}-(1+x^2)}{x^2}$

이 식의 전개식에서 x^4의 계수는 $(1+x^2)^{11}$에서 x^6항의 계수이므로 구하는 계수는 ${}_{11}C_3=165$이다.

14) **160**

$\dfrac{(1+2x)^6-1}{x}$에서 x^2의 계수는 $(1+2x)^6$의 x^3의 계수이다.

따라서 x^3의 계수는 ${}_6C_3\,2^3=160$이다.

15) **10**

${}_nC_0+{}_nC_1+{}_nC_2+\cdots+{}_nC_n=2^n$, ${}_nC_0={}_nC_n=1$이므로

${}_nC_1+{}_nC_2+\cdots+{}_nC_{n-1}=2^n-2$

부등식을 정리하면 $1000<2^n-2<2000$, $1002<2^n<2002$이고,

$2^9=512$, $2^{10}=1024$, $2^{11}=2048$이므로 $1002<2^n<2002$인 자연수 n은 10이다.

16) **49**

${}_{99}C_0+{}_{99}C_1+\cdots+{}_{99}C_{99}=2^{99}$이고

${}_{99}C_{50}={}_{99}C_{49}$, ${}_{99}C_{51}={}_{99}C_{48}$, $\cdots$, ${}_{99}C_{99}={}_{99}C_0$이므로

$2({}_{99}C_{50}+{}_{99}C_{51}+\cdots+{}_{99}C_{99})=2^{99}$

${}_{99}C_{50}+{}_{99}C_{51}+\cdots+{}_{99}C_{99}=2^{98}$

따라서 $\log_4({}_{99}C_{50}+{}_{99}C_{51}+\cdots+{}_{99}C_{99})=\log_4 2^{98}=\log_4 4^{49}=49$

17) **11**

${}_nC_0+{}_nC_1+{}_nC_2+\cdots+{}_nC_n=2^n$이고 $2048=2^{11}$이므로 $n=11$

18) **6**

$(2x+1)^4$의 일반항은 ${}_4C_r(2x)^r$이고 $(x-1)^5$의 일반항은

${}_5C_s x^s(-1)^{5-s}$ 이므로 $(2x+1)^4(x-1)^5$의 일반항은

${}_4C_r(2x)^r\times{}_5C_s x^s(-1)^{5-s}={}_4C_r{}_5C_s 2^r(-1)^{5-s}x^{r+s}$

$r+s=2$에서 $r=0, s=2$ 또는 $r=1, s=1$ 또는 $r=2, s=0$이므로

x^2의 계수는

${}_4C_0{}_5C_2 2^0(-1)^{5-2}+{}_4C_1{}_5C_1 2^1(-1)^{5-1}+{}_4C_2{}_5C_0 2^2(-1)^{5-0}=6$

19) **84**

$(x^2+1)(x+\frac{1}{x})^8=x^2(x+\frac{1}{x})^8+(x+\frac{1}{x})^8$이므로

x^4항의 계수$=(x+\frac{1}{x})^8$의 x^2계수$+(x+\frac{1}{x})^8$의 x^4 계수이다.

$(x+\frac{1}{x})^8$의 일반항은 ${}_8C_r x^r(\frac{1}{x})^{8-r}={}_8C_r x^{2r-8}$

$2r-8=2$에서 $r=5$이므로 x^2의 계수는 ${}_8C_5$

$2r-8=4$에서 $r=6$이므로 x^4의 계수는 ${}_8C_6$

$\therefore {}_8C_5+{}_8C_6=84$

20) $\mathbf{\frac{15}{16}}$

$(x^2+\frac{1}{2x})^6$의 일반항은 ${}_6C_r(x^2)^r(\frac{1}{2x})^{6-r}={}_6C_r\times\frac{1}{2^{6-r}}x^{3r-6}$

상수항은 x^0항이므로 $3r-6=0$에서 $r=2$

$\therefore {}_6C_2\times\frac{1}{2^{6-2}}=\frac{15}{16}$

21) **1024**

$(x^2+1)^{10}$의 각 계수들의 총합은 $x=1$을 넣으면 되므로 답은

$2^{10}=1024$이다.

22) **480**

$(x-y-2z)^6$의 일반항은 $\dfrac{6!}{p!q!r!}x^p(-y)^q(-2z)^r$이다.

x^2yz^3항은 $p=2, q=1, r=3$일 때이므로

계수는 $\dfrac{6!}{2!1!3!}(-1)^1(-2)^3=480$이다.

23) **80**

$(x^2+\dfrac{1}{x}+1)^6$의 일반항은

$$\frac{6!}{p!q!r!}(x^2)^p(\frac{1}{x})^q=\frac{6!}{p!q!r!}x^{2p-q} \quad (p+q+r=6)$$

x^3항은 $2p-q=3$이고,

$p+q+r=6$와 $2p-q=3$를 만족하는 값은

$(p, q, r)=(2, 1, 3), (3, 3, 0)$이므로 x^3의 계수는

$$\frac{6!}{2!1!3!}+\frac{6!}{3!3!0!}=80$$

24) **9**

$101^8=(1+100)^8$이므로 이항전개하면

$$101^8=(1+100)^8={}_8C_0+{}_8C_1\times100+{}_8C_2\times100^2+\cdots+{}_8C_8\times100^8$$

$$=1+800+\square\times10000=801+\square\times10000$$

그러므로 $8+0+1=9$

25) **1024**

z가 포함되지 않는 항의 계수의 합이므로 $(x+y)^{10}$의 모든 항의 계수의 합과 같다. 따라서 이항정리에 의해 모든 항의 계수의 합은 1024이다.

1) {3}

전사건은 $S=\{1, 2, 3, 4, 5, 6\}$이고 두 사건 A, B의 집합은

$A=\{1, 3, 5\}, B=\{3, 6\}$이므로

$A\cap B=\{1, 3, 5\}\cap\{3, 6\}=\{3\}$

2) {1, 3, 5, 6}

$A\cup B=\{1, 3, 5\}\cup\{3, 6\}=\{1, 3, 5, 6\}$

3) {2, 4, 6}

$A^c=\{1, 3, 5\}^c=\{2, 4, 6\}$

4) {1, 2, 4, 5, 6}

$A^c\cup B^c=(A\cap B)^c=\{3\}^c=\{1, 2, 4, 5, 6\}$

5) {2}

$A=\{2, 4, 6\}$이고 $B=\{2, 3, 5\}$이므로

$A\cap B=\{2\}$

6) {2, 3, 4, 5, 6}

$A\cup B=\{2, 3, 4, 5, 6\}$

7) {1, 3, 5}

$A^c=\{1, 3, 5\}$

8) {1, 3, 4, 5, 6}

$A^c\cup B^c=(A\cap B)^c=\{1, 3, 4, 5, 6\}$

9) 표본공간은 {앞, 뒤}, 근원사건은 {앞}, {뒤}

10) **A, B**

짝수이면서 홀수일 수는 없으므로 A, B가 배반사건이다.

11) **7개**

{2, 4, 6}의 부분집합을 구하고 공집합(공사건)을 빼면 된다.

$2^3-1=7$ (개)

12) $\frac{1}{9}$

일어날 수 있는 모든 경우의 수는 $6\times6=36$(가지)

눈의 수의 합이 9가 되는 경우는 (6, 3), (5, 4), (4, 5), (3, 6)의 4가지

따라서 구하는 확률은 $\frac{4}{36}=\frac{1}{9}$

13) $\frac{1}{3}$

전체 경우의 수는 $6\times6=36$(가지)이다.

눈의 수의 합이 3의 배수가 되는 경우는 3, 6, 9, 12의 네 경우이다.

(i) 눈의 수의 합이 3인 경우

(1, 2), (2, 1) ⋯ 2가지

(ii) 눈의 수의 합이 6인 경우

(1, 5), (2, 4), (3, 3), (4, 2), (5, 1) ⋯ 5가지

(iii) 눈의 수의 합이 9인 경우

(3, 6), (4, 5), (5, 4), (6, 3) ⋯ 4가지

(iv) 눈의 수의 합이 12인 경우

$(6, 6)$ ⋯ 1가지

(i) (ii) (iii) (iv) 를 더하면 12가지이므로 구하는 확률은

$\frac{12}{36}=\frac{1}{3}$

14) $\frac{3}{8}$

각각의 동전은 앞 또는 뒤가 나올 수 있으므로 전체 경우의 수는

$2\times2\times2=8$(가지)

그중 뒷면이 1개 나오는 경우는 세 경우이다.

따라서 구하는 확률은 $\frac{3}{8}$이다.

15) $\frac{1}{3}$

9개 중 흰 공이 3개이므로 구하는 확률은 $\frac{3}{9}=\frac{1}{3}$이다.

16) $\frac{2}{7}$

7개의 구슬에서 2개를 꺼내는 경우의 수는 ${}_7C_2=\frac{7\times6}{2\times1}=21$

2개 모두 빨간 구슬인 경우의 수는 ${}_4C_2=\frac{4\times3}{2\times1}=6$(가지)

구하는 확률은 $\frac{6}{21}=\frac{2}{7}$이다.

17) $\frac{4}{7}$

4개의 빨간 구슬에서 1개, 3개의 흰 구슬에서 1개를 뽑는 경우이므로 경우의 수는 ${}_4C_1\times{}_3C_1=4\times3=12$(가지)

$\therefore P=\frac{12}{21}=\frac{4}{7}$

18) $\frac{5}{7}$

적어도 하나가 흰 구슬인 사건은 모두 빨간 구슬이 나오는 사건의 여사건이다.

모두 빨간 구슬이 나올 확률은 16)에서 $\frac{2}{7}$이므로

적어도 하나가 흰 구슬이 나올 확률은 $1-\frac{2}{7}=\frac{5}{7}$이다.

19) $\frac{15}{28}$

전체 경우의 수는 9개에서 3개를 뽑는 조합의 수인 ${}_9C_3$이다.

흰 공 1개, 검은 공 2개를 뽑는 경우의 수는 ${}_3C_1\times{}_6C_2$이므로

$\frac{{}_3C_1\times{}_6C_2}{{}_9C_3}=\frac{15}{28}$

20) $\frac{1}{4}$

같은 색인 경우는 모두 흰 공 또는 모두 검은 공이다.

(i) 모두 흰 공일 확률은 $\frac{{}_3C_3}{{}_9C_3}=\frac{1}{84}$

(ii) 모두 검은 공일 확률은 $\frac{{}_6C_3}{{}_9C_3}=\frac{20}{84}$

따라서 $\frac{1}{84}+\frac{20}{84}=\frac{21}{84}=\frac{1}{4}$

21) $\frac{1}{3}$

7개의 원순열의 수는 $(7-1)!=6!$이고

a, b가 이웃하는 경우의 수는 $(6-1)!\times2=5!\times2$이므로

구하는 확률은 $P=\frac{5!\times2}{6!}=\frac{1}{3}$

22) $\frac{2}{7}$

전체 경우의 수는 $7!$이고

a, b가 이웃하는 경우의 수는 $6!\times2$이므로

구하는 확률은 $\frac{6!\times2}{7!}=\frac{2}{7}$

23) **3개**

흰 공의 개수를 n개라고 하자.

6개 중 2개를 꺼내는 경우의 수는 ${}_6C_2=\frac{6\times5}{2\times1}=15$(가지)

흰 공에서 2개를 꺼내는 경우는 ${}_nC_2$이므로 $\frac{{}_nC_2}{{}_6C_2}=\frac{1}{5}$

따라서 ${}_nC_2=15\times\frac{1}{5}=3$에서 $\frac{n(n-1)}{2}=3$이고

$n(n-1)=3\times2$이므로 $n=3$

따라서 흰 공은 3개라고 생각할 수 있다.

24) **5개**

흰 공이 n개 들어 있다고 하면 흰 공을 2개 뽑을 확률이 $\frac{5}{14}$이므로

$\frac{{}_nC_2}{{}_8C_2}=\frac{5}{14}$

따라서 $\frac{n(n-1)}{8\times7}=\frac{5}{14}$ 에서 $n(n-1)=5\times4 \quad \therefore n=5$

따라서 흰 공은 5개 들어 있다고 볼 수 있다.

25) $\frac{1}{6}$

두 눈이 같은 경우는 (1, 1), (2, 2), (3, 3), (4, 4), (5, 5), (6, 6)의 6가지 경우이고 전체 경우의 수는 $6\times6=36$(가지)이므로 구하는 확률은 $=\frac{6}{36}=\frac{1}{6}$이다.

26) $\frac{2}{9}$

나올 수 있는 제곱수는 1, 4, 9, 16, 25, 36이다.

(i) 두 눈의 곱이 1인 경우 : (1, 1)

(ii) 두 눈의 곱이 4인 경우 : (1, 4), (2, 2), (4, 1)

(iii) 두 눈의 곱이 9인 경우 : (3, 3)

(iv) 두 눈의 곱이 16인 경우 : (4, 4)

(v) 두 눈의 곱이 25인 경우 : (5, 5)

(vi) 두 눈의 곱이 36인 경우 : (6, 6)

따라서 구하는 확률은 $=\frac{8}{36}=\frac{2}{9}$

27) $\frac{1}{3}$

두 눈의 차가 3 이상인 경우를 모두 구하면 다음과 같다.

(i) 두 눈의 차가 3 : (1, 4), (2, 5), (3, 6), (4, 1), (5, 2), (6, 3)

(ii) 두 눈의 차가 4 : (1, 5), (2, 6), (5, 1), (6, 2)

(iii) 두 눈의 차가 5 : (1, 6), (6, 1)

따라서 구하는 확률은 $\frac{12}{36}=\frac{1}{3}$

28) $\frac{1}{5}$

$$\frac{4!}{5!}=\frac{1}{5}$$

29) $\frac{3}{10}$

$$\frac{3!\times3\times2!}{5!}=\frac{3}{10}$$

30) $\frac{1}{1000}$

구하는 확률은 $P=\frac{10000-9990}{10000}=\frac{10}{10000}=\frac{1}{1000}$

31) $\frac{5}{8}$, $\frac{3}{8}$

A가 이길 확률은 $\frac{1}{2}+\frac{1}{2}\times\frac{1}{2}\times\frac{1}{2}=\frac{5}{8}$이고

B가 이길 확률은 $1-\frac{5}{8}=\frac{3}{8}$이다.

1) $\frac{3}{4}$

전체 경우의 수는 $6 \times 6 = 36$(가지)

다음과 같이 생각하자.

A : 적어도 하나가 짝수의 눈

A^c : 모두 홀수의 눈

모두 홀수의 눈이 나오는 경우는 $3 \times 3 = 9$이므로

$$P(A) = 1 - P(A^c) = 1 - \frac{9}{36} = \frac{3}{4}$$

2) $\frac{5}{6}$

다음과 같이 생각하자.

A : 서로 다른 눈이 나온다.

A^c : 두 눈이 같다.

$$P(A) = 1 - P(A^c) = 1 - \frac{6}{36} = \frac{5}{6}$$

3) $\frac{20}{21}$

적어도 하나가 흰 공일 사건을 A라고 하면 이것은 모두 빨간 공이라는 것의 여사건이다.

그러므로 모두 빨간 공인 사건을 A^c라 하면, $P(A^c)=\frac{{}_4C_3}{{}_9C_3}$이므로

$P(A)=1-P(A^c)=1-\frac{{}_4C_3}{{}_9C_3}=\frac{20}{21}$

4) $\frac{3}{4}$

표본공간은 $S=\{1, 2, 3, 4, 5, 6, 7, 8, 9, 10, 11, 12\}$이고 $n(S)=12$

$A=\{1, 2, 3, 4, 6, 12\}$, $B=\{2, 3, 5, 7, 11\}$, $C=\{5, 10\}$

$A\cup B=\{1, 2, 3, 4, 5, 6, 7, 11, 12\}$이므로

$P(A\cup B)=\frac{n(A\cup B)}{n(S)}=\frac{9}{12}=\frac{3}{4}$

5) $\frac{2}{3}$

$A\cup C=\{1, 2, 3, 4, 5, 6, 10, 12\}$이므로

$P(A\cup C)=\frac{n(A\cup C)}{n(S)}=\frac{8}{12}=\frac{2}{3}$

6) $\frac{1}{6}$

$A\cap B=\{2, 3\}$이므로

$P(A\cap B)=\frac{n(A\cap B)}{n(S)}=\frac{2}{12}=\frac{1}{6}$

7) $\frac{1}{2}$

$A^c=\{5, 7, 8, 9, 10, 11\}$이므로

$P(A^c)=\frac{n(A^c)}{n(S)}=\frac{6}{12}=\frac{1}{2}$

8) $\frac{11}{60}$

2개 이상이 당첨인 경우는 다음 두 경우이다.

A : 2개 당첨 1개 낙첨　　B : 3개 당첨

$\mathrm{P}(A)=\frac{{}_3\mathrm{C}_2\times{}_7\mathrm{C}_1}{{}_{10}\mathrm{C}_3}=\frac{21}{120}$, $\mathrm{P}(B)=\frac{{}_3\mathrm{C}_3}{{}_{10}\mathrm{C}_3}=\frac{3\times2\times1}{10\times9\times8}=\frac{1}{120}$

A, B가 배반사건이므로

$\mathrm{P}(A\cup B)=\mathrm{P}(A)+\mathrm{P}(B)=\frac{1}{120}+\frac{21}{120}=\frac{22}{120}=\frac{11}{60}$

9) $\frac{1}{6}$

세 개가 같은 색인 경우는 다음과 같이 두 경우이다.

A: 모두 빨간 공

B: 모두 검은 공

A, B는 서로 배반이고 $\mathrm{P}(A)=\frac{{}_5\mathrm{C}_3}{{}_9\mathrm{C}_3}=\frac{5}{42}$, $\mathrm{P}(B)=\frac{{}_4\mathrm{C}_3}{{}_9\mathrm{C}_3}=\frac{2}{42}$이고

구하는 확률은 $\mathrm{P}(A\cup B)$이므로

$\mathrm{P}(A\cup B)=\mathrm{P}(A)+\mathrm{P}(B)=\frac{5}{42}+\frac{2}{42}=\frac{7}{42}=\frac{1}{6}$

10) $\frac{8}{11}$

빨간 공 6개를 $\mathrm{R}_1, \mathrm{R}_2, \mathrm{R}_3, \mathrm{R}_4, \mathrm{R}_5, \mathrm{R}_6$라 하고

파란 공 5개를 $\mathrm{B}_1, \mathrm{B}_2, \mathrm{B}_3, \mathrm{B}_4, \mathrm{B}_5$라 하자.

표본공간은 $S=\{R_1, R_2, R_3, R_4, R_5, R_6, B_1, B_2, B_3, B_4, B_5\}$이고

$n(S)=11$

다음과 같이 두 사건을 생각하자.

A: 홀수 공이 나오는 경우

B: 파란 공이 나오는 경우

$A=\{R_1, R_3, R_5, B_1, B_3, B_5\}$이고 $n(A)=6$

$B=\{B_1, B_2, B_3, B_4, B_5\}$이고 $n(B)=5$

$A\cap B=\{B_1, B_3, B_5\}$이고 $n(A\cap B)=3$

확률의 덧셈정리를 쓰자.

$$\mathrm{P}(A\cup B)=\mathrm{P}(A)+\mathrm{P}(B)-\mathrm{P}(A\cap B)=\frac{6}{11}+\frac{5}{11}-\frac{3}{11}=\frac{8}{11}$$

11) $\frac{19}{66}$

2개가 모두 같은 색일 경우는 다음과 같은 세 사건이다.

A : 흰색 2개　B : 검은색 2개　C: 빨간색 2개

A, B, C는 배반사건이므로 구하는 확률 P는

$$\mathrm{P}=\mathrm{P}(A)+\mathrm{P}(B)+\mathrm{P}(C)=\frac{{}_3\mathrm{C}_2}{{}_{12}\mathrm{C}_2}+\frac{{}_4\mathrm{C}_2}{{}_{12}\mathrm{C}_2}+\frac{{}_5\mathrm{C}_2}{{}_{12}\mathrm{C}_2}=\frac{19}{66}$$

12) $\frac{1}{2}$

다음과 같이 두 사건을 생각하자.

A: 3의 배수

B: 4의 배수

3의 배수의 개수는 33개이므로 $\mathrm{P}(A)=\frac{33}{100}$

4의 배수의 개수는 25개이므로 $\mathrm{P}(B)=\frac{25}{100}$

또, $\mathrm{P}(A\cap B)=\frac{8}{100}$이므로 구하는 확률은

$$P(A \cup B) = P(A) + P(B) - P(A \cap B)$$

$$= \frac{33}{100} + \frac{25}{100} - \frac{8}{100} = \frac{50}{100} = \frac{1}{2}$$

13) $\frac{17}{24}$

전체 확률에서 당첨제비가 한 개도 안 나올 확률을 빼자.

$$1 - \frac{{}_7C_3}{{}_{10}C_3}$$

14) $\frac{7}{12}$

다음과 같이 두 개의 사건을 정의하자.

A : A의 봉투에 A의 카드가 들어간다.

B : B의 봉투에 B의 카드가 들어간다.

이때 $P(A) = \frac{3!}{4!} = \frac{1}{4}$, $P(B) = \frac{3!}{4!} = \frac{1}{4}$, $P(A \cap B) = \frac{2!}{4!} = \frac{1}{12}$

이므로

$$P(A \cup B) = P(A) + P(B) - P(A \cap B) = \frac{5}{12}$$

따라서 구하는 확률은

$$P(A^c \cap B^c) = P((A \cup B)^c) = 1 - P(A \cup B) = \frac{7}{12}$$

15) $\frac{1}{3}$

표본공간은 $S = \{1, 2, 3, 4, 5, 6\}$이고

$E = \{2, 4, 6\}$, $F = \{5, 6\}$, $G = \{2, 3, 5\}$

$E \cap F = \{6\}$이므로 $P(F \mid E) = \frac{P(F \cap E)}{P(E)} = \frac{\frac{1}{6}}{\frac{3}{6}} = \frac{1}{3}$

16) $\frac{1}{3}$

$G \cap E = \{2\}$이므로 $\mathrm{P}(G \mid E) = \dfrac{\mathrm{P}(G \cap E)}{\mathrm{P}(E)} = \dfrac{\frac{1}{6}}{\frac{3}{6}} = \dfrac{1}{3}$

17) $\frac{2}{3}$

$\mathrm{P}(\text{소수} \mid \text{홀수}) = \dfrac{\mathrm{P}(\text{소수} \cap \text{홀수})}{\mathrm{P}(\text{홀수})} = \dfrac{2}{3}$

18) $\frac{1}{2}$

$\mathrm{P}(B \mid A) = \dfrac{2}{5}$에서 $\mathrm{P}(B \cap A) = \dfrac{2}{5}\mathrm{P}(A)$

$\mathrm{P}(A \cup B) = \mathrm{P}(A) + \mathrm{P}(B) - \mathrm{P}(A \cap B)$에서

$\mathrm{P}(A \cup B) = \mathrm{P}(A) + \dfrac{2}{5} - \dfrac{2}{5}\mathrm{P}(A) = \dfrac{3}{5}\mathrm{P}(A) + \dfrac{2}{5}$

$\mathrm{P}(A^c \cap B^c) = \mathrm{P}((A \cup B)^c) = 1 - \mathrm{P}(A \cup B)$에서

$\dfrac{3}{10} = 1 - \mathrm{P}(A \cup B) \quad \therefore \mathrm{P}(A \cup B) = \dfrac{7}{10}$

$\dfrac{7}{10} = \dfrac{3}{5}\mathrm{P}(A) + \dfrac{2}{5} \quad \therefore \mathrm{P}(A) = \dfrac{1}{2}$

19) $\frac{3}{4}$

$\mathrm{P}(A \cap B) = 1 - \dfrac{3}{4} = \dfrac{1}{4}$

$\mathrm{P}(B \mid A) = \dfrac{\mathrm{P}(A \cap B)}{\mathrm{P}(A)} = \dfrac{1}{3}$이므로 $\mathrm{P}(A) = \dfrac{3}{4}$

20) $\frac{1}{30}$

사수 A, B, C가 표적을 맞히는 사건을 각각 A, B, C라 하면 사수들이 서로에게 영향을 주지 않으므로 세 사건 A, B, C는 독립이다. 세 사람이 모두 맞히는 사건은 $A\cap B\cap C$이므로

$$\mathrm{P}(A\cap B\cap C)=\mathrm{P}(A)\mathrm{P}(B)\mathrm{P}(C)=\frac{1}{2}\times\frac{1}{3}\times\frac{1}{5}=\frac{1}{30}$$

21) $\frac{5}{14}$

다음과 같이 두 사건을 놓자.

A : 처음에 흰 공이 나온다.

B : 두 번째 흰 공이 나온다.

$\mathrm{P}(A)=\frac{5}{8}$이고 꺼낸 공을 넣지 않으므로 이제 주머니 속은 흰 공이 4개 검은 공이 3개이다.

따라서 두 번째 흰 공을 꺼낼 때는 사건 A가 일어났을 때 사건 B가 일어난 사건이다.

따라서 $\mathrm{P}(B\mid A)=\frac{4}{7}$

따라서 A, B가 모두 일어날 확률은

$$\mathrm{P}(A\cap B)=\mathrm{P}(A)\cdot\mathrm{P}(B\mid A)=\frac{5}{8}\times\frac{4}{7}=\frac{5}{14}$$

22) $\frac{25}{64}$

$\mathrm{P}(A)=\frac{5}{8}$이고 꺼낸 공을 도로 넣으므로 두 번째 흰 공을 뽑는 것은 처음 흰 공을 뽑은 사건에 영향을 받지 않는다. 즉 A, B는 독립이고 두 번째 흰 공을 뽑을 확률 역시 $\mathrm{P}(B)=\frac{5}{8}$이므로 두 사건이

모두 일어날 확률은

$$P(A \cap B) = P(A) \cdot P(B) = \frac{5}{8} \times \frac{5}{8} = \frac{25}{64}$$

23) $\frac{5}{18}$

$$\frac{4}{9} \times \frac{5}{8} = \frac{5}{18}$$

24) $\frac{2}{15}$

A, B가 당첨표를 뽑는 사건을 A, B라 하자.

A가 당첨표를 뽑을 확률은 $P(A) = \frac{4}{10}$

A가 당첨표를 뽑았을 때 B도 당첨표를 뽑을 확률은 $P(B \mid A)$이므로

$$P(B \mid A) = \frac{3}{9}$$

따라서 둘 다 당첨표를 뽑을 확률은

$$P(A \cap B) = P(A) \cdot P(B \mid A) = \frac{4}{10} \times \frac{3}{9} = \frac{2}{15}$$

25) $\frac{2}{5}$

(i) A가 당첨표를 뽑고 B도 당첨표를 뽑을 확률은 $\frac{2}{15}$

(ii) A가 당첨표를 못 뽑고 B가 당첨표를 뽑을 확률은

$$P(A^c \cap B) = P(A^c) \times P(B \mid A^c) = \frac{6}{10} \times \frac{4}{9} = \frac{4}{15}$$

(i)(ii)는 배반사건이므로

$$\mathrm{P}(B)=\mathrm{P}(A\cap B)+\mathrm{P}(A^c\cap B)=\frac{2}{15}+\frac{4}{15}=\frac{6}{15}=\frac{2}{5}$$

26) $\frac{7}{30}$

(i) A, B만 맞힐 확률은 $\frac{1}{2}\times\frac{1}{3}\times(1-\frac{1}{5})=\frac{2}{15}$

(ii) A, C만 맞힐 확률은 $\frac{1}{2}\times(1-\frac{1}{3})\times\frac{1}{5}=\frac{1}{15}$

(iii) B, C만 맞힐 확률은 $(1-\frac{1}{2})\times\frac{1}{3}\times\frac{1}{5}=\frac{1}{30}$

(i)(ii)(iii)은 배반이므로 2명만 맞힐 확률은

$\frac{2}{15}+\frac{1}{15}+\frac{1}{30}=\frac{7}{30}$

EXERCISE

10

1) **1**

$$\frac{1+1+1}{3}=1$$

2) **2.5**

$$\frac{1+2+3+4}{4}=2.5$$

3) **50**

$$\frac{30+40+50+60+70}{5}=50$$

4) **90**

가평균을 90으로 택하면

$$(\text{평균})=90+\frac{(-2)+2+0}{3}=90$$

5) **66.25**

가평균을 65로 택하면

$$(\text{평균})=65+\frac{(-10)+0+5+10}{4}=66.25$$

6) **90**

가평균을 90으로 택하면

$$(\text{평균})=90+\frac{0+(-5)+5+10+(-10)}{5}=90$$

7) **11.2**

a, b의 평균은 10이므로 $\frac{a+b}{2}=10$에서 $a+b=20$

c, d, e의 평균이 12이므로 $\frac{c+d+e}{3}=12$에서 $c+d+e=36$

a, b, c, d, e의 평균 m을 구하면,

$$m=\frac{a+b+c+d+e}{5}=\frac{20+36}{5}=11.2$$

8) **−3**

변량에서 가평균을 뺀 값은 $-6, -4, -1, 1, 7$이므로

$a=(-6)+(-4)+(-1)+1+7=-3$

9) **m**

주어진 식을 정리해 보자.

$x_1 f_1+x_2 f_2+\cdots+x_n f_n-\mathrm{A}(f_1+f_2+\cdots+f_n)=0$이므로

$$\mathrm{A}=\frac{x_1 f_1+x_2 f_2+\cdots+x_n f_n}{f_1+f_2+\cdots+f_n}=m$$

10) **84.08점**

전체 학생 수는 $27+23=50$(명)이다.

여학생의 수학 평균이 85점이므로

(여학생 점수의 총합) $=85\times27=2295$

남학생의 수학 평균은 83점이므로

(남학생 점수의 총합) $=83\times23=1909$

(전 학생의 점수의 총합) $= 2295 + 1909 = 4204$

$\therefore$ (평균) $= \dfrac{4204}{50} = 84.08$(점)

11) **48kg**

변량에서 평균을 뺀 값들의 합이 0이므로

$(-7) + (x-45) + (-2) + 1 + 5 = 0$

$\therefore x = 48$(kg)

12) **3300원**

10년간의 가격 차를 각각 $a_1, a_2, \cdots, a_{10}$이라 하자.

$\dfrac{a_1+a_2+\cdots+a_{10}}{10} = 600$이므로 $a_1+a_2+\cdots+a_{10} = 6000$이다.

제외시킨 가격 차를 a라고 하면

$\dfrac{6000-a}{9} = 300$에서 $a = 3300$(원)이다.

13) **5**

평균이 10이므로 $\dfrac{a_1+a_2+a_3+a_4+a_5}{5} = 10$에서

$a_1+a_2+a_3+a_4+a_5 = 50$

$a_5 - a_1$이 가장 작아지는 경우는 a_5가 제일 작고 a_1이 제일 클 때이다. $12 = a_3 \leq a_4 \leq a_5$이므로 a_5는 $a_5 = a_4 = a_3 = 12$일 때가 제일 작다. 이것을 $a_1+a_2+a_3+a_4+a_5 = 50$에 대입하면 $a_1 + a_2 = 14$이다. $a_1 \leq a_2$이므로 $a_1 = a_2$일 때 a_1이 제일 크다. 즉, $a_1 = a_2 = 7$이고, 따라서 $a_5 - a_1 = 12 - 7 = 5$이다.

14) **3, 1**

평균은 $=\frac{1+2+2+3+3+3+4+4+4+4}{10}=3$

분산은 $\sigma^2=\frac{1^2+2^2+2^2+3^2+3^2+3^2+4^2+4^2+4^2+4^2}{10}-3^2=1$

표준편차는 $\sigma=1$이다.

15) **106**

표준편차와 평균의 관계를 생각하자.

$\frac{{x_1}^2+{x_2}^2+{x_3}^2+{x_4}^2+{x_5}^2}{5}-7^2=2^2$이니까

${x_1}^2+{x_2}^2+{x_3}^2+{x_4}^2+{x_5}^2=265$이다.

$2{x_1}^2, 2{x_2}^2, 2{x_3}^2, 2{x_4}^2, 2{x_5}^2$의 평균을 m이라 하면

$m=\frac{2{x_1}^2+2{x_2}^2+2{x_3}^2+2{x_4}^2+2{x_5}^2}{5}=2\times\frac{{x_1}^2+{x_2}^2+{x_3}^2+{x_4}^2+{x_5}^2}{5}$

$=2\times\frac{265}{5}=106$

16) **0**

$\frac{a+b+c}{3}=x$

$\frac{a-x+b-x+c-x}{3}=x-x=0$

17) **74, 30**

구하는 평균과 분산을 각각 m, σ^2이라 하면

$m=\frac{(\text{A반의 총점})+(\text{B반의 총점})}{10}$

$(\text{A반 평균})=\frac{(\text{A반 총점})}{6}$이므로 $(\text{A반 총점})=70\times6$

$(\text{B반 평균})=\frac{(\text{B반 총점})}{4}$이므로 $(\text{B반 총점})=80\times4$

$\therefore \dfrac{70\times6+80\times4}{10}=74$

분산도 마찬가지로 계산한다.

$(\text{A반 분산})=\dfrac{(\text{A반 점수})^2\text{의 총합}}{6}-70^2=4$이므로

$(\text{A반 점수})^2\text{의 총합}=(4+70^2)\times6=29424$

$(\text{B반 분산})=\dfrac{(\text{B반 점수})^2\text{의 총합}}{4}-80^2=9$이므로

$(\text{B반 점수})^2\text{의 총합}=(9+80^2)\times4=25636$

$\therefore \sigma^2=\dfrac{[(\text{A반 점수})^2\text{의 총합}]+[(\text{B반 점수})^2\text{의 총합}]}{10}-74^2=30$

18) **4**

수학 점수를 x라고 놓으면 평균 m은

$m=\dfrac{1+2+x}{3}=\dfrac{3+x}{3}$

분산은 $\sigma^2=\dfrac{1}{3}(1^2+2^2+x^2)-\left(\dfrac{3+x}{3}\right)^2$이고, $\sigma=\dfrac{\sqrt{14}}{3}$이므로

$\left(\dfrac{\sqrt{14}}{3}\right)^2=\dfrac{1}{3}(5+x^2)-\dfrac{1}{9}(x^2+6x+9)$

정리하면 $2x^2-6x-8=0$

인수분해하면 $(x-4)(x+1)=0$이므로 $x=4, -1$

그런데 $x>0$이므로 $x=4$

19) **104cm²**

10개의 철사의 길이를 $a_1, \cdots, a_{10}$이라고 하면

$\dfrac{1}{10}({a_1}^2+\cdots+{a_{10}}^2)-40^2=8^2$에서 $\dfrac{1}{10}({a_1}^2+\cdots+{a_{10}}^2)=1664$

10개 정사각형의 넓이의 평균을 m이라고 하면

$$m=\frac{1}{10}\left\{\left(\frac{a_1}{4}\right)^2+\cdots+\left(\frac{a_{10}}{4}\right)^2\right\}$$

$$=\frac{1}{160}(a_1{}^2+\cdots+a_{10}{}^2)=104(\mathrm{cm}^2)$$

20) **78점**

(평균) = (가평균) + (과부족의 평균)이므로

(평균) $=75+\frac{4+7+(-5)+8+1}{5}=75+\frac{15}{5}=78$(점)

21) **am+b**

$ax_1+b, ax_2+b, \cdots, ax_n+b$의 평균을 m이라고 하면

$$m=\frac{(ax_1+b)+\cdots+(ax_n+b)}{n}=\frac{a(x_1+x_2+\cdots+x_n)+b\times n}{n}=am+b$$

1) $\frac{25}{216}$

한 시행에서 5의 눈이 나올 확률은 $P=\frac{5}{6}$이므로 독립시행의 정리에 의해 구하는 확률은

$${}_4C_2\left(\frac{1}{6}\right)^2\left(\frac{5}{6}\right)^{4-2}=\frac{25}{216}$$

2) $\frac{105}{512}$

$${}_{10}C_4\left(\frac{1}{2}\right)^{10}=\frac{105}{512}$$

3) 0.36015

$${}_5C_1\left(\frac{3}{10}\right)^1\left(\frac{7}{10}\right)^4=\frac{7203}{20000}$$

4) $\frac{369}{625}$

$$1-{}_4C_0\left(\frac{1}{5}\right)^0\left(\frac{4}{5}\right)^4=\frac{369}{625}$$

5) $\frac{80}{81}$

2나 홀수의 눈이 나올 확률은 $p=\frac{4}{6}=\frac{2}{3}$이고 안 나올 확률은 $q=\frac{1}{3}$

(i) 첫 번째에서 중단될 확률은 $\frac{2}{3}$

(ii) 두 번째에서 중단될 확률은 $\frac{1}{3}\times\frac{2}{3}$

(iii) 세 번째에서 중단될 확률은 $\frac{1}{3}\times\frac{1}{3}\times\frac{2}{3}$

(iv) 네 번째에서 중단될 확률은 $\frac{1}{3}\times\frac{1}{3}\times\frac{1}{3}\times\frac{2}{3}$

(i)(ii)(iii)(iv)는 배반사건이므로 구하는 확률은 $\frac{80}{81}$

6) $\frac{37}{256}$

앞면이 여섯 번, 일곱 번, 여덟 번 나온 경우

$${}_8C_6\left(\frac{1}{2}\right)^6\left(\frac{1}{2}\right)^2+{}_8C_7\left(\frac{1}{2}\right)^7\left(\frac{1}{2}\right)^1+{}_8C_8\left(\frac{1}{2}\right)^8\left(\frac{1}{2}\right)^0=\frac{37}{256}$$

1) $\frac{50}{56}$

2개의 공을 꺼내므로 나올 수 있는 흰 공의 개수는 0개, 1개, 2개

$\therefore \mathrm{X}=0, 1, 2$

각각의 확률을 구하면

$\mathrm{P}(X=0)=\frac{{}_3\mathrm{C}_2}{{}_8\mathrm{C}_2}=\frac{6}{56}$ ← 2개 모두 검은 공

$\mathrm{P}(X=1)=\frac{{}_5\mathrm{C}_1\times{}_3\mathrm{C}_1}{{}_8\mathrm{C}_2}=\frac{15}{28}$ ← 검은 공 1개, 흰 공 1개

$\mathrm{P}(X=2)=\frac{{}_5\mathrm{C}_2}{{}_8\mathrm{C}_2}=\frac{20}{56}$ ← 2개 모두 흰 공

$\mathrm{X}\geq 1$은 $\mathrm{X}=1$ 또는 $\mathrm{X}=2$이므로

$\mathrm{P}(X\geq 1)=\mathrm{P}(X=1)+\mathrm{P}(X=2)=\frac{15}{28}+\frac{20}{56}=\frac{50}{56}$

2) $\frac{20}{21}$

2개를 꺼내므로 불량품의 개수는 0, 1, 2가 된다.

따라서 $\mathrm{X}=0, 1, 2$

$\mathrm{P}(X=0)=\frac{{}_5\mathrm{C}_2}{{}_7\mathrm{C}_2}=\frac{10}{21}$

$\mathrm{P}(X=1)=\frac{{}_5\mathrm{C}_1\times{}_2\mathrm{C}_1}{{}_7\mathrm{C}_2}=\frac{10}{21}$

$P(X=2)=\frac{{}_2C_2}{{}_7C_2}=\frac{1}{21}$

$P(X\le 1)=P(X=0)+P(X=1)=\frac{10}{21}+\frac{10}{21}=\frac{20}{21}$

3) $\frac{1}{55}$

P(X)의 총합은 1이므로

$k+2k+\cdots+10k=1,\ 55k=1 \quad \therefore k=\frac{1}{55}$

4) 평균 : $\frac{4}{7}$, 분산 : $\frac{50}{147}$

2개의 공을 꺼내므로 X가 취할 수 있는 값은 0, 1, 2이다.

전체 경우의 수는 7개 중 2개를 꺼내는 조합의 수인 ${}_7C_2$이므로

$P(X=0)=\frac{{}_5C_2}{{}_7C_2}=\frac{10}{21}$

$P(X=1)=\frac{{}_2C_1\times{}_5C_1}{{}_7C_2}=\frac{10}{21}$

$P(X=2)=\frac{{}_2C_2}{{}_7C_2}=\frac{1}{21}$

평균은 $E(X)=0\times\frac{10}{21}+1\times\frac{10}{21}+2\times\frac{1}{21}=\frac{4}{7}$

분산은 $V(X)=0^2\times\frac{10}{21}+1^2\times\frac{10}{21}+2^2\times\frac{1}{21}-\left(\frac{4}{7}\right)^2=\frac{50}{147}$

5) E(X) = 140, V(X) = 1800

(i) 둘 다 앞면이 나오는 경우 X = 200

(ii) 앞면 한 개, 뒷면 한 개인 경우 X = 140

(iii) 둘 다 뒷면이 나오는 경우 X = 80

$$\mathrm{E}(X) = 80 \times \frac{1}{4} + 140 \times \frac{2}{4} + 200 \times \frac{1}{4} = 140(\text{원})$$

$$\mathrm{V}(X) = 80^2 \times \frac{1}{4} + 140^2 \times \frac{2}{4} + 200^2 \times \frac{1}{4} - 140^2 = 1800(\text{원})$$

6) $\frac{11}{3}$

$$\mathrm{E}(X) = 1 \times \frac{1}{15} + 2 \times \frac{2}{15} + 3 \times \frac{3}{15} + 4 \times \frac{4}{15} + 5 \times \frac{5}{15} = \frac{11}{3}$$

7) $\frac{1}{64}$

각 문제를 맞힐 확률은 $p = \frac{1}{4}$ 이다. 맞힌 문제 수를 X라고 하면

$\mathrm{P}(X \geq 4)$를 구하면 된다.

$$\mathrm{P}(X \geq 4) = \mathrm{P}(X = 4) + \mathrm{P}(X = 5)$$

$$= {}_5\mathrm{C}_4\left(\frac{1}{4}\right)^4\left(\frac{3}{4}\right)^1 + {}_5\mathrm{C}_5\left(\frac{1}{4}\right)^5\left(\frac{3}{4}\right)^0 = \frac{1}{64}$$

8) 0.7599

각 타석에서 안타를 칠 확률은 $p = \frac{3}{10}$ 이므로

모두 안타를 치지 못할 확률은 $\left(\frac{7}{10}\right)^4$ 이다. 그러므로 적어도 한 번

안타를 칠 확률은 $1 - \left(\frac{7}{10}\right)^4 = 0.7599$ 이다.

9) E(X)=30, V(X)=20

주사위를 던진 횟수는 $n = 90$, 5이상의 눈이 나올 확률은 $p = \frac{1}{3}$

이고 X는 이항분포를 따르므로

$$E(X)=90\times\frac{1}{3}=30,\ V(X)=90\times\frac{1}{3}\times\frac{2}{3}=20$$

10) **E(X)=100, V(X)=50**

$$E(X)=200\times\frac{1}{2}=100$$

$$V(X)=200\times\frac{1}{2}\times\frac{1}{2}=50$$

11) **E(X)=30, V(X)=21**

한 시행에서 흰 공을 꺼낼 확률은 $p=\frac{3}{10}$이고 X는 이항분포를 따르므로

$$E(X)=100\times\frac{3}{10}=30,\ V(X)=100\times\frac{3}{10}\times\frac{7}{10}=21$$

12) **p=0.05, n=19**

$p=0.95$, $\sqrt{npq}=0.95$이므로 $\sqrt{0.95q}=0.95$

양변을 제곱하면 $0.95q=0.95^2$ $\therefore q=0.95$

$p=1-q=0.05,\ n\times0.05=0.95,\ n=19$

13) **E(X)=25, V(X)=$\frac{75}{4}$**

한 타석에서 안타를 칠 확률이 $p=\frac{1}{4}$이므로 X는 이항분포를 따른다.

$$E(X)=100\times\frac{1}{4}=25,\ V(X)=100\times\frac{1}{4}\times\frac{3}{4}=\frac{75}{4}$$

14) **E(X)=80**

한 명의 환자를 치유할 확률은 $p=\frac{8}{10}$이므로 X는 이항분포를

따른다.

따라서 $E(X)=100\times\frac{8}{10}=80$

15) E(X)=240

동전 3개를 던질 때 2개는 앞면, 1개는 뒷면이 나오는 확률은

${}_3C_2\left(\frac{1}{2}\right)^2\left(\frac{1}{2}\right)^1=\frac{3}{8}$ 이고 X는 이항분포를 따르므로

$E(X)=640\times\frac{3}{8}=240$

이야기로 읽는 확률과 통계

초 판 1쇄 발행일 2012년 3월 21일
초 판 8쇄 발행일 2019년 4월 19일
개정판 1쇄 발행일 2021년 1월 29일

지은이 정완상
펴낸이 강병철
주간 배주영
기획편집 권도민 박진희 손창민 이현지
디자인 용석재 김혜원
마케팅 이재욱 최금순 오세미 김하은 김경록 천옥현
제작 홍동근

펴낸곳 이지북
출판등록 1997년 11월 15일 제105-09-06199호
주소 (04047) 서울시 마포구 양화로6길 49
전화 편집부 (02)324-2347, 경영지원부 (02)325-6047
팩스 편집부 (02)324-2348, 경영지원부 (02)2648-1311
이메일 ezbook@jamobook.com

ISBN 978-89-5707-889-1 (04410)
978-89-5707-888-4 (set)